“十四五”普通高等院校能源动力类系列教材



# 太阳能电池原理与设计

王发辉　黄建华　罗胤祺　黄雪雯◎主编

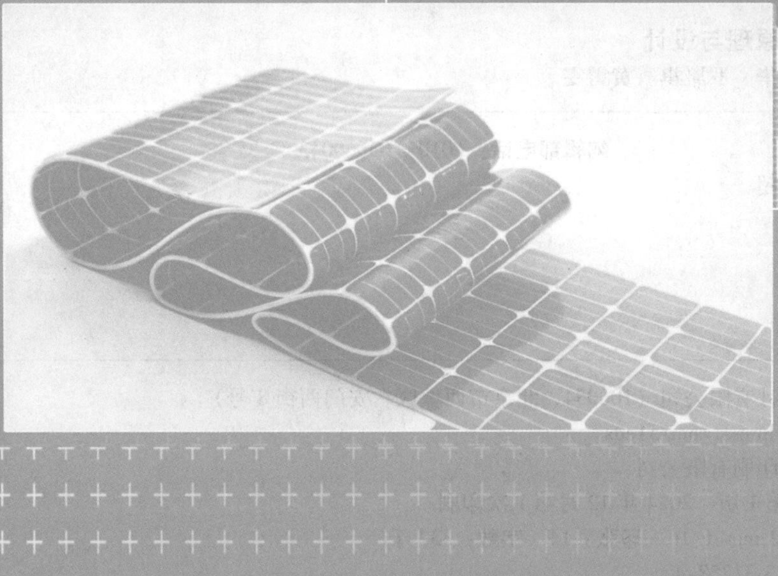

中国铁道出版社有限公司
CHINA RAILWAY PUBLISHING HOUSE CO., LTD.

## 内容简介

本书为“十四五”普通高等院校能源动力类系列教材之一，在介绍光伏产品发展概况的基础上，从太阳能电池材料性能着手，阐述了太阳能发电原理、性能参数与物理特性；紧跟国际前沿动态，详细讲解了各类太阳能电池最新的科研成果与技术趋势；从太阳能电池设计角度出发，细致剖析了不同类型太阳能电池的工作原理、材料选择、器件构建和制备工艺。

本书适合作为普通高等院校能源动力类新能源科学与工程、能源与动力工程、储能与动力工程及相关专业的教材，也可作为部分高等职业院校光伏工程技术及相关专业的教材及企业员工的岗位培训教材，还可作为相关专业工程技术人员的参考书。

**图书在版编目（CIP）数据**

太阳能电池原理与设计 / 王发辉等主编. -- 北京 : 中国铁道出版社有限公司，2024. 12. --（“十四五”普通高等院校能源动力类系列教材）. -- ISBN 978-7-113-31758-4

Ⅰ. TM914. 4

中国国家版本馆 CIP 数据核字第 2025SV9743 号

**书　　名：太阳能电池原理与设计**
**作　　者：**王发辉　黄建华　罗胤祺　黄雪雯

---

**策　　划：**何红艳　　　　**编辑部电话：**（010）63560043
**责任编辑：**何红艳　绳　超
**封面设计：**付　巍
**封面制作：**刘　颖
**责任校对：**苗　丹
**责任印制：**赵星辰

---

**出版发行：**中国铁道出版社有限公司（100054，北京市西城区右安门西街 8 号）
**网　　址：**https://www.tdpress.com/51eds
**印　　刷：**河北宝昌佳彩印刷有限公司
**版　　次：**2024 年 12 月第 1 版　2024 年 12 月第 1 次印刷
**开　　本：**787 mm×1 092 mm 1/16　**印张：**14　**字数：**337 千
**书　　号：**ISBN 978-7-113-31758-4
**定　　价：**48.00 元

---

# 前言

党的二十大报告提出加快规划建设新型能源体系，同时还指出：“必须牢固树立和践行绿水青山就是金山银山的理念，站在人与自然和谐共生的高度谋划发展。”“立足我国能源资源禀赋，坚持先立后破，有计划分步骤实施碳达峰行动。”“深入推进能源革命，加强煤炭清洁高效利用……”“……积极参与应对气候变化全球治理。”这为我国现代能源体系建设指明了发展方向。

2021年《国务院关于印发2030年前碳达峰行动方案的通知》指出，全面推进风电、太阳能发电大规模开发和高质量发展，因地制宜利用风能、太阳能等可再生能源，推进清洁能源替代，提高风电、太阳能发电等应用比重，深化可再生能源建筑应用，推广光伏发电与建筑一体化应用，因地制宜推行太阳能等清洁能源低碳供暖。2024年国家能源局发布的《2024年能源工作指导意见》提到，科学优化新能源利用率目标，推动风电光伏高质量发展，并持续推进绿证全覆盖和应用拓展。此外，国家还将推动分布式能源开发利用，提高电网对清洁能源的接纳、配置和调控能力，发展新型储能，促进绿电使用和国际互认。

在可再生能源中，太阳能以其广泛应用备受瞩目。太阳能已广泛应用在工业、农业等多个领域，成为引领能源革命的中坚力量。面对这一变革，推动太阳能产业的持续发展显得尤为关键，而其中人才培养的重要性不言而喻。人才培养的基础是课程，而教材对课程质量起着举足轻重的作用。太阳能产业新技术、新装备迭代更新较快，教材需要与时俱进，不断融入最新的行业进展，这样才能培养出满足产业发展需要的专业人才。

本书为“十四五”普通高等院校能源动力类系列教材之一，在介绍光伏产品发展概况的基础上，从太阳能电池材料性能着手，阐述了太阳能发电原理、性能参数与物理特性；紧跟国际前沿动态，详细讲解了各类太阳能电池最新的科研成果与未来发展的技术趋势；从太阳能电池设计角度出发，细致剖析了不同类型太阳能电池的工作原理、材料选择、器件构建和制备工艺。

本书适合作为普通高等院校能源动力类新能源科学与工程、能源与动力工程、储能与动力工程及相关专业的教材，也可作为部分高等职业院校光伏工程技术及相关专业的教材及企业员工的岗位培训教材，还可作为相关专业工程技术人员的参考书。

本书由新余学院王发辉、黄建华、罗胤祺、黄雪雯任主编，参与编写的还有新余学院刘力恒、傅欣欣、罗鹏、黄平、黄淑萍、刘铭、徐云飞、李建敏。具体编写分工如下：全书由黄建华拟定提纲，由黄建华、李建敏统稿，第1章由傅欣欣编写，第2章由黄建华、刘力恒、刘铭、徐云飞共同编写，第3章由黄雪雯编写，第4章、第5章由王发辉编写，第6章由黄淑萍编写，第7章由罗鹏、罗胤祺、黄平共同编写。

本书是江西省普通本科高校现代产业学院新余学院新能源产业学院的教材建设成果。在编写过程中得到了江西新余矿业有限责任公司、晶科能源有限公司、江西赛维LDK太阳能高科技有限公司、新余市银龙光伏工程有限公司等企业的大力支持，以及新余学院新能源科学与工程学院苏江滨博士的指导，在此表示衷心感谢。

在本书编写过程中，编者查阅了大量的文献资料，并引用了部分网上的资料，网上部分资料与文档无法查找原作者，因此未能在参考文献中列出，在此对相关作者表示衷心的感谢。

限于编者水平，书中难免有疏漏和不足之处，欢迎广大师生和读者提出宝贵意见，以便本书不断改进和完善。

编　者
2024年10月

# 目 录

# 第1章 太阳能电池发展概况

2023年11月，党的二十大之后习近平主席的首次美国之行，从不同的维度向美国、向亚太、向世界讲述了生动精彩的中国故事。习近平主席在谈到各方都关心的绿色发展时说：“现在，全球光伏发电装机容量接近一半在中国，全球新能源汽车一半以上行驶在中国，全球四分之一的新增绿化面积来自中国。我们力争2030年前实现碳达峰，2060年前实现碳中和。我们说到做到。”

在“双碳”目标的背景下，新能源技术是推动能源转型和实现可持续发展的关键。其中，太阳能电池技术属于最常用的新能源技术之一。太阳能电池是利用太阳光直接产生电流的装置。太阳能电池主要由半导体材料制成，通过光生伏特效应将太阳光中光子的能量转换为电能。光伏发电在生活中的应用前景广阔，能为各个领域提供清洁、可再生的能源供应。在宏观层面上，光伏产业作为国家重点推动的战略性新兴产业，对优化能源消费结构、缓解能源供需矛盾、促进节能减排和保护生态环境等均有重大意义。随着政策的推动和科技的进步，太阳能电池的发电效率不断提升、生产成本不断降低，太阳能电池技术有望在未来能源体系中占据更加重要的地位。

### 学习目标

(1) 了解太阳能电池技术的发展历程。

(2) 熟悉各类常见的太阳能电池技术及其特点。

(3) 了解我国光伏产业的发展历程。

### 学习重点

(1) 各类常见的太阳能电池技术及其特点。

(2) 我国光伏产业的发展历程。

### 学习难点

各类常见的太阳能电池技术的特点及其发展趋势。

## 1.1 太阳能利用技术及其发展历史

太阳能辐射是太阳以电磁波的形式向宇宙空间发射的能量，它是地球上生命和气候系统的主要能量来源。地球接收到的太阳辐射的能量强度取决于多个因素，包括太阳高度角、日地距离以及日照时间等。太阳常数是描述地球接收太阳辐射强度的一个物理量，它指的是在地球大气上界垂直于太阳光线的单位面积在单位时间内所受到的太阳辐射的全谱总能量，其值约为1 367 $W/m^2$。而地球的最大横截面积是127 400 000 $km^2$，因此可算得整个地球接收到的功率约为$1.74\times10^{17}$ W。简单地换算一下，太阳每秒照射到地球上的能量相当于燃烧500万t煤释放的能量，而全球人类目前每年能源消费的总和只相当于太阳在40 min内照射到地球表面的能量。由此可见，地球接收的太阳能量巨大，具有极大的利用潜力。

太阳辐射到达地球大气层后，会经过云层、空气和水汽等的反射、散射和吸收，强度会显著减弱。大约30%的太阳辐射能直接以短波形式反射回宇宙空间，23%被大气吸收，仅有47%左右的能量到达地球表面，成为人类在地球上可开发利用的太阳能资源。尽管地球只接收到太阳总辐射能量的一小部分，但这已经远远超过了人类目前每年所用的各种类型能源的总和，而且这如此巨大的能量是免费且取之不尽用之不竭的。因此，对太阳能的利用是人类一直所追求的。据记载，人类利用太阳能已有3 000多年的历史。几千年来，人们以各种方式利用太阳的能量。

### 1. 太阳能利用技术

太阳能利用技术可分为无源（被动式）及有源（主动式）两种。无源的例子：在建筑物引入太阳光起到照明、取暖的目的。由于利用的过程中无须额外的装置，因此称为无源。有源的例子：太阳能光伏、光热转换以及光化学等。这些太阳能的利用过程中需要特定的设备设施，因此称为有源。

太阳能有源利用形式有光热利用、光伏利用、光化学利用、光生物利用等类型。目前应用的主要形式是光热利用和光伏利用。

### 2. 太阳能的光热利用

在太阳能利用的历史中，将太阳能作为一种能源和动力加以利用，可以从1615年法国工程师所罗门·德·考克斯发明了世界上第一台太阳能驱动的发动机算起。该发明是一台利用太阳能加热空气使其膨胀做功而抽水的机器。在1615年至1900年之间，世界上又研制成多种太阳能动力装置。这些动力装置几乎全部采用聚光方式收集阳光用于加热水，并利用水蒸气作为工作工质输出机械能，这种光热转换发动机功率不大、价格昂贵、实用价值不大，大部分为太阳能爱好者个人研究制造。

### 3. 光伏效应的发现

在1839年，法国科学家埃德蒙·贝克雷尔发现，用两片半导体浸入电解质溶液构成的伏打电池，受到阳光照射时会产生额外的伏打电势，这种现象后来被称为“光生伏特效应”，是太阳能光伏技术的物理基础。

随后，在固体硒中也发现了类似的效应。1883年，美国发明家查尔斯·弗里茨通过把硒和薄片的铂组装在一起，实现了将光能转换成电能，转换率为1%，这标志着太阳能电池的诞生。但是，由于制造成本过高、能量转换效率太低，该发明并没有得到商业化应用。

20世纪初，科学家们进一步深入研究光伏效应的原理，发现光电子的产生并不是一种偶然现象，而是可以进行设计和加工的。1932年，奥杜博特和斯托拉制成了第一块硫化镉太阳能电池；1941 年，贝尔实验室的研究员奥尔在硅上发现光伏效应。

#### 4. 硅太阳能电池的突破

随着科技的不断进步，光伏效应的研究进入实用化阶段。1954 年，贝尔实验室的三位科学家——乔宾、皮尔森和福勒，终于发明出第一块具有实用价值的太阳能电池。他们使用硅这种半导体材料，将它处理成两层，一层加入一种掺杂剂形成富余空穴而带正电荷的 p 型半导体，另一层加入不同的掺杂剂形成富余电子而带负电荷的 n 型半导体，从而在两层之间的结合处形成一个电场。当太阳光照射到这个电场时，光子的能量将会转化为电子的能量，从而产生电流。该电池的光电转换效率虽然只有 4%，但它标志着太阳能电池的商业化应用正式拉开帷幕。

由于成本高、效率低，太阳能电池在最初几年的发展主要集中在卫星应用方面。1958 年，先锋 1 号在美国海军研究实验室管理的一个项目框架内发射，是第一颗使用太阳能供电的无线电卫星。几年后，第一颗商业通信卫星——“电星”1 号由贝尔电话实验室的一个团队设计和建造，并于 1962 年由美国宇航局发射，由 3 600 个太阳能电池供电，总功率为 14 W。

#### 5. 太阳能电池民用化

从 20 世纪 70 年代开始，随着第四次中东战争爆发，石油价格飙升，能源危机的突然降临使世界各国察觉到可再生能源的重要性，人们开始把光伏发电的应用转移到民生领域。材料和工艺的改进使硅太阳能电池的价格不断下降，这使得在住宅和非住宅应用中使用大型太阳能电池板的电池变得实惠和实用。1973 年，世界第一座光伏住宅在美国建成；1979 年，全球太阳能电池的安装总量达到了 1 MW；20 世纪 80 年代，光伏开始应用于地面电力系统。全球各地的电池产量随着光伏应用规模的扩大也在不断提升，到 1995 年全球太阳能电池年产量已超过 77. 7 MW，总装机量更是高达 500 MW。光伏逐渐成为大众化应用的技术之一，也成为一种主要的可再生能源发电形式。

#### 6. 太阳能电池大普及

20 世纪末期，随着光伏市场的不断扩大，一些国家和地区开始出台政策，鼓励和支持光伏的发展和应用。同时，科学家们对太阳能电池性能的优化工作一直都没有停止，太阳能电池生产成本逐步下降，电池效率逐渐提升，光伏发电成为最为经济实惠的能源选择。

时至今日，光伏已然成为全球能源供应的重要组成部分。国际能源机构 IEA 在 2024 年 4 月 28 日发布的全球光伏市场数据显示：全球光伏累计装机容量从 2022 年的 1. 2 TW 增长到 2023 年的 1. 6 TW，2023 年新增光伏装机容量从 2022 年的 236 GW 增至 446 GW。从 1979 年的 1 MW 开始算起，到 2023 年短短 44 年，数据已经证明了光伏的发展速度。在电池技术方面，也早已从 10 年前多晶硅与单晶硅之争，升级到 p 型与 n 型的共赢，而硅也不再是光伏发电可利用的唯一材料，钙钛矿、叠层电池等一系列更具发展潜力的电池技术正在市场化发展中不断完善。

## 1. 2 太阳能电池技术概况

在过去的几十年中，太阳能电池的研究和发展一直在继续，重点是新材料和先进的电池设计。

材料设计上主要是通过不同的工艺和方法，调控材料对光的反应和吸收。研究人员一直在寻找性能与硅的各种类型（单晶硅、多晶硅和非晶硅）相似或更好、易于获得且生产成本更低的材料，发展出了包括Ⅲ-Ⅴ族半导体、碲化镉（CdTe）、铜铟镓硒（CIGS）、钙钛矿、有机物、量子点等在内的各种新材料。

电池型式设计方面，太阳能电池有衬底式和薄膜式。衬底式太阳能电池是利用整片特定材料的衬底来制造的太阳能电池，如常见的单晶硅电池、多晶硅电池。薄膜式太阳能电池则利用薄膜状的半导体材料作为光吸收层，这些薄膜通常附着在其他材料的基板上。而这些基板可以具有曲度，有可挠、可折叠等特性，这使得薄膜式太阳能电池的应用场景十分灵活，甚至可与建筑物结合或是变成建筑体的一部分。

根据太阳能电池使用的材料和技术，太阳能电池技术的发展可以分为三代，下面将详细介绍。

## 1.2.1 第一代太阳能电池：晶体硅太阳能电池

第一代太阳能电池为晶体硅太阳能电池，它使用高纯度的硅材料作为光吸收层，主要包括单晶硅太阳能电池和多晶硅太阳能电池两种类型。晶体硅太阳能电池是目前市场上最成熟和使用最广泛的太阳能电池类型。

晶体硅太阳能电池使用单晶硅或多晶硅作为主要材料，其优点是硅的来源丰富、生产制造成熟，因而价格低廉、市场接受度高。

晶体硅太阳能电池光电转换效率的理论极限值为29.43%，而在实际使用中，多晶硅太阳能电池的光电转换效率通常在15%到18%之间，单晶硅太阳能电池的光电转换效率通常在20%到26%之间，即单晶硅太阳能电池具有较高的光电转换效率，而多晶硅太阳能电池则在成本和效率之间提供了一个折中方案。通过上述数据可知，晶体硅太阳能电池光电转换效率平均在20%，因此20%的光电转换效率也成为更新世代的太阳能电池光电转换效率的标准。

晶体硅太阳能电池的生产工艺已经非常成熟，制造过程涉及硅材料的提纯、切割、制绒、掺杂和封装等多个步骤。

由于其较低的成本、较高的能量转换效率和成熟的制造工艺，晶体硅太阳能电池占据了全球光伏市场的大部分份额。晶体硅太阳能电池被广泛应用于住宅、商业和大型光伏电站等多种场景。

并且研究人员持续在提高晶体硅太阳能电池的效率和降低成本方面进行创新，包括开发新的电池结构，如选择性发射极电池和钝化接触太阳能电池（如TOPCon、HJT、IBC等）。随着新材料和新技术的不断涌现，晶体硅太阳能电池的效率和成本效益有望进一步提升，以适应未来的能源需求和环境保护目标。

## 1.2.2 第二代太阳能电池：薄膜太阳能电池

第二代太阳能电池为薄膜太阳能电池，它是一种利用薄膜材料作为光吸收层的太阳能电池。薄膜太阳能电池使用的材料包括非晶硅、铜铟镓硒（CIGS）、碲化镉（CdTe）、铜锌锡硫硒（CZTSSe）等，这些材料通常是直接带隙半导体，具有较高的光吸收系数，因此可以用较薄的薄膜形式来吸收太阳光，而不需要像晶体硅太阳能电池那样使用厚重的晶片。与传统的晶体硅太阳能电池相比，薄膜太阳能电池具有独特的优势和特点。

（1）薄膜太阳能电池具备轻薄、柔性的特点。薄膜太阳能电池通常在玻璃、柔性聚合物等基板上沉积一层厚度不大于 20 μm 的薄膜，因此光伏组件可以做成透光的、柔性的。这使得薄膜太阳能电池可以应用于许多特殊的场合，如应用在承载力较小的工业厂房作为分布式电站，应用在建筑物立面、采光顶作为建筑一体化光伏发电系统（BIPV），应用在农业大棚、车棚等。

（2）薄膜太阳能电池的制造成本相对较低。薄膜太阳能电池的制备方法包括化学气相沉积（CVD）、物理气相沉积（PVD）、丝网印刷等，这些方法可以在较低的温度下制备大面积电池。由于薄膜太阳能电池是通过沉积工艺在衬底上制造的，这种方法可以降低材料使用量，有助于降低总成本。由于材料和制造工艺的简化，并且具有制造大面积电池的潜力，薄膜太阳能电池在理论上具有更低的生产成本，这使得它们在市场上具有竞争力。

（3）薄膜太阳能电池的光电转换效率在不断提升。虽然薄膜太阳能电池的效率通常低于晶体硅太阳能电池，但随着技术的进步，一些薄膜太阳能电池的效率已经达到了相当高的水平。例如，铜铟镓硒电池和碲化镉电池的实验室效率已分别达到 22.3% 和 16% 以上，具备了市场化的潜力。

但是，薄膜太阳能电池也存在许多问题。一些薄膜太阳能电池材料，如碲化镉中的镉具有毒性，这要求在生产和废弃处理过程中采取严格的环境保护措施。此外，薄膜太阳能电池面临稳定性问题，例如光致衰退问题，这影响了它们的长期性能和可靠性。尽管薄膜太阳能电池在理论上具有多种优势，但由于成本、稳定性和环境问题等挑战，它们尚未在市场上达到与硅基太阳能电池相匹敌的规模。

薄膜太阳能电池作为光伏技术的重要组成部分，具有多方面的优势和潜力，是未来太阳能利用的重要方向之一。随着技术的不断成熟和市场的认可，薄膜太阳能电池有望在未来能源领域中扮演更加重要的角色。

### 1.2.3 第三代太阳能电池：先进太阳能电池

第三代太阳能电池有着与前两代电池完全不同的设计，由于结合了有机化学、纳米技术、分子工程等多个学科的技术，很难用一个可涵盖这一代太阳能电池特点的单一名词来描述它，因此第三代太阳能电池被笼统地称为先进太阳能电池或新型太阳能电池，代表了光伏技术的新前沿。第三代太阳能电池使用的材料范围非常广泛，包括有机材料、无机材料、纳米材料等，这些材料的组合超越了传统硅基太阳能电池的结晶和非结晶形态，其典型代表有钙钛矿太阳能电池、染料敏化太阳能电池、有机太阳能电池、多结太阳能电池等。

#### 1. 钙钛矿太阳能电池

钙钛矿太阳能电池是一种新型的太阳能电池技术，它使用具有钙钛矿结构的有机金属卤化物半导体作为吸光层材料。钙钛矿结构的化合物通式为 $ABX_3$。在钙钛矿太阳能电池中，A 离子通常指的是有机阳离子，最常用的为 $CH_3NH_3^+$，其他诸如 $NH_2CH{=}NH_2^+$、$CH_3CH_2NH_3^+$ 也有一定的应用；B 离子指的是金属阳离子，主要有 $Pb^{2+}$、$Sn^{2+}$；X 离子为卤族阴离子，即 $I^-$、$Cl^-$ 和

$Br^-$。$CH_3NH_3PbI_3$即为一种常用的钙钛矿太阳能电池材料。

由于有机无机卤化物杂化钙钛矿材料具有载流子迁移率高、光吸收宽而强、自由载流子扩散长度长、激子结合能低、成本效益好、易于溶液工艺制造等特点，使得其备受关注。此外，钙钛矿太阳能电池的光电转换效率在近年来迅速提升，实验室记录已超过25%。2024年清华大学电机系易陈谊团队通过开发新的空穴传输材料结合真空蒸镀钙钛矿薄膜实现了26.41%的钙钛矿太阳能电池世界最高效率纪录。

钙钛矿太阳能电池因其高效率和低成本而备受关注，被认为是未来太阳能电池技术的重要发展方向。尽管钙钛矿太阳能电池在实验室中表现出色，但其商业化仍面临一些挑战，要实现大规模生产，还需克服包括稳定性、大面积制备技术，以及环境和健康问题（如铅的使用）在内的挑战。

### 2. 染料敏化太阳能电池

染料敏化太阳能电池（dye-sensitized solar cell，DSC）是一种模拟自然界中植物光合作用原理的太阳能电池技术。染料敏化太阳能电池使用敏化剂（又称染料）吸附在多孔的半导体（通常是金属氧化物，如二氧化钛、二氧化锡、氧化锌等）薄膜上，当染料吸收太阳光后，染料分子将从基态跃迁至激发态，处于激发态的染料分子将电子注入半导体的导带中，从而产生电流。

与硅基太阳能电池相比，染料敏化太阳能电池的制造成本较低，因为它们不需要使用高纯度的硅材料，也不需要复杂的真空工艺；染料敏化太阳能电池使用的染料和电解质材料相对环保，且可以在柔性衬底上制造，增加了应用的多样性。

染料敏化太阳能电池的理论光电转换效率低于硅基太阳能电池。实际应用中，有报道显示液态染料敏化太阳能电池的光电转换效率可达13%。尽管染料敏化太阳能电池在效率上取得了进步，但它们的长期稳定性仍然是一个挑战。

染料敏化太阳能电池作为太阳能利用的一种形式，因其成本低、工艺简单、环境友好等特性，在柔性电子、建筑一体化光伏、便携式电源等领域具有重要的研究和应用价值。

### 3. 有机太阳能电池

有机太阳能电池主要基于光生伏特效应，通过具有光敏性质的有机物吸收太阳光，产生电子-空穴对（激子），然后在内置电场的作用下分离并被收集到相应的电极上形成电流。通常用于有机太阳能电池的材料都是有大量共轭键的，共轭键是由交替碳—碳单键和双键组成的，共轭键的电子的简并轨道是离域的，形成了离域成键轨道 $\pi$ 和反键轨道 $\pi^*$。成键轨道 $\pi$ 是最高占据轨道，反键轨道 $\pi^*$ 是最低未占据轨道。最高占据轨道和最低未占据轨道的能级差就形成了带隙。

有机太阳能电池使用的材料包括共轭聚合物、小分子有机材料等。这些材料可以通过溶液加工技术如旋涂、喷墨打印等方法制成薄膜，有利于降低制造成本。有机太阳能电池因其可溶液加工、柔性、半透明、可大面积印刷制备等特性，在建筑一体化、可穿戴设备、柔性电子等领域具有广泛的应用潜力。

转换效率方面，近年来，有机太阳能电池的光电转换效率得到了显著提升，部分高性能有机太阳能电池的效率已经超过19%，但与成熟的无机太阳能电池相比，仍有提升空间。

### 4. 多结太阳能电池

前面所述的太阳能电池均只有一个 p-n 结，属于单结太阳能电池。随着技术的发展，与之相对应的多结太阳能电池被开发出来。多结太阳能电池（multijunction solar cell，MSC）是一种利用多层不同禁带宽度的半导体材料来吸收太阳光谱中不同波长光子的太阳能电池，又称叠层太阳能电池。具体地，多结太阳能电池通过将具有不同禁带宽度的半导体材料 p-n 结按照禁带宽度的递增自底向上叠加起来，使得高能量光子在上层的宽禁带材料 p-n 结处被吸收，而低能量的光子则在下层窄禁带材料 p-n 结处被吸收，这种设计使得电池可以更有效地利用太阳光谱，从而提高光电转换效率。传统单结太阳能电池最高理论转换效率为 33. 16%；而很多多结太阳能电池的转换效率已经轻松超过 30%，甚至更高。

虽然多结太阳能电池具有高转换效率，但是多结太阳能电池的制备涉及复杂的外延生长工艺以及大尺寸外延材料的剥离和转移技术，这使得其生产成本相对较高，在一定程度上限制了其大规模商业应用。

总之，第三代太阳能电池在设计上通过不同材料层之间的能带差异来引导光生电子和空穴的分离和迁移，而不是仅依赖于传统的 p-n 结内建电场；并且通过优化材料界面提高光吸收效率和载流子的传输效率。通过材料和界面的创新设计，第三代太阳能电池已经取得了显著的进展，但稳定性和长期运行寿命仍是这些新型太阳能电池需要解决的关键问题。

## 1.3 太阳能电池技术的挑战

太阳能电池技术作为清洁能源的重要组成部分，在实现全球能源转型和“碳中和”目标中扮演着关键角色。尽管太阳能电池技术已经取得了显著发展，但仍面临一些挑战：

（1）效率提升的瓶颈：虽然太阳能电池的转换效率不断提高，但仍然存在提升的瓶颈。尤其是对于晶体硅太阳能电池，正面临能量转化效率提升的瓶颈，进一步提高效率需要突破现有技术的局限。

（2）成本问题：太阳能电池的生产成本虽然在下降，但在一些地区和应用场景中，与传统能源相比，太阳能发电的成本仍然较高，这限制了其更广泛的应用。

（3）稳定性与寿命：太阳能电池的长期稳定性和寿命是商业化应用的关键。尤其是有机太阳能电池、钙钛矿太阳能电池等新型电池。有机太阳能电池在空气、水和光照条件下易发生化学分解，影响其稳定性和寿命；钙钛矿太阳能电池虽然效率较高，但也存在稳定性问题，尤其是对水蒸气和氧气敏感，容易受潮和氧化；需要进一步提高其稳定性和耐用性。

（4）环境影响：随着太阳能电池的广泛应用，未来将面临大量退役太阳能电池的回收和再利用问题，这对建立循环经济提出了要求。此外，一些太阳能电池使用的材料含有毒性（如：钙钛矿太阳能电池使用有毒的铅、碲化镉太阳能电池使用有毒的镉），可能对环境造成污染，生产时需注意。

（5）系统集成与电网兼容性：随着太阳能发电比例的增加，如何有效地将其集成到现有电网中，以及提高电网对可再生能源的兼容性，仍是一个技术挑战。

## 1.4 我国光伏产业的发展历程

追溯我国光伏产业的发展史，真正意义上来讲只有短短半个世纪，相比于欧美要短得多。在不断壮大的过程中，光伏成为促进国际贸易、带动全球经济的产业，而我国正是这个产业中引领趋势走向的关键！中国太阳能电池技术的发展历程是一个充满挑战与创新的过程，从最初的技术引进到成为全球光伏产业的领导者，中国光伏产业经历了多个发展阶段。

### 1. 起步阶段

1958 年，我国研制出首块硅单晶。起初我们同国外一样，都是将光伏技术的应用集中在空间领域，用于卫星、太空探测器等航天器的能源供应。直到 1975 年，太阳能电池厂的落地，才让光伏技术从天上回到地面。光伏发电在我国真正得以发展，还要聚焦于 1983—1987 年，当时我国从美国、加拿大等国家引进了太阳能电池生产线。到 1988 年，我国太阳能电池的生产能力已经从 4 年前刚引进时的 0. 2 MW 提升至 4. 5 MW。

### 2. 初期阶段

进入 20 世纪 90 年代，随着全球环保意识的增强和可再生能源技术的发展，我国开始关注太阳能电池的民用市场潜力，并逐步建立起光伏产业链的初期框架。在政策层面，1992 年，我国首次提出因地制宜地开发和推广太阳能，当时光伏发电主要用于通信系统和偏远无电地区。而在技术层面，我国实用型单晶硅电池效率已达到 12%~13%，多晶硅电池为 9%~10%，非晶硅电池为 5%~6%，虽然技术水平与国外相差不大，但生产水平却有天壤之别。

### 3. 产业化发展

2000 年以后，中国光伏产业开始迅速发展。2001 年施正荣带着技术归国，成立无锡尚德公司，建立太阳能电池生产线，并于 2002 年正式投产，这标志着中国光伏产业开始向大规模生产转型。

（1）技术突破与成本下降

在随后的 3 年里，我国第一批敢于“吃螃蟹”的企业，纷纷建立太阳能电池生产线，我国太阳能电池的生产力持续增长。2004 年，中国自主研发的多晶硅还原炉技术取得突破，2005 年国内第一个 300 吨多晶硅生产项目建成投产，拉开了多晶硅大发展的序幕。同年，《中华人民共和国可再生能源法》通过，将太阳能等可再生能源的开发利用列为能源发展的优先领域，并对光伏发电的应用场景进行了较为明确的说明。这为后续光伏产业的快速发展奠定了基础。

2007 年，中国成为太阳能电池产量最大的国家，达到 1 088 MW，在世界产量中占比为 24. 4%。仅仅经历了 3 年发展，2010 年我国太阳能电池产量就跃升至 8 000 MW 左右，占据世界产量的半壁江山。在产量爆发式增长的 2007—2010 年，我国光伏装机容量也保持着每年 100% 以上的增长，并且光伏发电大规模并网，由 2006 年 5. 1% 的并网率增至 2010 年的 80%。

（2）国际竞争与“双反”挑战

我国光伏发展并不是一路高歌，顺风顺水坐上今日的霸主地位。2011 年，西方国家发生欧债危机，同时美国和欧盟对中国光伏产品发起反倾销和反补贴的“双反”调查，导致中国光伏企业面临严峻的出口挑战。“两头在外”的中国光伏企业出现产能过剩、严重积压的局面，大批依赖出口盈利的光伏企业走向倒闭。为此，国家加大对光伏产业的扶持，并积极进行产业内部结构调整。这一时期，中国政府推出一系列政策支持国内市场的发展，同时鼓励企业技术创新和产业升级。

（3）全球领先与持续发展

自2013年以来，我国光伏市场异军突起，至今已连续11年新增装机容量位居全球首位，累计装机容量从2015年赶超德国拿下全球桂冠后，也已连续9年稳居第一。我国也早已从高度依赖出口的瓶颈中破局而出，“两头在外”的“卡脖子”现象成为历史。据中国光伏行业协会的数据显示，从2015年底开始，在光伏制造四大核心环节——多晶硅、硅片、电池片和组件，国内企业的产量均位居全球第一，占据了全球市场的较大份额，并在技术创新方面不断取得新的进展。

（4）国内市场扩张

2013年，国务院印发《关于促进光伏产业健康发展的若干意见》，要求大力开拓分布式光伏发电市场，有序推进光伏电站建设，巩固和拓展国际市场。抑制光伏产能盲目扩张，加快推进企业兼并重组，加快提高技术和装备水平，积极开展国际合作。同时，文件还提出“分布式光伏发电”和“光伏电站”的二分法，并分类制定电价和补贴政策。我国政府的政策扶持使光伏终端应用市场开始井喷，中国新增光伏装机量跃居世界第一，并连续保持领先地位。

（5）技术创新突破封锁

2015年，中国掌握了万吨级改良西门子法多晶硅生产工艺，流化床法多晶硅生产技术也开始产业化生产。单晶及多晶电池产业化效率分别达到19.5%和18.3%，处于全球领先水平。在生产线专用设备方面，从硅材料生产，硅片加工，电池片、组件的生产到与光伏产业链相关检测设备、模拟器等都具备成套供应能力，部分产品甚至还实现了不同程度的出口。

### 4. 平价上网阶段

2018年，我国光伏发电的财政补贴开始逐渐退坡，光伏进入平价上网时代，出现更加健康良好的发展局面，产能、产量、技术、装机规模等各方面都成为世界领跑者。随着2030年前实现碳达峰，2060年实现碳中和的“双碳”目标的提出，能源消费结构在逐步转变，数字化技术得以广泛应用，电力系统也在与时俱进，光伏发电已经成为我国能源供应与消费的重要组成部分。

### 5. 双碳目标阶段

面对2030年前实现碳达峰，2060年实现碳中和的“双碳”目标，中国光伏产业被赋予了更大的历史责任，国家出台多项新政，确立了光伏产业向主体能源地位转变的战略目标。近年来，中国光伏产业通过技术创新实现了成本的大幅下降，基本实现平价上网。同时，智能光伏产业创新发展行动计划的推出，促进了光伏产业与新一代信息技术的深度融合。随着分布式光伏新增装机量的不断提升，光伏也走入大街小巷、千家万户。通过“光伏+”的应用模式，交通、建筑、工业、商业等各个领域都实现节能低碳的转变，也帮助许多贫穷落后地区实现了经济增收，提高了就业率，使居民用上了绿色电力，提升了百姓生活的幸福指数。

综上所述，中国太阳能电池技术的发展历程是一段由弱到强、由国内市场到全球领先、由技术引进到自主创新的崛起之路。其中，科技创新是推动我国太阳能电池技术发展的核心力量。

相信，在我国的引领下，光伏在不远的将来会占据世界能源消费的重要席位，成为世界能源供应的主体。光伏也将推动着世界能源产业的发展，承载着人们对清洁能源的追求与憧憬，使人与自然和谐共生，为我们创造出可持续的美好生活。

## 拓展阅读 液态阳光

把太阳能装进瓶子里，随处携带，随时取用，是人类一直以来的美好梦想。近年来，人类终于找到了太阳能的最佳载体——甲醇。由此，“液态阳光”正式进入人们的视野。

“液态阳光”（liquid sunshine）一名由中国科学院液态阳光研究组命制，并于2018年9月在国际杂志《焦耳》上公开发表，得到了国际学术界和同行的一致认可。液态阳光，即“清洁甲醇”和“绿色甲醇”，是指生产过程中碳排放极低或为零时制得的甲醇。液态阳光技术以极低或零排放方式实现了非化石能源生产“绿色甲醇”的技术革新，技术包括风光可再生能源发电、绿电制氢、绿氢与$CO_2$合成“绿色甲醇”等三个主要单元，如图1-1所示。具体地，首先利用太阳能、风能等可再生能源发电，并通过输电线路送至制氢单元，通过电解水制氢技术生产绿氢，绿氢与捕集的$CO_2$在适宜的温度和压力条件下合成“绿色甲醇”产品。液态阳光代表了一种清洁环保的能源利用方式，能够实现二氧化碳的资源化利用，同时具有储能调峰功能，兼顾了经济发展和减碳目标。

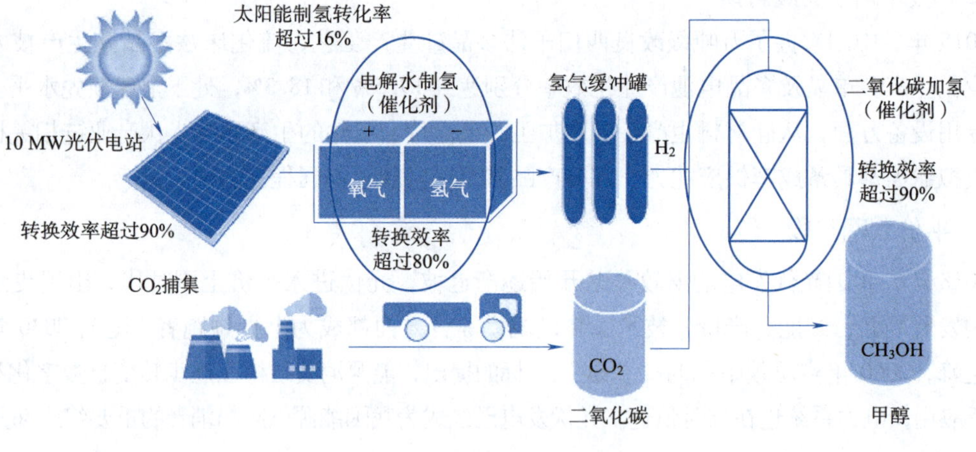


图1-1 液态阳光技术概览

液态阳光不仅是一种清洁的能源载体，而且具有多方面的优势。它比煤更清洁，比油更便宜，比电更便于传输，比气的储存、运输装备更简便。可归结为：“液态阳光是清洁的煤、便宜的油、移动的电、简装的气”。此外，液态阳光甲醇技术的创新性在于将电能转化为可储存运输的化学能，解决了可再生能源间歇性问题以及“弃风、弃光、弃水”问题，成为除（特）高压输电之外的另一种再生能源规模化输送的途径。

在经济性方面，液态阳光甲醇的主要成本是可再生能源的发电成本和制氢电解槽的成本，随着光伏电价的降低，其成本有望进一步降低，更具竞争性。此外，液态阳光技术的推广使用对于实现碳达峰、碳中和目标以及应对气候变化具有重要的战略意义，能够为我国提供切实可行的解决方案。

2020年10月15日，由中国科学院大连化学物理研究所、兰州新区石化产业投资集团有限公司和华陆工程科技有限责任公司联合开发的千吨级液态太阳燃料合成（液态阳光）示范项目成功运行，如图1-2所示。该项目由太阳能发电、电解水制氢和二氧化碳加氢合成甲醇三个基本技术单元构成，配套建设总功率为10 MW光伏发电站，为电解水制氢设备提供电能。项目总占地约289亩（1亩≈666.6 $m^2$），总投资约1.4亿元，其中光伏占地259亩，投资约5 000万元。中国科学院院士李灿团队研发了国际上性能最好的规模化电解水制氢技术，并发展了高活性的固溶体催化剂，可以高选择性、高活性地生成甲醇。该项目将这两项催化技术成功运用，并集成创新了液态太阳燃料合成全流程工艺装置，具有完全自主知识产权，整体技术处于国际领先。该项目将二氧化碳作为碳资源进行转化，首次将太阳能规模转化为液体燃料，提供了高压输电之外的太阳能利用新途径，为我国实现碳中和目标提供了切实可行的全新技术。

图1-2　兰州千吨级“液态阳光”合成示范项目

继千吨级“液态阳光”合成示范项目之后，我国正在积极开展十万吨级的液态阳光大规模工业化示范项目。2024年11月6日，中国中煤所属鄂能化公司10万t/年“液态阳光”项目二氧化碳精制及二氧化碳加绿氢制甲醇装置桩基础开始施工，标志着国内首个拥有100%自主知识产权的全流程“液态阳光”二氧化碳加绿氢制甲醇工业化示范项目正式开工建设。该项目投产后，较同等规模的煤制甲醇，每年可减少煤炭消耗14万t标准煤，减排二氧化碳约50万t，示范引领作用显著。通过风光发电、电解水制氢、二氧化碳加绿氢制甲醇的全流程工业化示范，将为高耗能高碳排放行业的二氧化碳减排及资源化利用提供工业化解决路径。

## 思考题

1. 简要列举太阳能电池发展的世代情况。
2. 谈谈你对我国光伏产业发展历程的感想。

# 第2章 太阳能电池材料的半导体性能

光伏电池也称为太阳能电池，其关键部件之一是由半导体材料制成的 p-n 结。p-n 结是光伏电池实现光电转换的关键。半导体材料具有介于导体和绝缘体之间的电导率特性，这种特性使得它们能够吸收太阳光中的光子并产生电子-空穴对，进而将光能转化为电能。

半导体材料的特性，如禁带宽度、载流子迁移率、表面反射率等，对光伏电池的光电转换效率有着重要的影响。禁带宽度决定了半导体材料对光子的吸收能力。禁带宽度越小，半导体材料对光谱的响应范围就越大，能够吸收更多的光子，从而提高光电转换效率。载流子迁移率则影响电子和空穴在半导体材料中的移动速度。载流子迁移率越大，电子和空穴就越能快速地到达电极表面，形成电流，进而提高光伏电池的光电转换效率。

随着半导体材料技术的不断发展，新型高效率的太阳能电池不断涌现。例如，硅基异质结太阳能电池、钙钛矿太阳能电池等新型光伏材料，都是通过优化半导体材料的特性来提高光电转换效率的。

太阳能电池是将太阳能转化为电能的装置。半导体材料是太阳能电池的基础，其特性直接影响光伏电池的光电转换效率。本章系统讲解半导体的电子状态、能带、杂质与缺陷、载流子的分布等知识。

## 学习目标

(1) 熟悉半导体中的电子状态。

(2) 掌握半导体能带理论。

(3) 掌握半导体中杂质与缺陷的性能。

(4) 掌握半导体载流子的分布。

(5) 掌握 p-n 结、p-i-n 结、金属半导体结、半导体异质结的性能。

(6) 掌握半导体的性能参数及表面特性。

(7) 掌握太阳能电池的物理特性。

## 学习重点

(1) 半导体能带理论。

(2) 半导体中杂质与缺陷的性能。

(3) 半导体载流子的分布。

(4) p-n 结、p-i-n 结、金属半导体结、半导体异质结的性能。

(5) 半导体的性能参数及表面特性。

(6) 太阳能电池的物理特性。

## 学习难点

(1) 半导体中的电子状态。

(2) 半导体能带理论。

(3) 半导体载流子的分布。

(4) p-n 结、p-i-n 结、金属半导体结、半导体异质结的性能。

(5) 太阳能电池的物理特性。

## 2.1 半导体中的电子状态

半导体材料是一类导电能力介于导体和绝缘体之间的固体材料，其电学性能容易受到温度、光照、磁场和杂质浓度等的影响。半导体材料具有许多独特的物理性质，这与半导体中电子的状态及其运动特点有密切关系。

在能带论中，固体的各种电子态按照它们的波矢分类。在倒易格子中取某一倒易阵点为原点，作所有倒格矢的垂直平分面，倒易格子被这些面划分为一系列的区域：其中最靠近原点的一组面所围的闭合区称为第一布里渊区；在第一布里渊区之外，由另一组平面所包围的波矢区称为第二布里渊区；依次类推可得第三、四等布里渊区。各布里渊区体积相等，都等于倒易格子的原胞体积。周期结构中的一切波在布里渊区界面上产生布拉格反射，电子波在布里渊区边界（即倒格矢之间的中垂面）会形成带隙，从而导致能量不连续。根据这一特点，1930 年布里渊首先提出用倒格矢的中垂面来划分波矢空间的区域，从此被称为布里渊区。

第一布里渊区就是倒易格子的维格纳-塞茨原胞，如果对每一倒易格子作此原胞，它们会毫无缝隙地填满整个波矢空间。由于完整晶体中运动的电子、声子、磁振子等元激发的能量和状态都是倒易格子的周期函数，因此只需要用第一布里渊区中的波矢来描述能带电子、点阵振动和自旋波的状态，并确定它们的能量（频率）和波矢关系。

第一布里渊区又称约化布里渊区或简约布里渊区，在文献中不加定语的布里渊区指的往往就是它。简约布里渊区中的一个波矢可能对应有几个不同的能量状态。该区域内的波矢即称为简约波矢。简约布里渊区的形状因晶体结构而异；实际上可由晶格的倒格子的维格纳-塞茨原胞给出。

布里渊区的形状取决于晶体所属布拉维格子的类型。金刚石结构的 Si、Ge 和闪锌矿结构的Ⅲ-Ⅴ族半导体等，都具有面心立方布拉维格子，因此都具有体心立方的倒格子，从而也都具有相同形状的第一布里渊区，为截角八面体（即由六个正方形和八个正六边形构成的十四面体）。简单立方格子、体心立方格子和面心立方格子的约化布里渊区分别为立方体、菱十二面体和截角八面体（十四面体）。它们都是对称的多面体，并具有相应点阵的点群对称性，这一特征使约化布里渊区中高对称点的能量求解得以简化。

自然界中存在的固体材料有晶体和非晶体之分，半导体材料大都是晶体。在理想情况下，晶体是由大量原子做有规则的周期性重复排列构成的。如果把原子抽象为几何点，这些点的集合就是晶格。组成晶格的最小重复单元是原胞，通过全同原胞三维周期性地“堆积”可以复制出整个晶体。

金刚石结构可以被视为一个面心立方晶格（FCC）上的两个原子组成的结构。FCC 的晶胞包含四个原子，而金刚石结构的晶胞包含八个原子，其中每个原子都与四个最近邻原子形成正四面体配位。图 2-1（a）所示为金刚石结构的晶胞和原胞。金刚石结构的每个原胞实际上可以理解为在面心立方晶胞的基础上，每个晶胞中有一个原子位于常规的 FCC 晶格点，而另一个原子相对第一个原子沿立方体的空间对角线方向偏移四分之一对角线长度。金刚石结构的特点是：每个原子周围都有四个最近邻的原子，组成一个如图 2-1（b）所示的正四面体结构。

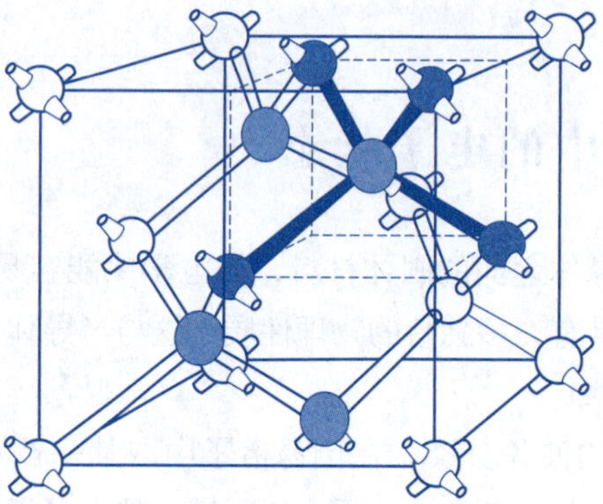

（a）金刚石结构的晶胞和原胞

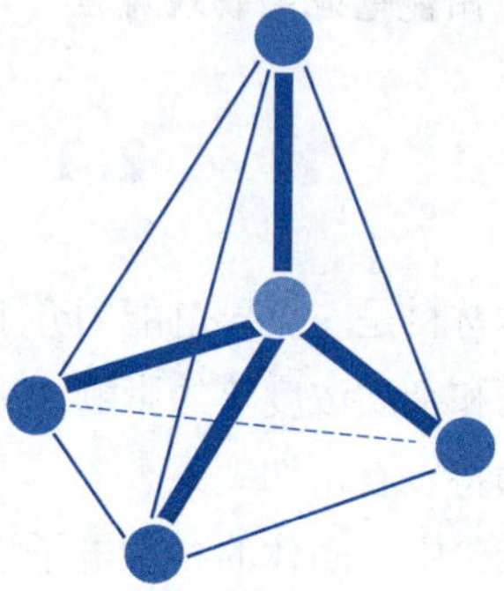

（b）正四面体结构

图 2-1　金刚石结构

除了用真实空间的正格子来描述晶体结构外，还可以用倒易空间的倒格子来描述，倒格子是与真实空间相联系的傅里叶空间中的晶格。

倒格子的原胞可以用维格纳-塞茨原胞表示。连接倒格子中选定的中心点与紧邻的等效倒格点，作该直线的垂直平分面，由这些平面所围成的完全封闭的最小体积就是维格纳-塞茨原胞。倒格子的维格纳-塞茨原胞称为第一布里渊区。

图 2-2 所示为金刚石结构的第一布里渊区，具有截角八面体的形状。在倒易空间中，从中心点 $\Gamma$ 向立方体对称点连线，然后作这些线段的垂直平分面，可以构造出维格纳-塞茨原胞，也即金刚石结构的第一布里渊区。

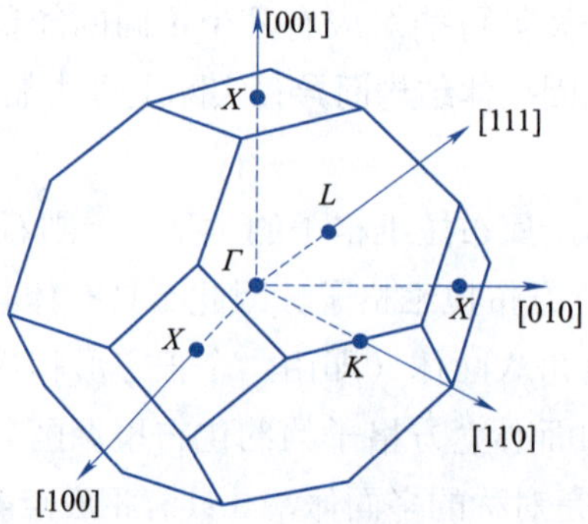


图 2-2　金刚石结构的第一布里渊区

波矢是在傅里叶空间中作出的，所以倒易空间又称波矢空间，是真实空间经傅里叶变换而得到的波矢空间。波矢 $k$ 的坐标可以在倒格子坐标体系中表示，倒格子对于显示动能-动量($E$-$k$)关系非常重要。

### 2.1.1 波函数

在描述微观粒子的运动状态时，经典力学显得无能为力。薛定谔通过结合德布罗意的物质波概念和量子力学的基本原理，推导出了描述微观粒子运动的二阶偏微分方程，即薛定谔方程。每个微观系统都有一个相应的薛定谔方程式，通过解方程可得到波函数的具体形式以及对应的能量，从而了解微观系统的性质。薛定谔提出的量子力学基本方程是一个非相对论的波动方程，它描述了微观粒子的状态随时间变化的规律，它在量子力学中的地位相当于牛顿定律在经典力学中的地位。薛定谔方程仅适用于速度不太大的非相对论粒子，其中也没有包含关于粒子自旋的描述。当涉及相对论效应时，薛定谔方程由相对论量子力学方程所取代。

如果粒子是在势能为 $V(x,y,z,t)$ 的势场中运动，动能和动量之间的关系为

$$E=\frac{p^2}{2m}+V(x,y,z,t) \tag{2-1}$$

可以得到三维情况下势场中粒子的一般薛定谔方程为

$$-\frac{\hbar^2}{2\mathrm{m}}\nabla^2\psi(x,y,z,t)+V(x,y,z,t)\psi(x,y,z,t)=E\psi(x,y,z,t) \tag{2-2}$$

式中，$\nabla^2=\frac{\partial^2}{\partial x^2}+\frac{\partial^2}{\partial y^2}+\frac{\partial^2}{\partial z^2}$为拉普拉斯算符；$\hbar$ 为约化普朗克常量。

薛定谔方程是一个二阶偏微分方程，解微分方程并代入初始条件和边界值就能得到描述微观粒子运动状态的波函数。物质波是描述微观粒子量子态的波动函数，波函数的二次方给出了粒子在某一时刻、某一位置出现的概率密度，因此也称为概率波。$|\psi(x,y,z,t)^2|$称为概率密度函数，是粒子在某一时刻某一位置出现的概率密度。玻恩对波函数的统计解释是：粒子在某一时刻某一位置出现的概率与该位置的波函数模的二次方成正比。

当势能 $V$ 与时间无关时，解薛定谔方程可以采用分离变量法，将薛定谔方程写成与坐标有关（与时间无关）和与时间有关两部分的乘积，即

$$\psi(x,y,z,t)=\psi(x,y,z)f(t) \tag{2-3}$$

于是薛定谔方程与时间无关的项可写成

$$-\frac{\hbar^2}{2m}\nabla^2\psi(x,y,z)+V(x,y,z)\psi(x,y,z)=E\psi(x,y,z) \tag{2-4}$$

这就是与时间无关的定态薛定谔方程。一般情况下只考虑定态薛定谔方程，此时微观系统的能量为 $E$，波函数为定态波函数 $\psi(x,y,z)$，粒子在某一地点出现的概率为$|\psi(x,y,z)^2|$。在讨论周期性势场中电子的波函数时采用的就是定态波函数。

### 2.1.2 电子共有化运动

晶体中的电子是在严格周期性重复排列的原子间运动的。单电子近似认为，晶体中某一个电子是在原子核势场和其他大量电子的平均势场中运动。图2-3（a）所示为单个原子周围的势

函数，图2-3（b）所示为紧密排列在一维阵列中的多个原子的势函数。由于相邻原子的波函数相互交叠，最终形成了如图2-3（c）所示的周期性势场，这种周期性势场导致能带结构的形成。由于电子可以在原子的势场中运动，也可以通过量子力学的隧道效应穿透势垒到达其他原子的势场中运动，通常把前者称为局域化运动，而把后者称为共有化运动，相应的电子态分别为局域态和扩展态。能量较低的内壳层电子所受原子核束缚较强，电子穿透势垒的概率较小，电子共有化运动很弱；外壳层电子由于能量较强，所受原子核束缚较弱，电子穿透势垒的概率较大，电子共有化运动较显著。

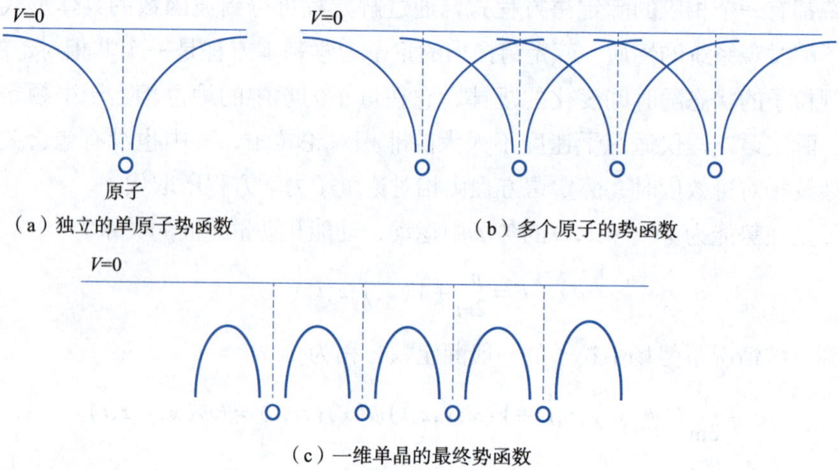


图2-3　势函数

## 2.2　能　　带

半导体物理是建立在能带理论基础之上的，利用定态薛定谔方程和数学方法可以严密地推导出能带理论。半导体晶体是由大量原子周期性重复排列而成的，而每个原子又包含原子核和电子。在描述半导体中电子状态和运动规律时，可以假设每个电子都是在周期性排列且固定不动的原子核势场及其他电子的平均势场中运动，这就是单电子近似法。用单电子近似法研究晶体中的电子状态的理论称为能带理论。

### 2.2.1　能带的概念

晶体中电子处在不同的波矢 $k$ 状态，对应不同的能量 $E(k)$，求解式（2-4）可以得出 $E(k)$ 和 $k$ 的关系曲线，即通常所说的能带图，如图2-4所示。

图中横坐标表示波矢 $k$，实线就是周期性势场中电子的 $E(k)$ 和 $k$ 关系曲线，其中存在能级的能带称为允带，允带之间因没有能级而称为禁带。在 $k=\frac{n\pi}{a}$（$n=0,\pm1,\pm2,\cdots$）时能带出现不连续，形成一系列允带和禁带。也就是说禁带出现在布里渊区边界上，在布里渊区的边界，能量发生不连续。由于 $E(k)$ 也是 $k$ 的周期性函数，周期为 $2\pi/a$，在表示不同的电子态时，只需将 $k$ 限

制在第一布里渊区就可以了，即

$$-\frac{\pi}{a} < k < \frac{\pi}{a} \tag{2-5}$$

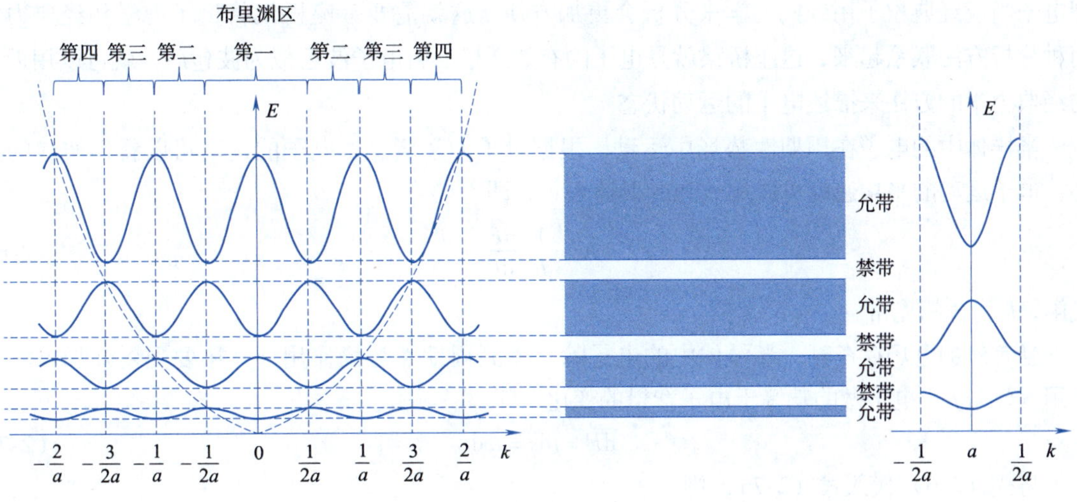


（a）$E(k)$和$k$关系曲线　（b）能带　（c）简约的布里洲区

图 2-4　能带图

其他区域的曲线只需平移 $n\frac{2\pi}{a}$ 合并到第一布里渊区，由此得到的是简约布里渊区，这一区域的波矢为简约波矢。

图 2-5（a）所示为半导体材料在一定温度下的能带图。通常在能量低的能带中都填满了电子，这样的能带称为价带；而能量高的能带往往是全空或半空的，电子没有填满，将此能带称为导带。导带和价带之间就是不存在电子量子态的禁带。从图 2-5（a）中可以看出，电子可以在各自的能带中运动，也可以在相邻能带间跃迁，但不能在能带之间的禁带中运动。通常只需取导带底($E_c$)和价带顶($E_v$)组成能带图，如图 2-5（b）所示。

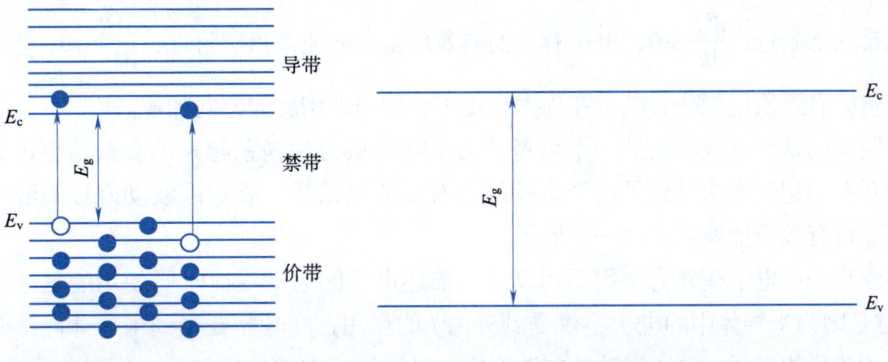


（a）半导体材料在一定温度下的能带图　（b）半导体能带简化示意图

图 2-5　能带图及简化示意图

### 2.2.2 有效质量

利用量子力学原理求解晶体中电子的薛定谔方程就能了解电子的运动状态，不过很多时候把电子当成经典粒子用经典力学来分析会更加方便。这就需要一座桥梁将量子力学和经典力学两种分析方法联系起来，这座桥梁就是电子的有效质量。将电子波近似为波包后，就可以用近似的经典力学的方法来描述电子的运动状态。

半导体中的电子在周期性势场中运动，根据量子力学概念，电子的运动可以看作波包的运动，电子运动的平均速度可以用波包的群速表示，即

$$v=\frac{1}{h}\frac{\mathrm{d}E}{\mathrm{d}k} \tag{2-6}$$

式中，$h$ 为普朗克常量。

当有外加电场存在时，半导体中的电子除了受到周期性势场作用外，还要受到外加电场的作用。外力 $f$ 对电子做的功等于电子能量的变化，即

$$\mathrm{d}E=f\mathrm{d}s=fv\mathrm{d}t \tag{2-7}$$

将式（2-6）代入式（2-7），则有

$$\mathrm{d}E=\frac{f}{h}\frac{\mathrm{d}E}{\mathrm{d}k}\mathrm{d}t \tag{2-8}$$

即

$$f=h\frac{\mathrm{d}k}{\mathrm{d}t}=\frac{\mathrm{d}(hk)}{\mathrm{d}t}=\frac{\mathrm{d}P}{\mathrm{d}t} \tag{2-9}$$

此式与牛顿第二运动定律类似，其中 $hk=P$ 为电子的准动量。而电子的加速度为

$$a=\frac{\mathrm{d}v}{\mathrm{d}t}=\frac{1}{h}\frac{\mathrm{d}}{\mathrm{d}t}\left(\frac{\mathrm{d}E}{\mathrm{d}k}\right)=\frac{1}{h}\frac{\mathrm{d}^2E}{\mathrm{d}k^2}\frac{\mathrm{d}k}{\mathrm{d}t}=\frac{f}{h^2}\frac{\mathrm{d}^2E}{\mathrm{d}k^2} \tag{2-10}$$

若令 $m_n^*=\dfrac{h^2}{\dfrac{\mathrm{d}^2E}{\mathrm{d}k^2}}$，则

$$f=m_n^*a \tag{2-11}$$

式中，$m_n^*$ 就是电子的有效质量。

在能带底部附近，$\dfrac{\mathrm{d}^2E}{\mathrm{d}k^2}>0$，电子有正的有效质量；在能带顶部附近，$\dfrac{\mathrm{d}^2E}{\mathrm{d}k^2}<0$，电子有负的有效质量，负的有效质量意味着电子在外力作用下会朝与力相反的方向加速。

必须明确的是，有效质量是一个将量子力学和经典力学联系起来的参数，也正是这种将两种理论联系在一起的方法导致了这个奇特的负有效质量结果。薛定谔波动方程的解与经典力学相矛盾，而负有效质量就是这样一个例子。

周期性势场中电子在外力作用下运动时，描述电子的运动规律时所使用的是电子的有效质量 $m_n^*$，这是因为半导体中的电子不仅受到外力 $f$ 的作用，同时还要受到半导体内部原子和其他电子的平均势场的作用，电子运动的加速度应该是半导体内部势场和外力同时作用的综合结果。而内部势场作用过于复杂，处理起来十分困难，引入有效质量的意义就在于它概括了半导体内部的周期性势场对电子的作用，使得在描述半导体中电子在外力作用下的运动规律时，可以不涉及半导体内部势场的作用。特别是有效质量可以直接由实验测定，因而可以很方便地了解电

子的运动规律。Si、Ge、GaAs 的载流子有效质量、有效状态和禁带宽度见表 2-1。

表 2-1 Si、Ge、GaAs 的载流子有效质量、有效状态和禁带宽度（300 K）

| 项 目 | $m_n^*/m_0$ | $m_p^*/m_0$ | $N_c/cm^{-3}$ | $N_v/cm^{-3}$ | $E_g/eV$ |
|---|---|---|---|---|---|
| Si | 0.23 | 0.12 | $2.8\times10^{19}$ | $1.0\times10^{19}$ | 1.12 |
| Ge | 0.03 | 0.08 | $1.0\times10^{18}$ | $6.0\times10^{18}$ | 0.67 |
| GaAs | 0.07 | 0.09 | $4.7\times10^{18}$ | $7.0\times10^{18}$ | 1.43 |

### 2.2.3 导体、半导体、绝缘体的能带

固体按导电性分为导体、半导体和绝缘体，其机理可通过电子填充能带的情况来说明。固体导电的原因是电子在外电场作用下进行定向运动。电场力加速电子，使其运动速度和能量发生了变化，这意味着电子与外电场之间发生能量交换。从能带论来看，电子的能量变化是指电子从一个能级跃迁到另一个能级。在满带中，能级已被电子占满，因此在外电场作用下，满带中的电子不会形成电流，对导电没有贡献。通常，内层电子占据满带中的能级，因而不贡献导电性。对于部分占满的能带，在外电场作用下，电子可从外电场中吸收能量并跃迁到未被占据的能级，形成电流，这种能带称为导带。

如图 2-6 所示，金属的价电子占据的能带是部分占满的，因此金属是良好的导体。绝缘体和半导体的能带结构类似。下面是被价电子占满的满带（其下面还有为内层电子占满的若干满带未画出），又称价带，中间为禁带，上面是空带。因此，在绝对零度($T=0$ K)时，绝缘体和半导体不导电。当半导体温度升高($T>0$ K)时，价带中的电子有概率被激发到导带，形成自由电子和空穴，参与导电。这是半导体与金属导体的主要区别之一。绝缘体的禁带宽度很大，激发电子需要很大能量，因此在常温下导电性很差。半导体的禁带宽度较小，数量级在 1 eV左右，在常温下已有不少电子被激发到导带中，具有一定的导电能力。这是绝缘体和半导体的主要区别。

图 2-7 所示为一定温度下半导体的能带图（本征激发情况）。图中“●”表示价带内的电子，它们在热力学温度 $T=0$ K 时填满价带中所有能级。$E_v$称为价带顶，是价带电子的最高能量。在一定温度下，共价键上的电子通过热激发成为准自由电子。获得能量并脱离共价键的电子，就是能带图中导带上的电子；脱离共价键所需的最低能量就是禁带宽度 $E_g$；$E_c$称为导带底，是导带电子的最低能量。价带电子激发为导带电子的过程称为本征激发。

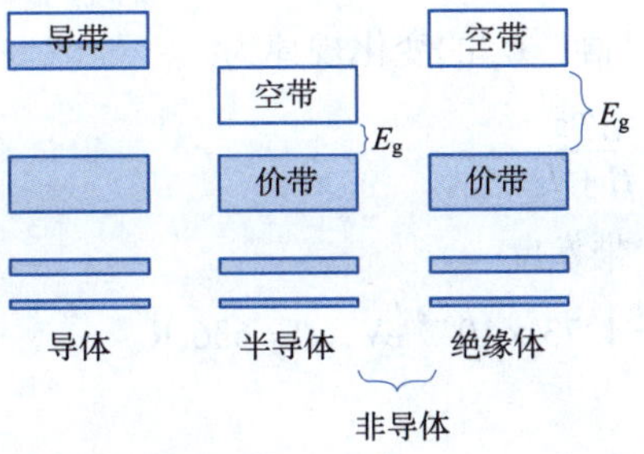


图 2-6 导体、半导体、绝缘体的能带

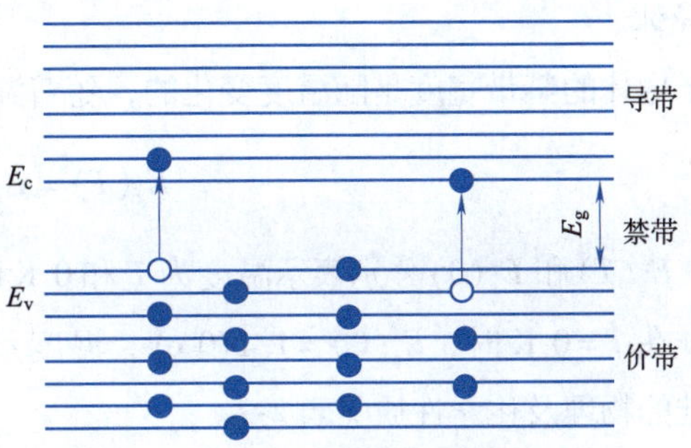


图 2-7 一定温度下半导体的能带

室温下，金刚石的禁带宽度为6～7 eV，属于绝缘体；硅为1.12 eV，锗为0.67 eV，砷化镓为1.43 eV。砷化镓和硅的能带结构如图2-8所示。

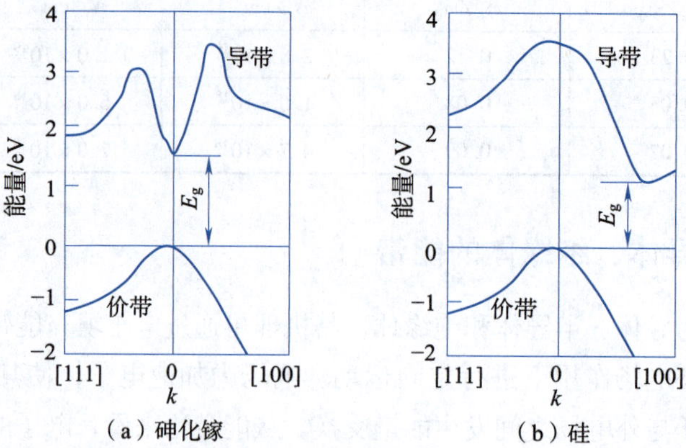


图2-8　能带结构

晶体的一个重要性质就是各向异性。电子在晶体的周期性势场中沿各个方向运动，会产生不同的 $k$ 空间边界，能带结构就是晶体中 $E$-$k$ 的关系曲线。砷化镓和硅的能带结构在三维 $k$ 空间中非常复杂，可以通过考察一维的 $E$-$k$ 关系曲线进行简化分析，如图2-8（a）所示。一维 $E$-$k$ 关系曲线将［100］方向的图形绘制在 $+k$ 轴上，而将［111］方向的图形绘制在 $-k$ 轴上。导带中的电子趋向于停留在导带的能量最小处，价带中的电子也同样趋向于价带的最小能量处；空穴作为价带中未被电子占据的量子态，可以假想成一个带单位正电荷的“微观粒子”，它们出现在价带的能量最大处（即价带顶）。

在导带底部和价带顶部之间存在一个禁带，宽度记为 $E_g$。对砷化镓而言，价带顶和导带底都出现在 $k=0$ 处，此处动量 $p=0$。对硅而言，价带顶也出现在 $k=0$ 处，但导带底没有出现在 $k=0$处，而是在［100］方向上，动量 $p\neq0$。砷化镓中的电子从价带顶跃迁到导带底时至少需要等于禁带宽度 $E_g$ 的能量来满足能量守恒，导带底和价带顶处动量相等，跃迁前后动量不变，满足动量守恒定律。这样的半导体称为直接带隙半导体。

硅中的电子在能带间跃迁也至少需要等于禁带宽度 $E_g$ 的能量，但导带底处动量与价带顶处动量相差较大，跃迁前后动量会变化，不满足动量守恒定律。该类型半导体电子跃迁时，电子会与晶格相互作用，也就是声子会参与跃迁以保持动量守恒。这样的半导体称为间接带隙半导体。

半导体的禁带宽度是随温度变化的，随着温度的升高，$E_g$ 的变化规律为

$$E_g(T)=E_g(0)-\frac{\alpha T^2}{\beta+T} \tag{2-12}$$

式中，$E_g(T)$和$E_g(0)$分别表示温度为 $T$ 和0 K时的禁带宽度。

硅在 $T=0$ K时，$E_g(0)=1.170$ eV，温度系数 $\alpha=4.73\times10^{-4}$ eV，$\beta=636$ K。

硅的物理及化学性质见表2-2。

表 2-2 硅的物理及化学性质

| 性质 | 符号 | 单位 | 数据 |
| --- | --- | --- | --- |
| 原子序数 | $Z$ | | 14 |
| 相对原子量 | $A_r$ | | 28. 085 |
| 原子密度 | | 个/cm$^3$ | $5.22\times10^{22}$ |
| 晶体结构 | | | 金刚石型 |
| 晶格常数 | $Q$ | Å | 5. 43 |
| 熔点 | $T_m$ | ℃ | 1 420 |
| 密度 | $\rho$ | g/cm$^3$ | 2. 329/2. 533 |
| 介电常数 | $\varepsilon_0$ | | 11. 9 |
| 本征载流子浓度 | $n_i$ | 个/cm$^3$ | $1.5\times10^{10}$ |
| 本征电阻率 | $\rho_i$ | Ω · cm | $2.3\times10^{5}$ |
| 电子迁移率 | $\mu_n$ | cm$^2$/（V · s） | 1 350 |
| 空穴迁移率 | $\mu_p$ | cm$^2$/（V · s） | 480 |
| 电子扩散系数 | $D_n$ | cm$^2$/s | 34. 6 |
| 空穴扩散系数 | $D_p$ | cm$^2$/s | 12. 3 |
| 禁带宽度（25 ℃） | $E_g$ | eV | 1. 12 |
| 导带有效态密度 | $N_c$ | cm$^{-3}$ | $2.8\times10^{19}$ |
| 价带有效态密度 | $N_v$ | cm$^{-3}$ | $1.04\times10^{19}$ |
| 器件最高工作温度 | | ℃ | 250 |

注：1 Å =0. 1 nm。

## 2. 3 半导体中的掺杂

半导体中的杂质与缺陷是半导体材料科学中不可或缺的重要概念，它们对半导体的物理和化学性质具有决定性的影响，并在半导体器件的制造和应用中发挥着重要作用。因此，在半导体材料的制备和加工过程中，需要严格控制杂质和缺陷的引入和分布，以确保半导体器件的性能和可靠性。

### 2. 3. 1 本征半导体和杂质半导体

半导体材料提纯后形成的完全纯净、具有理想晶体结构的半导体称为本征半导体。半导体的导电能力在不同条件下有很大差别。一般来说，本征半导体的相邻原子间存在稳固的共价键，导电能力并不强，如图 2-9（a）所示。在半导体中，价电子（原子的最外层电子）不像在绝缘体（八价元素）中那样被紧密束缚。当获得足够能量（例如，温度升高或受光照等）时，价电子能够摆脱原子核的束缚，成为自由电子，此时共价键中留下的空位称为空穴。在外电场作用下，半导体中将形成两部分电流：一部分是自由电子定向运动形成的电子电流，另一部分是由仍被原子核束缚的价电子递补空穴形成的空穴电流。因此，半导体中同时存在自由电子和空穴这两种载流子，这是半导体与金属在导电机理上的本质区别，如图 2-9（b）所示。在本征半导体中，自由电子和空穴总是成对出现，并不断复合，在一定温度下达到动态平衡，维持一定的载流子数目。温度越高，载流子数目越多，导电性能也越好。因此，温度对半导体器件性能的影响非常显著。在半导体中掺入微量杂质后，载流子浓度会显著增加，从而使导电能力提升数十万倍甚至几百万倍。

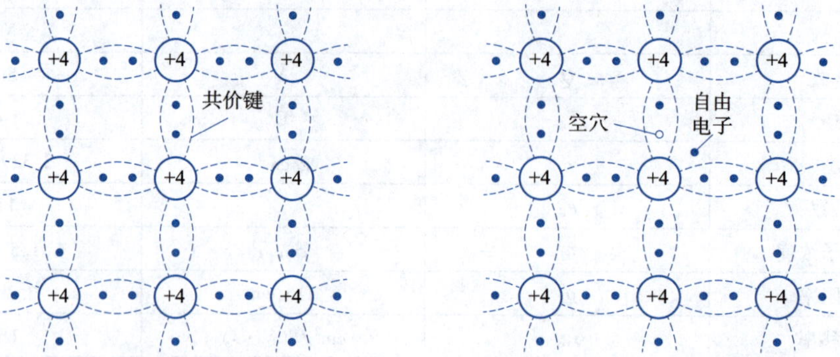


（a）本征半导体结构示意图　　（b）本征半导体中的自由电子和空穴

图 2-9　本征半导体

在本征半导体中引入一定量的杂质后，可能会出现一种载流子的浓度大于另一种，这种半导体称为杂质半导体。以硅（Si）为例，在本征半导体中掺入五价磷原子时，磷原子电离会向半导体提供电子，从而导致电子浓度高于空穴浓度，这种半导体称为 n 型半导体，此时电子为多数载流子（简称多子），空穴为少数载流子（简称少子），如图 2-10（a）所示。反之，如图 2-10（b）所示，当在本征半导体中掺入三价硼原子时，硼原子电离会接受电子，相当于提供了空穴，从而使空穴浓度高于电子浓度，称为 p 型半导体，此时空穴为多数载流子，电子为少数载流子。相应地，这些杂质分别称为 n 型掺杂剂（施主杂质）和 p 型掺杂剂（受主杂质）。

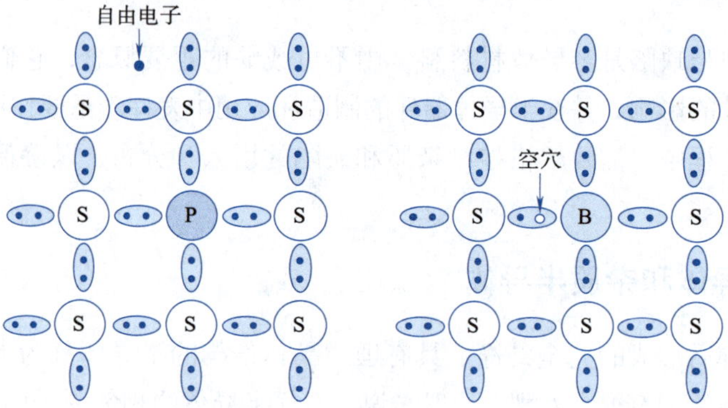


（a）n型半导体　　（b）p型半导体

图 2-10　掺杂半导体

## 2.3.2　半导体中的杂质能级

在理想半导体中，原子按严格的周期性排列，具有完整的晶格结构。晶体中无杂质和缺陷。

电子在周期场中做共有化运动，形成允带和禁带——电子能量只能处在允带中的能级上，禁带中无能级。这种本征半导体具有完美的晶格结构，无任何杂质和缺陷。

### 1. 缺陷

实际上，如果晶体在生长过程中有缺陷产生或杂质引入，都会对晶体的周期场产生扰动。凡是晶体周期场被破坏的位置都称为缺陷，实际材料中的缺陷是不可避免的。

从缺陷产生的来源来看，可以分为本征缺陷和杂质缺陷两种。

本征缺陷是在半导体材料制备过程中无意引入的，导致半导体晶格结构并不完整，可能存在多种形式的缺陷，如点缺陷、线缺陷和面缺陷等。

杂质缺陷则是由于材料纯度不够，杂质原子替代了基质原子。杂质缺陷可以分为两类：一类是由于制备工艺限制导致的有害杂质，需尽量去除；另一类是为了实现特定的电学性质而故意掺入的杂质，通常以替位的形式存在，即杂质原子替代了基质原子。

杂质和缺陷可以在禁带中引入能级，从而对半导体的性质产生决定性的作用。

### 2. 杂质能级

根据电离能的大小及其在能带中的位置，杂质能级可分为浅能级和深能级，如图2-11所示。电离能小的杂质称为浅能级杂质。

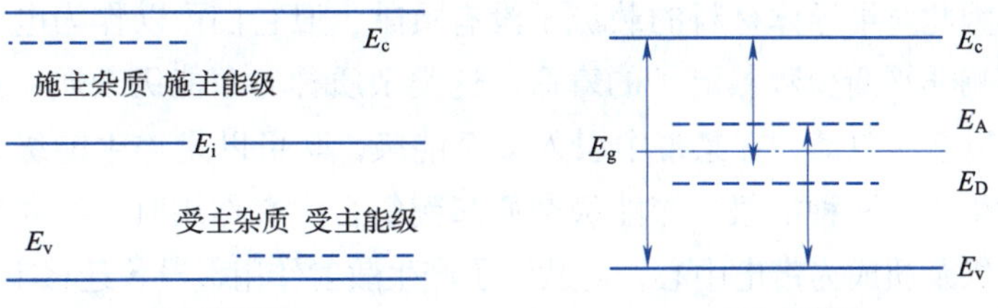


图2-11 杂质能级

所谓浅能级，是指施主能级靠近导带底，受主能级靠近价带顶。室温下，掺杂浓度不高的情况下，浅能级杂质几乎可以全部电离。五价元素磷（P）与锑（Sb）在硅、锗中是浅施主杂质，被施主杂质束缚的电子的能量处于禁带中，且靠近导带底 $E_c$，称为施主能级，此时施主杂质能级上的电子跃迁到导带中，在导带形成大量电子，如图2-12（a）所示。施主杂质少，原子间相互作用可以忽略，施主能级是具有相同能量的孤立能级。同理，三价元素硼（B）、铝（Al）、镓（Ga）、铟（In）在硅与锗中为浅受主杂质。受主杂质接受的电子跃迁到杂质能级，此杂质能级距价带顶很近，受主杂质接受价带的电子跃迁到杂质能级，在价带形成大量空穴，如图2-12（b）所示。

从成键模型上可以很容易理解杂质的电离。以硅晶体中掺入磷原子为例，磷原子有5个价电子，其中4个与硅原子形成共价键外，剩余的1个价电子则极松弛地结合于磷原子。只需少许能量，该价电子即可释放，形成自由电子，磷原子则转变为带正电的施主离子。此过程称为杂质电离。这个多余的价电子挣脱束缚成为导电电子所需要的能量，称为杂质电离能。施主杂质电离后成为不可移动的带正电的施主离子，同时向导带提供电子，使半导体成为电子导电的n型半导体，其能带结构如图2-12（a）所示。

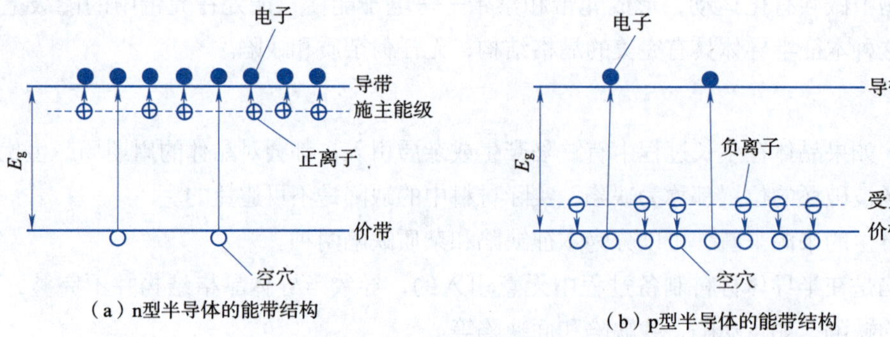


图 2-12　掺杂半导体的能带结构

又例如，把Ⅲ族元素 B 作为杂质掺入硅晶体时，由于形成完整的共价键上缺少一个电子，它会从相邻的硅原子中夺取一个价电子来形成完整的共价键。被夺走的电子留下一个空的位置，成为空穴。结果，杂质原子转变为一价负离子，同时提供了束缚较松的空穴。这种结合用很小的能量就可以破坏，而形成自由空穴，使半导体成为空穴过剩的 p 型半导体，其能带结构如图 2-12（b）所示。

如果杂质能级位于禁带中心附近，如图 2-12（b）所示，则电离能较大，在室温下，这种杂质一般不易电离，因此对半导体材料的载流子没有贡献，但它们可以作为电子或空穴的复合中心或陷阱中心，影响非平衡少数载流子的寿命。这类杂质称为深能级杂质，其能级也称为深能级。深能级杂质可以多次电离，在禁带中引入多个能级，既可以是施主能级，也可以是受主能级，甚至可以同时引入这两种能级。深能级杂质起到复合中心作用时，能降低少数载流子的寿命。电离后的深能级杂质成为带电中心，对载流子产生散射作用，导致迁移率降低，进而使导电性能下降。对硅基太阳能电池而言，这些深能级杂质是有害的，会直接影响太阳能光电转换效率。图 2-13 所示为硅晶体中一些主要的杂质能级，图中 D 表示施主、A 表示受主。

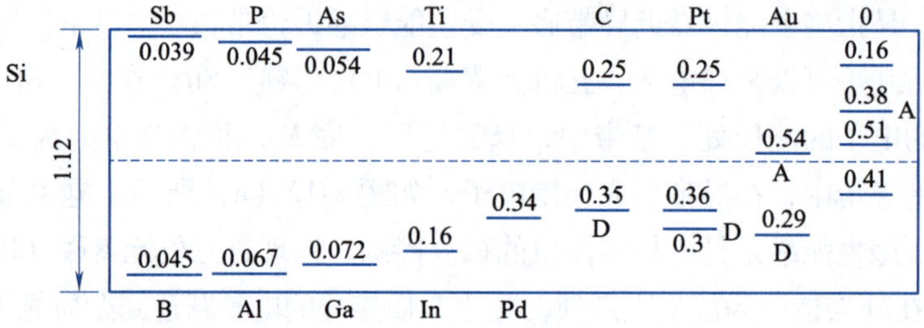


图 2-13　硅晶体中一些主要的杂质能级

## 2.4　半导体载流子的分布

在一定温度下，如果没有其他外界作用，半导体中的导电电子和空穴主要依靠电子的热激发作用而产生。电子通过不断热振动从低能量的量子态跃迁到高能量的量子态，例如，电子从价带跃迁到导带（这就是本征激发），形成导带电子和价带空穴。此外，电子和空穴还可以通过杂质电离方式产生：当电子从施主能级跃迁到导带时，产生导带电子；而当电子从价带激发到受主能级时，产生价带空穴。同时，还存在着相反的过程，即电子可以从高能量的量子态跃迁到低能量的量子态，并释放出一定能量，从而使导带中的电子和价带中的空穴不断减少，这一过程称为载流子的复合。在一定温度下，这两个相反的过程之间将建立起动态平衡，称为热平衡状态。这时，半导体中的导电电子浓度和空穴浓度保持稳定的数值，这种处于热平衡状态下的导电电子和空穴称为热平衡载流子。当温度改变时，原来的平衡状态被破坏，进而重新建立起新的平衡状态，热平衡载流子浓度也将随之发生变化，达到另一稳定数值。

实践表明，半导体的导电性随温度的变化而显著变化。实际上，这种变化主要是由于半导体中载流子浓度随温度而变化所造成的。因此，要深入了解半导体的导电性及其他许多性质，必须探求半导体中载流子浓度随温度变化的规律，以及解决如何计算在一定温度下半导体中热平衡载流子浓度的问题。

### 2.4.1　状态密度

状态密度是指在能带中某一能量 $E$ 附近每单位能量间隔内的量子态数，状态密度与能量的关系如图 2-14 所示。每个能带中包含的能级数与晶体中的原子数 $N$ 及孤立原子能级的简并度有关。由于 $N$ 是一个十分大的数值，且能级之间距离非常近，因此可以将每个能带中的能级视为几乎连续。假设在能带中能量 $E \sim (E+\mathrm{d}E)$ 之间无限小的能量间隔内有一个量子态，则状态密度 $g(E)$ 可以表示为

$$g(E)=\frac{\mathrm{d}Z}{\mathrm{d}E} \tag{2-13}$$

经分析计算，对于球形等能面，导带底附近电子的状态密度 $g_c(E)$ 为

$$g_c(E)=\frac{\mathrm{d}Z}{\mathrm{d}E}=4\pi V\frac{(2m_n^*)^{3/2}}{h^3}(E-E_c)^{1/2} \tag{2-14}$$

式中，$V$ 为晶体体积；$m_n^*$ 为导带底电子的有效质量。

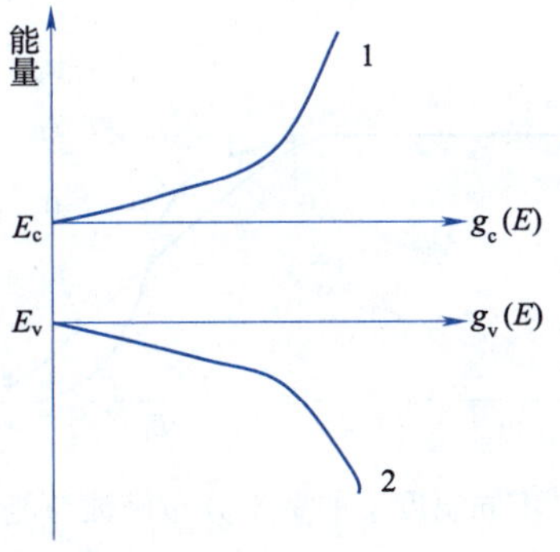


图 2-14　状态密度与能量的关系

价带顶附近空穴的状态密度 $g_v(E)$ 为

$$g_v(E)=\frac{\mathrm{d}Z}{\mathrm{d}E}=4\pi V\frac{(2m_p^*)^{3/2}}{h^3}(E_v-E)^{1/2} \tag{2-15}$$

式中，$m_p^*$ 为价带顶空穴有效质量。

## 2.4.2 费米分布函数和费米能级

从大量电子的整体来看，在热平衡状态下，电子在不同能量的量子态上具有一定的统计分布概率。也就是说，电子要按照能量的大小遵循一定的统计分布规律。根据量子统计理论，电子是一种全同费米子，且不可分辨，需满足泡利不相容原理：每个量子态上只能容纳一个电子，因此电子的分布遵循费米统计规律。对于能量为 $E$ 的量子态被电子占据的概率 $f(E)$ 为

$$f(E)=\frac{1}{1+\exp\left(\frac{E-E_F}{k_0T}\right)} \tag{2-16}$$

式中，$k_0$ 是玻耳兹曼常数；$T$ 是热力学温度；$E_F$ 是费米能级或费米能量，费米能级 $E_F$ 是一个待定的参数，具有能量的量纲。

$f(E)$ 是电子的费米分布函数，它描述了热平衡状态下电子在能量为 $E$ 的量子态上的分布规律，也可以用来表示被电子填充的量子态占总量子态的比率。只要知道费米能级 $E_F$ 的数值，在一定温度下，电子在各量子态上的统计分布就完全确定了。

在绝对零度时，若 $E<E_F$，则 $f(E)=1$；若 $E>E_F$，则 $f(E)=0$。这说明在绝对零度时，能量比 $E_F$ 小的量子态被电子占据的概率为100%，因而这些量子态上都是有电子的；而能量比 $E_F$ 大的量子态被电子占据的概率为0，因而这些量子态上没有电子，是空的。因此，费米能级可看成是量子态是否被电子占据的一个界限。

当 $T>0$ K 时，若 $E<E_F$，则 $f(E)>1/2$；若 $E=E_F$，则 $f(E)=1/2$；若 $E>E_F$，则 $f(E)<1/2$。由图 2-15 可知，当系统的温度高于绝对零度时，能量比 $E_F$ 小的量子态被电子占据的概率大于50% 且随温度的升高逐渐减少；能量比 $E_F$ 大的量子态被电子占据的概率小于 50% 且随温度的升高逐渐增大。费米能级的位置比较直观地反映了电子占据量子态的情况，费米能级位置较高，说明能量较高的量子态上有较多的电子占据，因此可以说，费米能级是电子填充能级水平高低的标志。

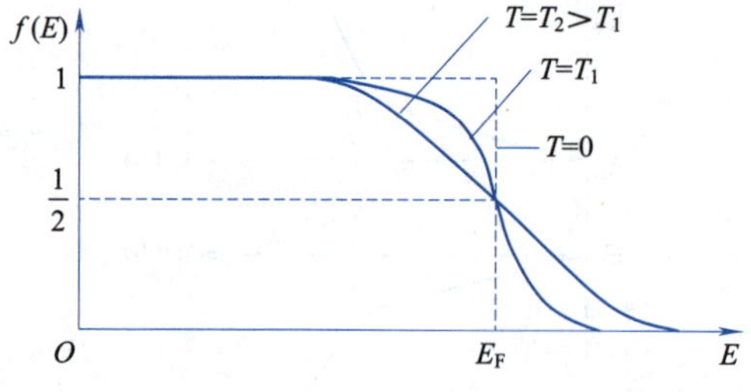


图 2-15　不同温度下的费米分布函数与能量的关系

如果把电子系统看作一个热力学系统，费米能级实际上就是电子系统的化学势 $\mu$，它是平衡系统的热力学参数。在整个电子系统（包括导带、价带、施主和受主）处于热平衡状态时，系统应具有统一的化学势，因此处于热平衡状态的电子系统有统一的费米能级。如果系统中子系统各自具有自己的化学势且彼此不相等时，这是一个准平衡状态。这时，整个系统的自由能并未达到最低值，未达到平衡（平衡时要求系统的自由能最低）。系统达到平衡的过程是电子由化学

势高的子系向化学势低的子系转移的过程，平衡时各子系的化学势相等，即系统具有统一的费米能级。这一结论非常重要，因为对于处于准平衡的各子系来说，子系的准费米能级的差异是电子在子系间转移的动力，电子的转移一直要到系统有统一的费米能级才会停止。

$f(E)$表示能量为$E$的量子态被电子占据的概率，因而$1-f(E)$就是能量为$E$的量子态未被电子占据的概率，在价带中也就是量子态被空穴占据的概率，即

$$1-f(E)=\frac{1}{1+\exp\left(\frac{E_F-E}{k_0T}\right)} \tag{2-17}$$

## 2.4.3 导带中的电子浓度和价带中的空穴浓度

在计算半导体中载流子浓度时，假定能带中的能级是连续分布的，将能带划分为一个个很小的能量区间来处理。

### 1. 导带中的电子浓度

对于导带，可以将其分为无限多且无限小的能量区间，则在$E\sim(E+dE)$能量之间有$dZ=g_c(E)dE$个量子态，而电子占据能量为$E$的量子态的概率是$f(E)$，则在$E\sim(E+dE)$间有$f(E)g_c(E)dE$个被电子占据的量子态，因为每个被占据的量子态上有一个电子，所以在$E\sim(E+dE)$间有$f(E)g_c(E)dE$个电子。然后把所有能量区间中的电子数相加，实际上是从导带底到导带顶对$f(E)g_c(E)dE$进行积分，就得到了能带中的电子总数，再除以半导体体积，就得到了导带中的电子浓度。

我们已经得到了允许的量子态按能量的分布规律，即状态密度$g(E)$，以及电子在允许的量子态中分布规律，即费米分布函数$f(E)$。在能量$E\sim(E+dE)$间的电子数$dN$为

$$dN=f(E)g_c(E)dE \tag{2-18}$$

单位体积晶体中的电子数为

$$dn=\frac{dN}{V}=\frac{f(E)g_c(E)dE}{V} \tag{2-19}$$

对整个导带能量求积分，可以得出热平衡状态下单位体积晶体中整个能量范围内的电子数，即导带电子浓度$n_0$为

$$n_0=\int_{E_c}^{\infty}\frac{f(E)g_c(E)}{V}dE=4\pi\frac{(2m_n^*)^{3/2}}{h^3}\int_{E_c}^{\infty}\frac{1}{1+\exp\left(\frac{E-E_F}{k_0T}\right)}(E-E_c)^{1/2}dE \tag{2-20}$$

其中代入了状态密度和费米分布函数的表达式，式中积分上限取∞的理由是：导带中的电子绝大多数在导带底部附近，能量升高时电子占据量子态的概率迅速趋于零，从而多计入的积分部分并不会影响所得结果。

### 2. 价带中的空穴浓度

热平衡下价带空穴浓度$p_0$为

$$p_0=4\pi\frac{(2m_p^*)^{3/2}}{h^3}\int_{-\infty}^{E_v}\frac{1}{1+\exp\left(\frac{E_F-E}{k_0T}\right)}(E_v-E)^{1/2}dE \tag{2-21}$$

### 2.4.4 本征半导体载流子的浓度

本征半导体是指完全没有杂质和缺陷的半导体。本征半导体的禁带中没有任何杂质或缺陷能级。在热力学温度零度时，价带中的全部量子态都被电子占据，导带中的量子态则完全是空的。当半导体的温度升高时，就有电子从价带激发到导带中去，这就是所谓的本征激发。本征激发过程中，每激发一个电子到导带中去，就有一个空穴在价带中形成，电子和空穴是成对产生的，如图2-16（a）所示，于是热平衡状态下导带电子的浓度必然等于价带空穴的浓度，即

$$n_0 = p_0 \tag{2-22}$$

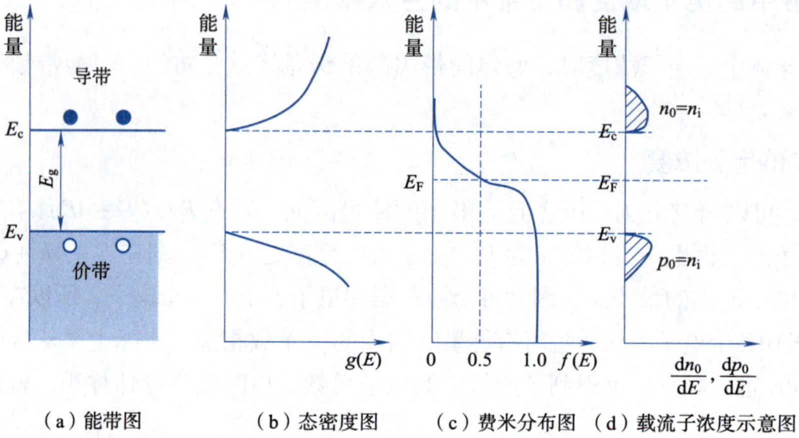


图2-16　本征半导体在热平衡下的相关图示

由于电子和空穴带有等量异号电荷，式（2-22）就是本征激发时的电中性条件。

将式（2-20）和式（2-21）代入式（2-22），可得

$$N_c \exp\left(-\frac{E_c - E_F}{k_0 T}\right) = N_v \exp\left(-\frac{E_F - E_v}{k_0 T}\right) \tag{2-23}$$

在本征半导体满足玻耳兹曼近似的情况下，可以求出本征半导体的费米能级 $E_i$：

$$E_i = \frac{E_c + E_v}{2} + \frac{k_0 T}{2} \ln \frac{N_v}{N_c} \tag{2-24}$$

将 $N_c$、$N_v$ 表达式代入式（2-24）得

$$E_i = \frac{E_c + E_v}{2} + \frac{3k_0 T}{4} \ln \frac{m_p^*}{m_n^*} \tag{2-25}$$

式（2-25）中第二项一般比第一项小得多，一般可以认为本征半导体的费米能级 $E_i$ 基本上处于禁带的中央。

把本征费米能级代入，可以求得本征载流子浓度为

$$n_i = (N_c N_v)^{1/2} \exp\left(-\frac{E_g}{2k_0 T}\right) = 2(m_n^* m_p^*)^{3/4} \left(\frac{2\pi k_0 T}{h^2}\right)^{3/2} \exp\left(-\frac{E_g}{2k_0 T}\right) \tag{2-26}$$

可以看出，本征载流子浓度只与半导体自身的禁带宽度和温度有关。对某一半导体，本征载流子浓度随温度的上升而迅速增加；不同的半导体材料，在温度一定时，禁带宽度越大，本征载

流子浓度就越小。如图2-17所示，在室温时，硅的本征载流子浓度为$1.5\times10^{10}\ \mathrm{cm}^{-3}$。

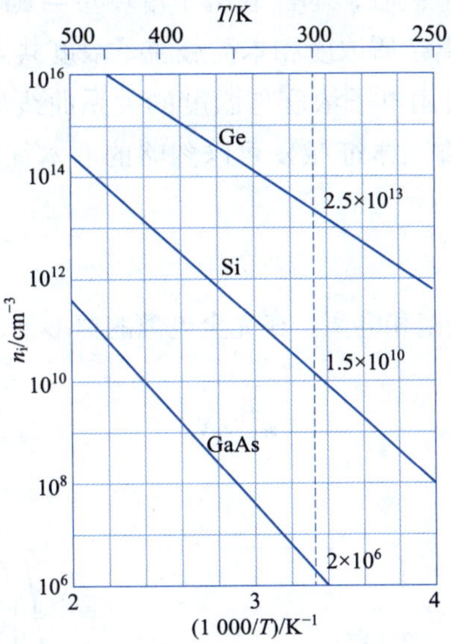


图2-17 实验测量的Ge、Si、GaAs浓度

将式（2-26）和式（2-22）相比较可以得到一个重要的关系式

$$n_0p_0=n_i^2 \tag{2-27}$$

此式称为质量作用定律。在热平衡状态下，此式对于本征半导体和非简并的杂质半导体（非本征半导体）都适用。在非本征半导体中，温度不变时，不管是电子占主导还是空穴占主导，两种载流子的乘积将保持定值。

利用$n_i$和$E_i$，也可以把电子和空穴浓度写成如下形式

$$n_0=n_i\exp\left(\frac{E_F-E_i}{k_0T}\right)\quad 或\quad E_F-E_i=k_0T\ln\left(\frac{n_0}{n_i}\right) \tag{2-28}$$

$$p_0=n_i\exp\left(\frac{E_i-E_F}{k_0T}\right)\quad 或\quad E_i-E_F=k_0T\ln\left(\frac{p_0}{n_i}\right) \tag{2-29}$$

可以看到，当加入施主或受主杂质时，费米能级会偏离本征费米能级，$n_0$和$p_0$也偏离了本征载流子浓度$n_i$。

## 2.4.5 杂质半导体载流子的浓度

实际应用的半导体材料，为了控制电学性能，需要在本征半导体中掺入一定量的杂质，这种半导体称为杂质半导体或非本征半导体。杂质半导体中既有电子从价带跃迁到导带的本征激发过程，也有电子从价带跃迁到受主能级或从施主能级跃迁到导带的杂质电离过程。浅能级杂质的电离能比禁带宽度小很多，所以杂质的电离和半导体的本征激发发生在不同的温度范围。在较低的温度下，首先发生的是杂质的电离；随着温度的升高，杂质的电离不断加强，载流子浓度不断增大，当达到一定的浓度时，杂质达到饱和电离，此温度区域称为杂质电离区；此时本征激发非常弱，不影响总的载流子浓度。当温度在室温附近进一步上升，本征激发依然很弱，

载流子浓度主要由杂质浓度决定，基本上在一段长的温度范围内保持恒定，称为非本征区。当温度进一步上升，达到某一个值时，本征载流子浓度可与施主浓度相比拟甚至超过施主浓度，半导体的载流子浓度由电离杂质浓度和本征载流子浓度共同决定或由本征激发单独决定，此温度区间为本征区。n型硅自由电子浓度与温度的关系曲线如图2-18所示。绝大多数半导体器件都是工作在杂质饱和电离而本征激发可以忽略的非本征区，此时载流子浓度主要由电离杂质浓度决定。

### 1. n型半导体

在室温下，施主杂质基本上饱和电离。在完全电离的情形下，多数情况下，导带电子浓度就等于施主杂质浓度，即

$$n_0 \approx N_D \tag{2-30}$$

式中，$N_D$ 为施主杂质浓度。

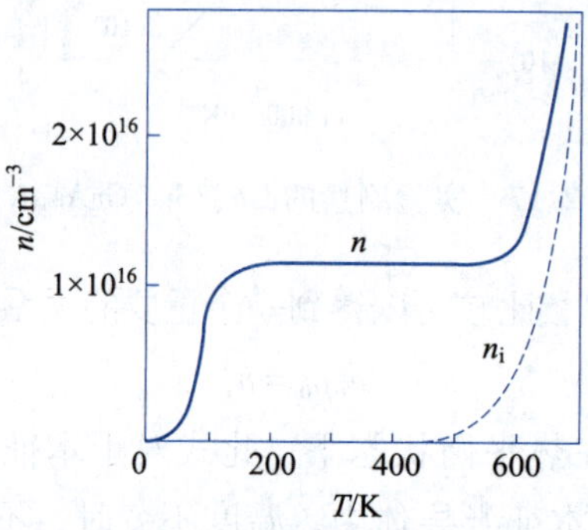


图2-18　n型硅自由电子浓度与温度的关系曲线

图2-19所示为n型半导体饱和电离的情形，导带中的电子和施主离子二者浓度非常接近。本征激发提供的电子相对于杂质电离提供的电子来说可以忽略，不过还是在价带中形成了一定数量的空穴，其浓度为

$$p_0 = \frac{n_i^2}{n_0} = \frac{n_i^2}{N_D} \tag{2-31}$$

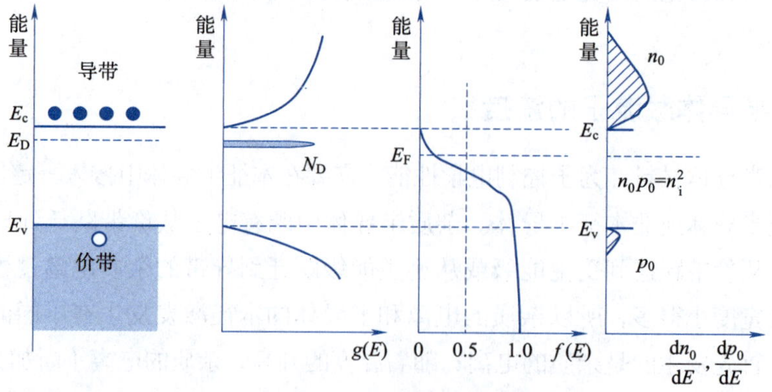


图2-19　n型半导体的能带

n 型半导体在饱和电离情形下的费米能级：

$$E_F = E_c - k_0 T \ln \frac{N_c}{N_D} \tag{2-32}$$

$$E_F = E_i + k_0 T \ln \frac{N_D}{n_i} \tag{2-33}$$

由此可见，n 型半导体中随着施主杂质浓度的增加，费米能级向导带移动。随着温度的升高，费米能级逐渐偏离导带底，靠近本征费米能级 $E_i$。

### 2. p 型半导体

在室温下，受主杂质也基本上饱和电离。在完全电离的情形下，多数情况下，价带空穴浓度就等于受主杂质浓度，即

$$p_0 \approx N_A \tag{2-34}$$

式中，$N_A$ 为受主杂质浓度。

图 2-20 所示为 p 型半导体饱和电离的情形。同样，价带中的空穴和受主离子二者浓度非常接近。本征激发提供的空穴相对于杂质电离提供的空穴来说可以忽略，不过在导带中还是形成了一定数量的电子，其浓度为

$$n_0 = \frac{n_i^2}{p_0} = \frac{n_i^2}{N_A} \tag{2-35}$$

p 型半导体在饱和电离情形下的费米能级：

$$E_F = E_c + k_0 T \ln \frac{N_v}{N_A} \tag{2-36}$$

$$E_F = E_i - k_0 T \ln \frac{N_A}{n_i} \tag{2-37}$$

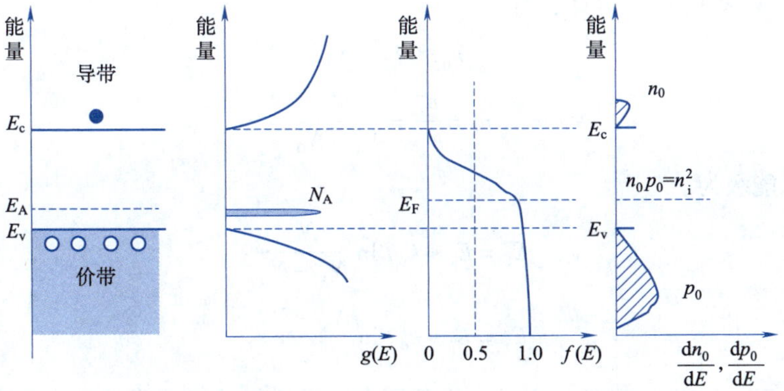


图 2-20　p 型半导体的能带

由此可见，p 型半导体中随着受主杂质浓度的增加，费米能级向价带移动。随着温度的升高，费米能级逐渐偏离价带底，靠近本征费米能级 $E_i$。

### 3. 杂质补偿

半导体同时含有施主杂质和受主杂质时，施主杂质能级上的电子首先要跃迁到能量低得多的受主杂质能级上去，产生杂质补偿，其结果是施主向导带提供电子的能力和受主向价带提供

空穴的能力因相互抵消而减弱，如图2-21所示，这种现象称为杂质补偿。存在杂质补偿的半导体中，即使在极低的温度下，浓度小的杂质也全部都是电离的。

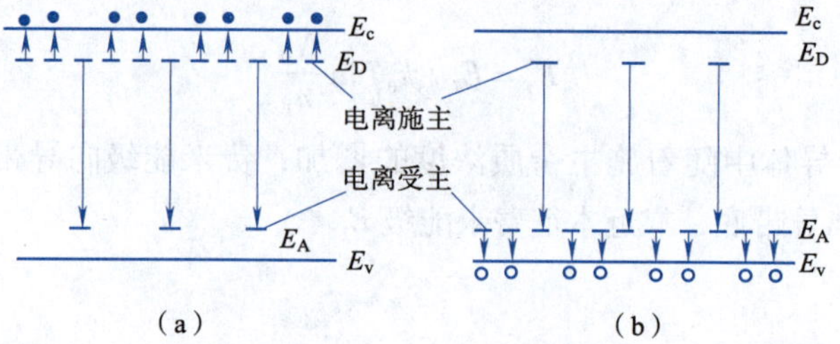


图2-21　杂质的补偿作用

在 $N_D>N_A$ 的半导体中，全部受主都是电离的。在杂质电离的温度范围内，施主能级上和导带中的电子数是 $N_D-N_A$，这种半导体与只含一种施主杂质且杂质浓度为 $N_D-N_A$ 的半导体类似。因此，在杂质饱和电离的温度范围内，导带中电子浓度为

$$n_0 \approx N_D - N_A \tag{2-38}$$

价带中空穴浓度为

$$p_0 = \frac{n_i^2}{n_0} = \frac{n_i^2}{N_D - N_A} \tag{2-39}$$

相应的费米能级为

$$E_F = E_c - k_0 T \ln \frac{N_c}{N_D - N_A} \tag{2-40}$$

$$E_F = E_i + k_0 T \ln \frac{N_D - N_A}{n_i} \tag{2-41}$$

同样，对于 $N_D<N_A$ 的半导体，有

$$p_0 \approx N_D - N_A \tag{2-42}$$

$$n_0 = \frac{n_i^2}{p_0} = \frac{n_i^2}{N_A - N_D} \tag{2-43}$$

相应的费米能级为

$$E_F = E_v + k_0 T \ln \frac{N_v}{N_A - N_D} \tag{2-44}$$

$$E_F = E_i - k_0 T \ln \frac{N_A - N_D}{n_i} \tag{2-45}$$

在特定条件下，如果 $N_D=N_A$，若施主上的所有电子恰好能够引发受主的电离，那么半导体中的载流子生成将完全依赖于本征激发过程。这样的半导体特性称为完全补偿的半导体。

### 2.4.6　简并半导体载流子的浓度

非简并半导体中费米能级是处于禁带中的，对于高掺杂的n型半导体，费米能级能够进入导带，导带底附近的量子态基本上已经被电子所占据；对于高掺杂的p型半导体，费米能级能够进入价带，价带顶附近的量子态基本上已经被空穴所占据。此时导带或价带中的载流子很多，必须

考虑泡利不相容原理的作用，必须要用费米分布函数来分析导带中的电子和价带中的空穴的统计分布问题。这种情况称为载流子发生了简并化。发生载流子简并化的半导体称为简并半导体，能带如图2-22所示。

n型简并半导体有ITO、FTO之类的材料，是异质结太阳能电池的主要应用材料。

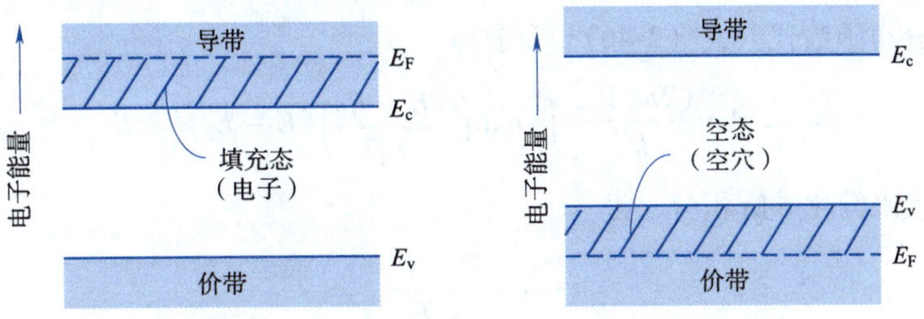


图2-22　简并半导体能带

热平衡状态下简并半导体导带电子浓度为

$$n_0 = N_c \frac{2}{\sqrt{\pi}} F_{1/2}\left(\frac{E_F - E_c}{k_0 T}\right) \tag{2-46}$$

其中

$$F_{1/2}(\xi) = \int_0^\infty \frac{x^{1/2}}{1 + e^{x-\xi}} dx, x = \frac{E - E_c}{k_0 T}, \xi = \frac{E_F - E_c}{k_0 T} \tag{2-47}$$

同样，也可以求出热平衡状态下简并半导体价带空穴浓度为

$$p_0 = N_v \frac{2}{\sqrt{\pi}} F_{1/2}\left(\frac{E_v - E_F}{k_0 T}\right) \tag{2-48}$$

关于高掺杂的另一个重要问题是禁带变窄效应，即高掺杂浓度造成半导体禁带宽度变小。室温下，硅的禁带宽度减小量为

$$\Delta E_g = 22\left(\frac{N}{10^{18}}\right)^{1/2} \text{meV} \tag{2-49}$$

式中，$N$的单位为$cm^{-3}$。

例如，当$N_D \leqslant 10^{18} cm^{-3}$时，$\Delta E_g \leqslant 0.022$ eV，这小于原来禁带宽度值的2%。然而，当$N_D \geqslant N_c = 2.86 \times 10^{19} cm^{-3}$时，$\Delta E_g \geqslant 0.12$ eV，已占$E_g$相当大的比例。

## 2.4.7　非简并半导体载流子的浓度

非简并半导体载流子的浓度是多种因素共同作用的结果。在实际应用中，通过控制掺杂浓度、温度和能带结构等参数，可以实现对非简并半导体载流子浓度的有效调控。

在非简并半导体中，载流子（电子和空穴）的浓度相对较低，使得它们主要占据导带底和价带顶附近的能级，即

$$E - E_F \gg k_0 T$$

$$\exp\left(\frac{E - E_F}{k_0 T}\right) \gg 1$$

$$\frac{1}{1+\exp\left(\frac{E-E_F}{k_0T}\right)}\approx\exp\left(-\frac{E-E_F}{k_0T}\right) \tag{2-50}$$

此时这些载流子遵从经典的玻耳兹曼统计分布，把电子系统近似后服从玻耳兹曼分布函数的半导体称为非简并半导体。

将玻耳兹曼分布函数代入式（2-46）可得

$$n_0=4\pi\frac{(2m_n^*)^{3/2}}{h^3}\int_{E_c}^{\infty}\exp\left(-\frac{E-E_F}{k_0T}\right)(E-E_c)^{1/2}\mathrm{d}E \tag{2-51}$$

利用变量代换来简化求解积分，设

$$x=\frac{E-E_c}{k_0T} \tag{2-52}$$

式（2-51）变为

$$n_0=4\pi\frac{(2m_n^*)^{3/2}}{h^3}(k_0T)^{3/2}\exp\left(-\frac{E_c-E_F}{k_0T}\right)\int_0^{\infty}x^{1/2}\mathrm{e}^{-x}\mathrm{d}x \tag{2-53}$$

积分项为伽马函数，其值为

$$\int_0^{\infty}x^{1/2}\mathrm{e}^{-x}\mathrm{d}x=\frac{1}{2}\sqrt{\pi} \tag{2-54}$$

则式（2-53）结果为

$$n_0=2\frac{(2\pi m_n^*k_0T)^{3/2}}{h^3}\exp\left(-\frac{E_c-E_F}{k_0T}\right) \tag{2-55}$$

定义参数 $N_c$ 为导带有效状态密度，即

$$N_c=2\frac{(2\pi m_n^*k_0T)^{3/2}}{h^3} \tag{2-56}$$

所以，热平衡状态下非简并半导体的导带电子 $n_0$ 为

$$n_0=N_c\exp\left(-\frac{E_c-E_F}{k_0T}\right) \tag{2-57}$$

同理，可求得热平衡状态下非简并半导体的价带空穴 $p_0$ 为

$$p_0=N_v\exp\left(-\frac{E_F-E_v}{k_0T}\right) \tag{2-58}$$

式中，$N_v$ 为价带有效状态密度。

$$N_v=2\frac{(2\pi m_p^*k_0T)^{3/2}}{h^3} \tag{2-59}$$

如果将式（2-57）和式（2-58）相乘，得到载流子浓度的乘积

$$n_0p_0=(N_cN_v)\exp\left(-\frac{E_c-E_v}{k_0T}\right)=(N_cN_v)\exp\left(-\frac{E_g}{k_0T}\right) \tag{2-60}$$

将 $N_c$、$N_v$ 表达式代入式（2-60）可得

$$n_0p_0=4\left(\frac{2\pi k_0}{h^2}\right)(m_n^*m_p^*)^{3/2}\exp\left(-\frac{E_g}{k_0T}\right) \tag{2-61}$$

可见，对一定的半导体材料，在给定温度下，电子和空穴浓度的乘积是一个不依赖于杂质浓度的常数，因此引入少量适当的杂质而使 $n_0$ 增大，那么必然会使 $p_0$ 减少。这个结果在实践中的应用是通过杂质补偿作用来控制载流子浓度。

## 2.5 p-n 结

p-n 结的制作方法主要有合金法、扩散法、离子注入法和薄膜生长法，其中最常用的方法就是扩散法。通过杂质的扩散，在基质材料上形成一层与基质材料导电类型相反的材料层就构成了一个 p-n 结。如图 2-23 所示的单晶硅 p-n 结太阳能电池基本结构示意图，就是在 p 型基质材料上通过 n 型杂质扩散而形成 p-n 结。一般把受光面称为表面层，而把 p-n 结下面的区域称为基区或基层。当然也可以在 n 型基质材料上通过 p 型杂质扩散而形成 p-n 结。表面层的电极在考虑尽量减小接触电阻的同时，又要考虑尽量不要对光进行遮挡，通常就把电极做成金属栅线。背面电极一般做成大面积的金属接触，可有效减少串联电阻。考虑到光从光疏介质到光密介质的全反射问题，将受光面做成绒面结构，或者制备一层增透膜或减反射膜，也有两种方式都采用的情形。

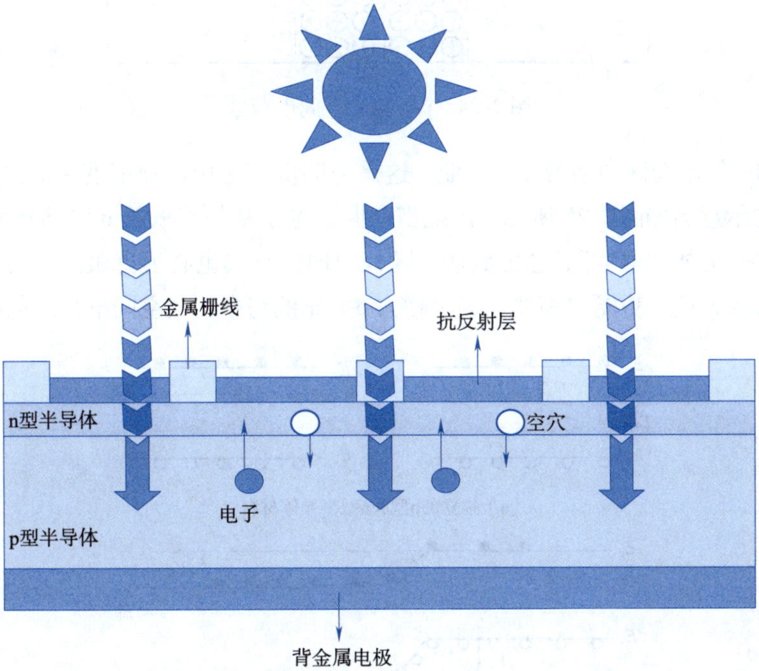


图 2-23 单晶硅 p-n 结太阳能电池基本结构示意图

### 2.5.1 空间电荷区与接触电势差

考虑均匀掺杂的 n 型和 p 型半导体结合成突变结的情况，单独存在的 n 型和 p 型半导体是电中性的。起初两边载流子浓度是不同的，存在浓度梯度，n 区的多子电子向 p 区扩散，p 区的多子空穴向 n 区扩散，其结果是在 n 区留下了不可移动的带正电的电离施主，在 p 区留下了不可移动的带负电的电离受主，形成一个电荷存在的区域，称为空间电荷区。而这些电离施主和电离受主所带的电荷称为空间电荷。

空间电荷区中的电荷产生了从正电荷到负电荷，即从 n 区指向 p 区的电场，称为内建电场，如图 2-24 所示。

在内建电场的作用下，载流子做漂移运动。显然，载流子扩散的趋势和漂移的趋势是相反的。随着扩散的进行，空间电荷数量会增多，空间电荷区扩展，内建电场增大，载流子漂移趋势增强。若半导体没有受到外界作用，载流子扩散的趋势和漂移的趋势最终会相互抵消，空间电荷的数量一定，空间电荷区保持一定的宽度，其中存在一定的内建电场。一般称这种情况为热平衡状态下的 p-n 结。正因为空间电荷区内不存在任何可以移动的电荷，所以该区又称耗尽区。空间电荷区两端由于不带电荷而称为中性区。与中性区中的载流子浓度相比，空间电荷区内几乎不存在可以移动的电荷，所以空间电荷区又称耗尽区。

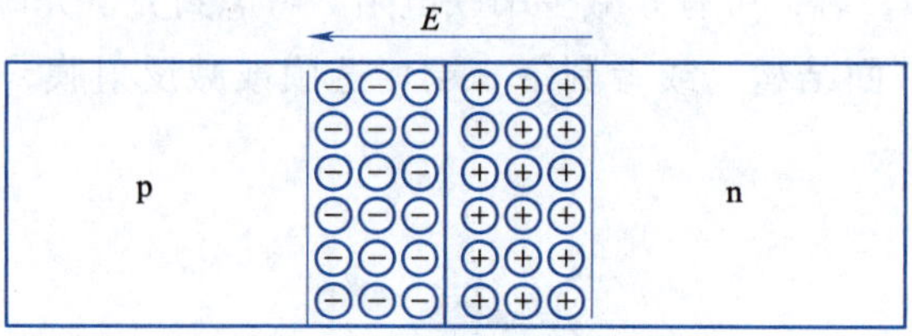


图 2-24　p-n 结的空间电荷区

在 p-n 结的空间电荷区中能带发生弯曲，这是空间电荷区中电势能变化的结果。p-n 结形成前后的能带结构示意图如图 2-25 所示。因能带弯曲，电子从势能低的 n 区向势能高的 p 区运动时，必须克服这一势能“高坡”，才能到达 p 区；同理，空穴也必须克服这一势能“高坡”，才能从 p 区到达 n 区，这一势能“高坡”通常称为 p-n 结的势垒，故空间电荷区也称势垒区。

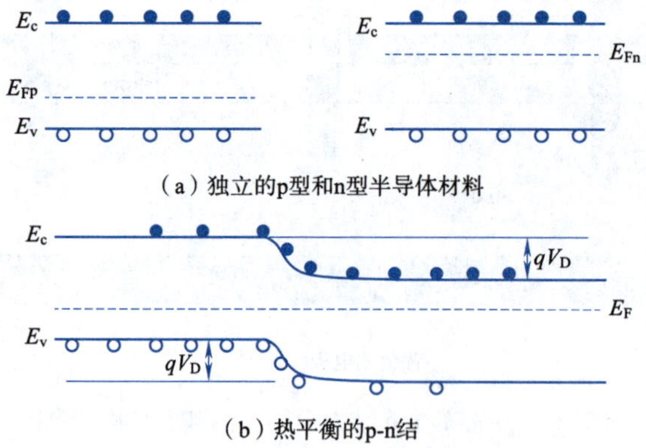


图 2-25　p-n 结形成前后的能带结构示意图

平衡 p-n 结的空间电荷区两端的电势差 $V_D$ 称为 p-n 结的接触电势差或内建电势差。相应的电子电势能之差即能带的弯曲量 $qV_D$ 称为 p-n 结的势垒高度。

可以看出，势垒高度正好补偿了 n 区和 p 区费米能级之差，使平衡 p-n 结的费米能级处处相

等，因此

$$qV_D = E_{Fn} - E_{Fp} \tag{2-62}$$

对于非简并半导体，费米能级的位置为

$$E_{Fn} = E_c - k_0T\ln\left(\frac{N_c}{N_D}\right), E_{Fp} = E_v + k_0T\ln\left(\frac{N_v}{N_A}\right) \tag{2-63}$$

于是有

$$E_{Fn} - E_{Fp} = E_g + k_0T\ln\left(\frac{N_DN_A}{N_cN_v}\right) \tag{2-64}$$

由质量作用定律 $n_i^2 = N_cN_v\exp\left(-\frac{E_g}{k_0T}\right)$ 可得

$$V_D = \frac{1}{q}(E_{Fn} - E_{Fp}) = \frac{k_0T}{q}\ln\left(\frac{N_DN_A}{n_i^2}\right) \tag{2-65}$$

式（2-65）表明，$V_D$ 和 p-n 结两边的掺杂浓度、温度、材料的禁带宽度有关。在一定的温度下，突变结两边掺杂浓度越高，接触电势差 $V_D$ 越大；禁带宽度越大，$n_i$ 越小，$V_D$ 也越大。所以，硅 p-n 结的 $V_D$ 比锗 p-n 结的 $V_D$ 大，如 $N_A = 10^{17}\ \text{cm}^{-3}$，$N_D = 10^{15}\ \text{cm}^{-3}$，在室温下可以算得 $V_D = 0.7\ \text{V}$，锗的 $V_D = 0.32\ \text{V}$。

## 2.5.2 p-n 结的电场强度

考虑图 2-26 所示的均匀掺杂及突变结近似的情况。图 2-25 中 $x_n$ 以及 $-x_p$ 分别为 n 区和 p 区空间电荷区边界。半导体内的电场由泊松方程确定，即

$$\frac{d^2V(x)}{dx^2} = -\frac{\rho(x)}{\varepsilon} = -\frac{dE(x)}{dx} \tag{2-66}$$

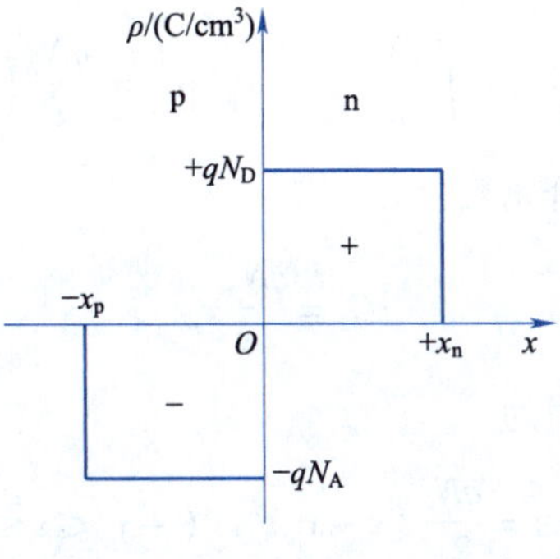


图 2-26 均匀掺杂及突变结近似 p-n 结的空间电荷密度

由图 2-26 可知，电荷密度 $\rho(x)$ 为

$$\begin{cases}\rho(x) = -qN_A(-x_p < x < 0)\\ \rho(x) = qN_D\quad(0 < x < x_n)\end{cases} \tag{2-67}$$

对式（2-66）进行积分，可得电场的表达式为

$$E = \int\frac{\rho(x)}{\varepsilon}dx = -\int\frac{qN_A}{\varepsilon}dx = -\frac{qN_A}{\varepsilon}x + C_1 \tag{2-68}$$

式中，$C_1$ 为积分常数。

由中性区及电场连续的假设，令 $x=-x_p$ 处 $E=0$，可以得到积分常数 $C_1=-\frac{qN_A}{\varepsilon}x_p$。因此 p 区内电场的表达式为

$$E=-\frac{qN_A}{\varepsilon}(x+x_p) \quad (-x_p \leqslant x \leqslant 0) \tag{2-69}$$

同理，可得 n 区内电场的表达式为

$$E=-\frac{qN_D}{\varepsilon}(x_n-x) \quad (0 \leqslant x \leqslant x_n) \tag{2-70}$$

在空间电荷区电场随位置变化的曲线如图 2-27 所示。可见 p-n 结区域电场是距离的线性函数，冶金结处的电场最大。

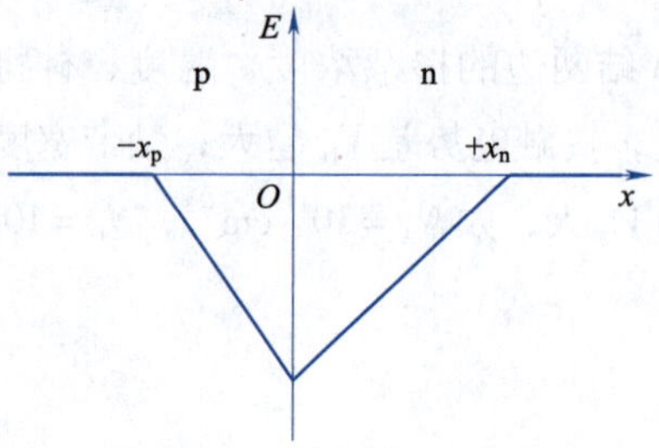


图 2-27　均匀掺杂 p-n 结空间电荷区的电场

## 2.5.3　p-n 结的电势分布

对式（2-69）进行积分，可得 p 区内电势的表达式为

$$V(x)=-\int E(x)\mathrm{d}x=\int \frac{qN_A}{\varepsilon}(x+x_p)\mathrm{d}x=\frac{qN_A}{\varepsilon}\left(\frac{x^2}{2}+x\cdot x_p\right)+C_2 \tag{2-71}$$

设 $x=-x_p$ 处 $V=0$，可得积分常数

$$C_2=\frac{qN_A}{2\varepsilon}x_p^2$$

因此 p 区内电势的表达式可写为

$$V(x)=\frac{qN_A}{2\varepsilon}(x+x_p)^2 \quad (-x_p \leqslant x \leqslant 0) \tag{2-72}$$

同理，可得 n 区内电势的表达式为

$$V(x)=\frac{qN_D}{\varepsilon}\left(x\cdot x_n-\frac{x^2}{2}\right)+\frac{qN_A}{2\varepsilon}x_p^2 \quad (0 \leqslant x \leqslant x_n) \tag{2-73}$$

由式（2-73）可求出内建电势差为

$$V_D=|V(x=x_n)|=\frac{q}{2\varepsilon}(N_Dx_n^2+N_Ax_p^2) \tag{2-74}$$

由上面计算可得，均匀掺杂 p-n 结空间电荷区的电势如图 2-28 所示。

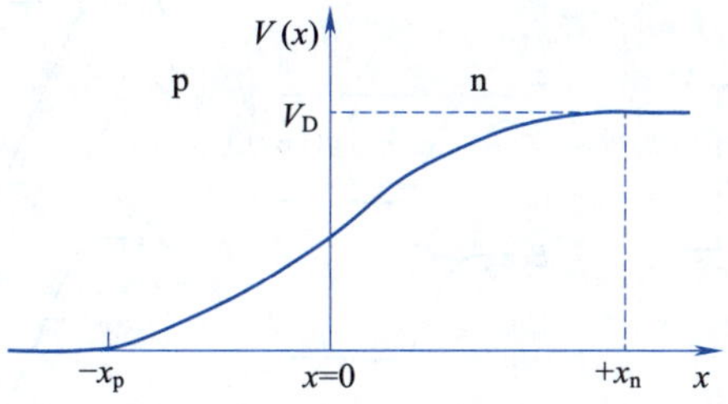


图 2-28 均匀掺杂 PN 结空间电荷区的电势

## 2.5.4 空间电荷区宽度

在 $x=0$ 处，电场函数是连续的。将 $x=0$ 代入式（2-68）和式（2-69）并令它们相等可得 $N_A x_p = N_D x_n$。然后联合式（2-74）可求得 n 区和 p 区内空间电荷区的宽度分别为

$$x_n = \left[\frac{2\varepsilon V_D}{q}\frac{N_A}{N_D(N_D+N_A)}\right]^{1/2},\quad x_p = \left[\frac{2\varepsilon V_D}{q}\frac{N_D}{N_A(N_D+N_A)}\right]^{1/2} \tag{2-75}$$

总空间电荷区宽度为

$$W = x_n + x_p = \left[\frac{2\varepsilon V_D}{q}\left(\frac{1}{N_D}+\frac{1}{N_A}\right)\right]^{1/2} \tag{2-76}$$

可见，掺杂浓度降低时耗尽区宽度增加，宽的耗尽区有利于载流子的收集，高掺杂水平有利于提升电池的输出电压。这种特性是理想太阳能电池设计中的一个重要目标，设计时需要在各种影响因素之间相互妥协。

## 2.5.5 p-n 结内电荷流动的定性描述

通过 p-n 结的能带图，可以定性地了解 p-n 结电流的形成机制。图 2-29（a）是平衡状态下 p-n 结的能带图。前面已经提到，电子在由 n 区向 p 区扩散的过程中遇到势垒的阻挡而滞留在了 n 区，同样空穴在由 p 区向 n 区扩散的过程中“遇到”势垒的阻挡而滞留在了 p 区。也就是说，势垒维持了热平衡。

图 2-29（b）是 p-n 结加正向偏压的情况。正向偏压在势垒区中产生的电场与内建电场方向相反，因而减弱了势垒区中的电场强度，势垒区的宽度减小，势垒高度由 $qV_D$ 降低到 $q(V_D-V)$。降低了的势垒高度意味着对电子和空穴的阻挡作用减弱了，引起电子经空间电荷区继续向 p 区扩散，同样空穴经空间电荷区继续向 n 区扩散；而少子的漂移运动与多子的扩散运动相比改变不大，此时会形成大的净得电子流和空穴流，电荷的净流动在 p-n 结内形成了电流。

图 2-29（c）是 p-n 结加反向偏压的情况。反向偏压在势垒区中产生的电场与内建电场方向一致，势垒区中的电场增强，势垒区变宽，势垒高度增加到 $q(V_D+V)$。增加了的势垒高度意味着对电子和空穴的阻挡作用增强了，阻止电子与空穴的扩散运动，而漂移运动改变不大，因此，p-n 结内基本上没有电荷的流动，也就是基本上没有电流。

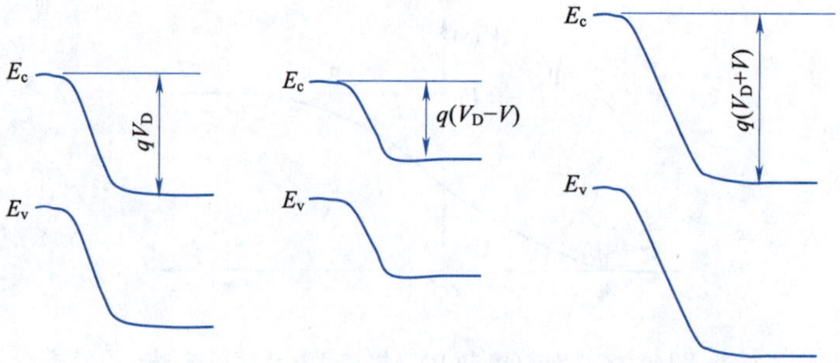


图 2-29　p-n 结在外加电场下能带的变化情况

## 2.5.6　理想的电流-电压关系

理想 p-n 结的电流-电压关系的推导，是基于以下四个假设来展开的：

（1）突变耗尽层近似。空间电荷区的边界存在突变，且假设耗尽区之外的半导体区域是电中性的。

（2）载流子的统计分布采用麦克斯韦-玻耳兹曼分布近似。

（3）小注入条件。注入的载流子浓度远小于热平衡多数载流子浓度。

（4）耗尽区内没有产生和复合电流，不考虑耗尽区内载流子的产生和复合作用。

平衡 p-n 结的内建电势差 $V_D$ 前面已经推导，利用 $n_{n0}\approx N_D$，$n_{p0}\approx n_i^2/N_A$ 可得

$$V_D=\frac{k_0T}{q}\ln\left(\frac{N_DN_A}{n_i^2}\right)=\frac{k_0T}{q}\ln\left(\frac{n_{n0}}{n_{p0}}\right) \tag{2-77}$$

重新整理得

$$n_{p0}=n_{n0}\exp\left(-\frac{qV_D}{k_0T}\right) \tag{2-78}$$

此式将热平衡下 p 区内少子电子与 n 区内多子电子的浓度联系了起来。并且说明，在耗尽区边界上，电子和空穴的浓度与热平衡时的内建电势差有关。外加偏压改变电势差时，上面的关系式仍然保持，只需内建电势差变成空间电荷区真实的电势差即可。加正向偏压时，电势差为 $V_D-V$；而加反向偏压时，电势差为 $V_D+V$，因此正偏时关系式可修正为

$$n_p=n_{n0}\exp\left[-\frac{q(V_D-V)}{k_0T}\right]=n_{n0}\exp\left(-\frac{qV_D}{k_0T}\right)\exp\left(\frac{qV}{k_0T}\right) \tag{2-79}$$

由于采用了小注入条件，多子浓度 $n_{n0}$ 基本不变，但少子浓度 $n_p$ 会偏离其热平衡值 $n_{p0}$ 好几个数量级。由式（2-78）和式（2-79），可得

$$n_p=n_{p0}\exp\left(\frac{qV}{k_0T}\right) \tag{2-80}$$

可见，当 p-n 结正偏时，p 区内少子电子浓度 $n_p$ 就不再处于热平衡状态，而是比平衡时的值大很多。正偏降低了势垒，使得 n 区内多子电子可以穿过势垒区而注入 p 区内，增加了 p 区少子电子的浓度，也就是说，p 区内形成了非平衡少子电子。这种现象称为少数载流子注入。

同理，正向偏压下 p 区内的多子空穴也会注入 n 区增加 n 区内少子空穴的浓度，即

$$p_n = p_{n0}\exp\left(\frac{qV}{k_0T}\right) \tag{2-81}$$

在稳态时，n 区内非平衡少子空穴的一维连续性方程为

$$D_p\frac{d^2\Delta p_n}{dx^2} - \frac{\Delta p_n}{\tau_p} = 0 \tag{2-82}$$

这个方程的通解是

$$\Delta p_n(x) = p_n(x) - p_{n0} = A\exp\left(-\frac{x}{L_p}\right) + B\exp\left(\frac{x}{L_p}\right) \tag{2-83}$$

式中，$L_p = \sqrt{D_p\tau_p}$是空穴扩散长度。

对于长 p-n 结，边界条件是：

$$p_n(x\to\infty) = p_{n0}, p_n(x_n) = p_{n0}\exp\left(\frac{qV}{k_0T}\right) \tag{2-84}$$

代入式（2-83），确定常数 $A$ 与 $B$，可得 $x\geqslant x_n$ 区域的非平衡少子空穴浓度为

$$\Delta p_n(x) = p_n(x) - p_{n0} = p_{n0}\left[\exp\left(\frac{qV}{k_0T}\right) - 1\right]\exp\left(\frac{x_n - x}{L_p}\right) \tag{2-85}$$

同理，可求得注入 $x\leqslant -x_p$ 区域的非平衡少子电子浓度为

$$\Delta n_p(x) = n_p(x) - n_{p0} = n_{p0}\left[\exp\left(\frac{qV}{k_0T}\right) - 1\right]\exp\left(\frac{x_p + x}{L_n}\right) \tag{2-86}$$

式中，$L_n$ 为电子扩散长度。

由图 2-30 所示少子浓度随距离变化曲线可见，少子浓度随着从空间电荷区边界向中性区延伸的距离增大而指数衰减。这是非平衡少子注入后与多子复合的结果。

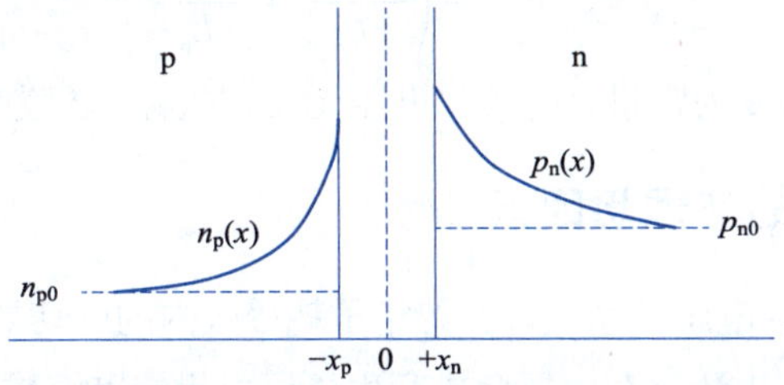


图 2-30　正偏条件下 p-n 结内部的稳态少子浓度

空间电荷区边界 $x_n$ 处的少子空穴扩散电流密度为

$$J_p(x_n) = -qD_p\left.\frac{dp_n(x)}{dx}\right|_{x=x_n} = \frac{qD_pp_{n0}}{L_p}\left[\exp\left(\frac{qV}{k_0T}\right) - 1\right] \tag{2-87}$$

空间电荷区边界 $-x_p$ 处的少子电子扩散电流密度为

$$J_n(-x_p) = qD_n\left.\frac{dn_p(x)}{dx}\right|_{x=-x_p} = \frac{qD_nn_{p0}}{L_n}\left[\exp\left(\frac{qV}{k_0T}\right) - 1\right] \tag{2-88}$$

由前面的假设条件可知，空间电荷区内只有扩散电流且电子电流和空穴电流分别为连续函数，则 p-n 结的总电流密度为 $x_n$ 处的少子空穴扩散电流密度与 $-x_p$ 处的少子电子扩散电流密度之和，即

$$J = J_{\mathrm{p}}(x_{\mathrm{n}}) + J_{\mathrm{n}}(-x_{\mathrm{p}}) = \left(\frac{qD_{\mathrm{n}}n_{\mathrm{p0}}}{L_{\mathrm{n}}} + \frac{qD_{\mathrm{p}}p_{\mathrm{n0}}}{L_{\mathrm{p}}}\right)\left[\exp\left(\frac{qV}{k_0 T}\right) - 1\right] \tag{2-89}$$

令

$$J_{\mathrm{s}} = \left(\frac{qD_{\mathrm{n}}n_{\mathrm{p0}}}{L_{\mathrm{n}}} + \frac{qD_{\mathrm{p}}p_{\mathrm{n0}}}{L_{\mathrm{p}}}\right) \tag{2-90}$$

则有

$$J = J_{\mathrm{s}}\left[\exp\left(\frac{qV}{k_0 T}\right) - 1\right] \tag{2-91}$$

式（2-91）就是理想 p-n 结二极管电流-电压方程式，又称肖克莱方程式。

图 2-31 显示了理想情况下 p-n 结二极管的电流-电压关系曲线。p-n 结表现出单向导电性，也称为整流特性。在正向偏压下，正向电流密度随正向偏压基本呈指数关系增大；在反向偏压下，$V<0$，当 $q|V| \gg k_0 T$，$\exp\left(\frac{qV}{k_0 T}\right) \to 0$，可得理想反向电流密度为

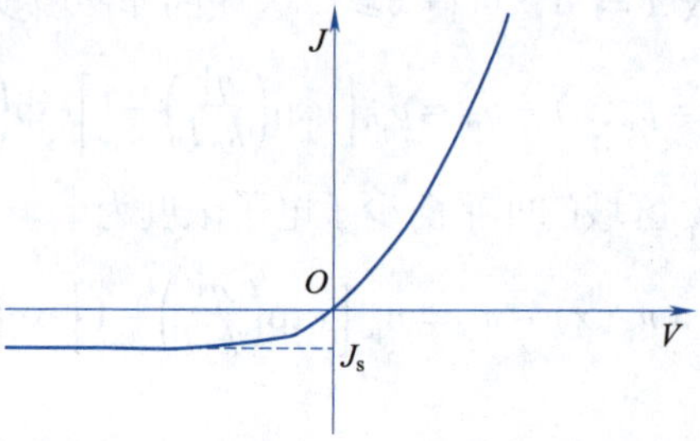


图 2-31　p-n 结二极管的理想 J-V 特性

$$J = -J_{\mathrm{s}} = -\left(\frac{qD_{\mathrm{n}}n_{\mathrm{p0}}}{L_{\mathrm{n}}} + \frac{qD_{\mathrm{p}}p_{\mathrm{n0}}}{L_{\mathrm{p}}}\right) \tag{2-92}$$

可见，理想反向电流密度为常量，与外加电压无关，故称 $-J_{\mathrm{s}}$ 为反向饱和电流密度。

### 2.5.7　电流电压关系的非理想因素

在推导理想二极管电流-电压关系式时，忽略了耗尽区内的一切效应，所以没有完全反映 p-n 结的电流-电压特性。耗尽区中还存在由复合或产生过程引起的电流成分，根据肖克利-里德-霍尔（SRH）复合理论可知，非平衡电子和空穴的净复合率为

$$U_{\mathrm{SRH}} = \frac{np - n_{\mathrm{i}}^2}{\tau_{\mathrm{p}}(n + n_{\mathrm{t}}) + \tau_{\mathrm{n}}(p + p_{\mathrm{t}})} \tag{2-93}$$

#### 1. 反偏产生电流

在 p-n 结反偏时，耗尽区内没有可移动的电子和空穴，即耗尽区内 $n \approx p \approx 0$，因此式（2-92）的净复合率可修改为

$$U_{\mathrm{SRH}} = \frac{-n_{\mathrm{i}}^2}{\tau_{\mathrm{p}}n_{\mathrm{t}} + \tau_{\mathrm{n}}p_{\mathrm{t}}} \tag{2-94}$$

实际上，负的净复合率代表净产生率 $G$。在反偏条件下，耗尽区内的复合中心能级会产生电子-空穴对。这些产生的电子和空穴在空间电荷区叠加电场作用下流动，形成产生电流，进而叠加在理想反偏饱和电流之上。

假设 $E_t$ 与 $E_i$ 重合，$\tau_n=\tau_p=\tau$，转化为

$$G=-U_{SRH}=\frac{n_i}{2\tau} \tag{2-95}$$

对整个耗尽区积分，可得产生电流密度为

$$J_G=\int_0^W qG\mathrm{d}x=\int_0^W q\frac{n_i}{2\tau}\mathrm{d}x=\frac{qn_iW}{2\tau} \tag{2-96}$$

总反偏电流密度是理想反向饱和电流密度与反向产生电流密度之和，即

$$J_{RD}=J_s+J_G \tag{2-97}$$

理想反向饱和电流密度与反向偏压无关。但是，产生电流则是耗尽区宽度和反偏电压的函数，因此实际的反偏电流密度与反向偏压相关。

### 2. 正偏复合电流

p-n 结在正向偏压下，电子从 n 区注入 p 区，空穴从 p 区注入 n 区。在耗尽区内，电子和空穴会复合掉一部分，形成另一股正向电流，称为正偏复合电流。同样，假设 $E_t$ 与 $E_i$ 重合，$\tau_n=\tau_p=\tau$，转化为

$$U_{SRH}=\frac{np-n_i^2}{\tau(n+p+2n_i)} \tag{2-98}$$

经分析，在势垒区中，电子浓度和空穴浓度的乘积满足

$$np=n_i^2\exp\left(\frac{qV}{k_0T}\right) \tag{2-99}$$

若 $n=p$，电子和空穴相遇的概率最大，也就有最大的复合率，即

$$U_{SRHmax}=\frac{n_i\left[\exp\left(\frac{qV}{k_0T}\right)-1\right]}{2\tau\left[\exp\left(\frac{qV}{2k_0T}\right)+1\right]} \tag{2-100}$$

当 $qV\geqslant k_0T$ 时，可忽略分子中的（-1）项以及分母中的（+1）项，可得

$$U_{SRHmax}=\frac{n_i}{2\tau}\exp\left(\frac{qV}{2k_0T}\right) \tag{2-101}$$

复合电流密度为

$$J_{rec}=\int_0^W qU_{SRHmax}\mathrm{d}x\approx\frac{qn_iW}{2\tau}\exp\left(\frac{qV}{2k_0T}\right) \tag{2-102}$$

总正偏电流密度为复合电流密度与理想扩散电流密度之和，即

$$J=J_{rec}+J_D \tag{2-103}$$

其中两个电流密度可取

$$J_{rec}=\frac{qn_iW}{2\tau}\exp\left(\frac{qV}{2k_0T}\right),\quad J_D=J_s\exp\left(\frac{qV}{k_0T}\right) \tag{2-104}$$

一般来说，二极管的电流-电压关系为

$$I=I_s\left[\exp\left(\frac{qV}{nk_0T}\right)-1\right] \tag{2-105}$$

式中，$I_s$为短路电流；参数 $n$ 称为理想因子。

$n$ 可以由下式推导出来：

$$\frac{1}{n}=\frac{k_0 T}{q}\frac{\mathrm{d}I}{\mathrm{d}V} \tag{2-106}$$

### 2.5.8 p-n 结隧道效应

由重掺杂的 n 区和 p 区形成的 p-n 结称为隧道结。这种隧道结制成的二极管称为隧道二极管。对于两边都是重掺杂的 p-n 结的电流-电压特性如图 2-32 所示。正向电流一开始就随正向电压的增加而迅速上升达到一个极大值 $J_P$，称为峰值电流，对应的正向电压 $V_P$，称为峰值电压。随后电压增加，电流反而减小，达到一极小值 $J_V$，称为谷值电流，对应的电压 $V_V$ 称为谷值电压。当电压大于谷值电压 $V_V$ 后，电流又随电压而上升。在 $V_P \sim V_V$ 这段电压范围内，随着电压的增大电流反而减小的现象称为负阻，这一段电流-电压特性曲线的斜率为负，这一特性称为负阻特性。反向时，反向电流随反向偏压的增大而迅速增加。隧道二极管由于具有正向负阻特性而获得了多种用途。例如，用于微波放大、高速开关、激光振荡源等。

在简并化的重掺杂半导体中，n 型半导体的费米能级进入了导带，p 型半导体的费米能级进入了价带，两者形成隧道结后，在没有外加电压，处于热平衡状态时，n 区和 p 区的费米能级相等，能带图如图 2-33 所示。从图 2-33 中看出，n 区导带底比 p 区价带顶还低，因此，在 n 区的导带和 p 区的价带中出现具有相同能量的量子态。另外，在重掺杂情况下，杂质浓度大，势垒区很薄，由于量子力学的隧道效应，n 区导带的电子可能穿过禁带到 p 区价带，p 区价带的电子也可能穿过禁带到 n 区导带，从而有可能产生隧道电流。隧道长度越短，电子穿过隧道的概率越大，从而可以产生显著的隧道电流。

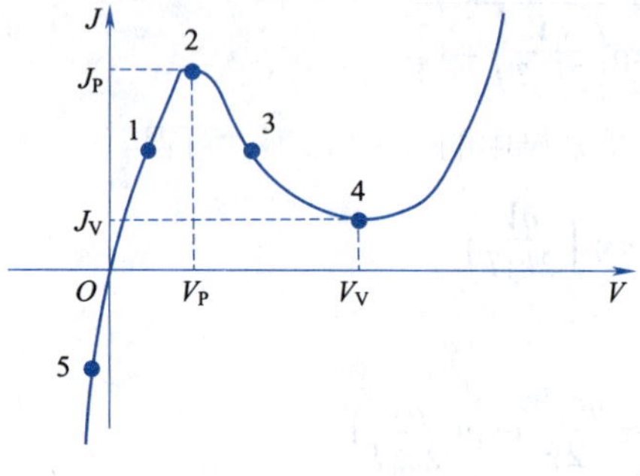


图 2-32　隧道结的电流-电压特性

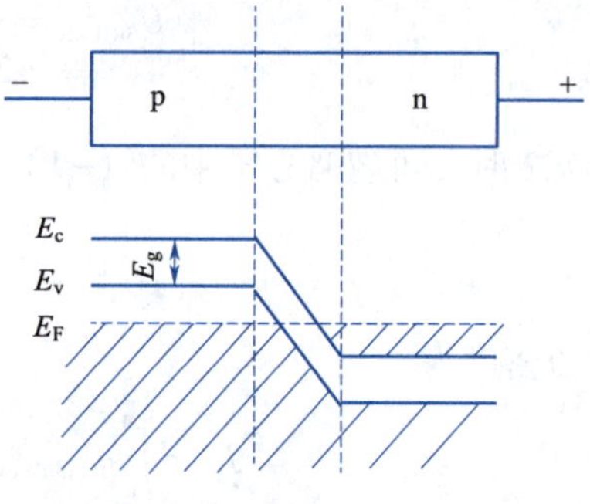


图 2-33　隧道结热平衡时的能带图

（1）加一很小的正向电压 $V$，产生 p 区向 n 区的正向隧道电流（重叠部分不断增大，隧道电流增大）。

（2）继续增大正向电压，势垒高度不断下降，有更多的电子从 n 区穿过隧道到 p 区的空量子态，使隧道电流不断增大，达到峰值（最大重叠，隧道电流最大）。

（3）增大正向电压，势垒高度降低，在结两边能量相同的量子态减少，使 n 区导带中可能穿过隧道的电子数以及 p 区价带中可能接受穿过隧道的电子的空量子态均减少（重叠减少，隧道电流减小）。

(4) 正向偏压增大到 $V_V$ 时，n 区导带底和 p 区价带顶一样高，这时 p 区价带和 n 区导带中没有能量相同的量子态，因此不能发生隧道穿通，隧道电流应该减少到零，有一个很小的谷值电流。

(5) 反向电压很小，势垒高度太高，隧道更窄。因此，只需要变化很小的电压就会产生很大的隧道电流。

(6) 在正向电压很大时，扩散电流占主导。

隧道结是利用多子隧道效应工作的，因为单位时间通过 p-n 结的多子数目起伏较小，所以隧道二极管的噪声较低。由于隧道结用重掺杂的简并半导体制成，所以温度对多子浓度影响小，使隧道二极管的工作温度范围增大。又由于隧道效应本质上是量子跃迁的过程，电子穿过势垒极其迅速，不受电子渡越时间限制，使隧道二极管可以在极高频率下工作。这些优点，使隧道结得到了广泛的应用。

## 2.6 p-i-n 结、金属-半导体结与半导体异质结

p-i-n 结通过在 p-n 结中插入一层较宽的本征半导体（i 层）来扩展势垒区，通过扩展势垒区，p-i-n 结增大了光生载流子的有效作用区域，减小了扩散的影响，并降低了结电容，从而提高了光电转换的灵敏度和效率。金属半导体结作为光伏材料中的重要组成部分，通过改变金属和半导体的种类、掺杂浓度、界面结构等参数，可以调控金属半导体结的光电性能，实现更高效的光电转换。而半导体异质结是提高光伏发电效率和稳定性的重要技术方向之一，如隆基 2024 年 5 月创造晶硅背接触异质结太阳能电池 27.30% 的效率世界纪录，隆基 2024 年 6 月创造钙钛矿晶硅异质结叠层太阳能电池 34.6% 的效率世界纪录。

### 2.6.1 p-i-n 结

光生载流子的收集主要靠扩散运动，不过一些材料如非晶硅及其合金的少子扩散长度太短，寿命太低，需要依靠电场来促进光生载流子的输运和收集。在 p 型和 n 型半导体之间插入一层未掺杂层或本征层（i），形成 p-i-n 结构，p 型和 n 型掺杂半导体决定的内建电场也会扩展到 i 层。光生电流基本上不依赖于顶层和基区中的光生载流子，这两层可以做得很薄。光照下，光子被足够厚的 i 层吸收，i 区的光生载流子被内建电场分离并驱向边界。光生载流子的输运主要是电场下的漂移而不是扩散，载流子的收集将用漂移长度而不是扩散长度来描述，p-i-n 结能带示意图如图 2-34 所示。

这种设计的缺点是：

(1) i 区的电导率比掺杂层低，可能引入串联电阻；

(2) i 层中有数量相近的电子和空穴，在正向电压条件下有复合的可能性；

(3) 带电杂质可以导致本征区的电场下降。

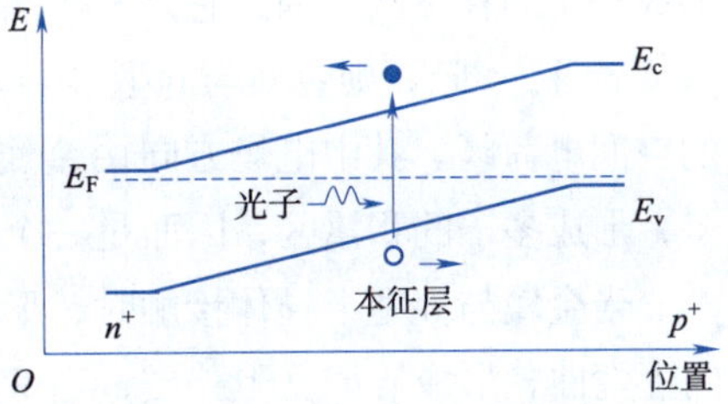


图 2-34 p-i-n 结能带示意图

### 2.6.2 金属-半导体接触

金属中的电子也服从费米分布，与半导体材料一样，在绝对零度时，电子填满费米能级 $E_F$ 以下的能级，在费米能级 $E_F$ 以上的能级是全空的。在一定温度下，只有 $E_F$ 附近的少数电子受到热激发，由低于 $E_F$ 的能级跃迁到高于 $E_F$ 的能级上去，但是绝大部分电子仍不能脱离金属而逸出体外。要使电子从金属中逸出，必须由外界给它提供足够的能量。用 $E_0$ 表示真空中静止电子的能量，金属功函数的定义是 $E_0$ 与 $E_F$ 能量之差，用 $W_m$ 表示，示意图如图 2-35 所示。计算式为

$$W_m = E_0 - (E_F)_m \tag{2-107}$$

它表示一个起始能量等于费米能级的电子，由金属内部逸出到真空中所需要的最小能量。功函数的大小标志着电子在金属中束缚的强弱，$W_m$ 越大，电子越不容易离开金属。

在半导体中，导带底 $E_c$ 和价带顶 $E_v$ 一般都比 $E_0$ 低几电子伏。要使电子从半导体逸出，也必须给它以相应的能量。和金属类似，也把 $E_0$ 与费米能级之差称为半导体的功函数，用 $W_s$ 表示，即

$$W_s = E_0 - (E_F)_s \tag{2-108}$$

半导体的费米能级随杂质浓度的变化而变化，因而 $W_s$ 也与杂质浓度有关。n 型半导体的功函数和电子亲和能如图 2-36 所示。图 2-36 中还画出了从 $E_c$ 到 $E_0$ 的能量间隔 $\chi$，即

$$\chi = E_0 - E_c \tag{2-109}$$

式中，$\chi$ 称为电子亲和能，它表示要使半导体导带底的电子逸出体外所需要的最小能量。

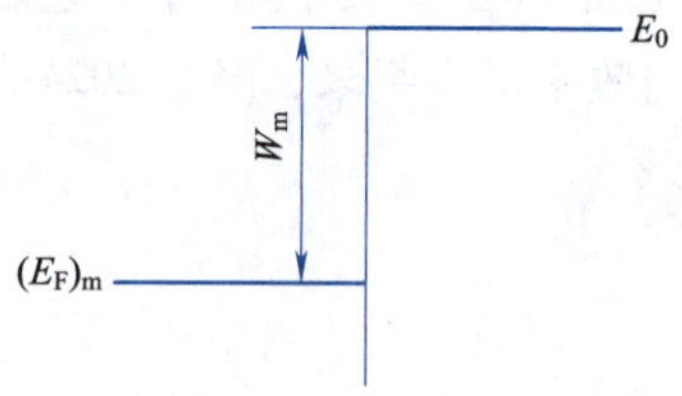


图 2-35 金属中的电子势阱

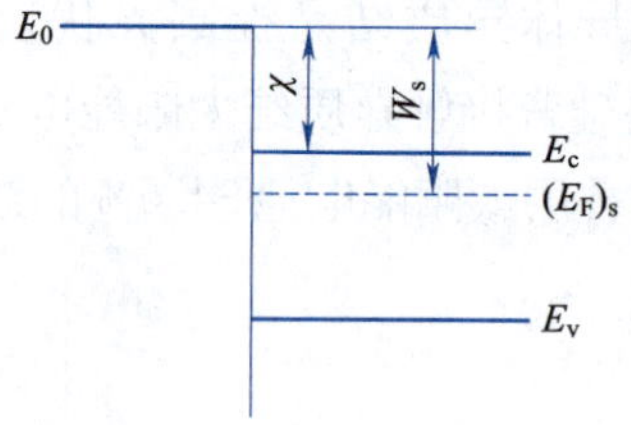


图 2-36 n 型半导体的功函数和电子亲和能

当金属与半导体接触时，它们有相同的真空电子能级，但各自的费米能级不同，使得电子在金属与半导体之间流动直到金属和半导体的费米能级在同一水平才会停止。

当金属与 n 型半导体接触时，如图 2-37 所示。若 $W_m > W_s$，则在半导体表面形成一个正的空间电荷区。其中电场方向由半导体指向金属，使半导体表面电子的能量高于体内，能带向上弯曲，即形成表面势垒。在势垒区中，空间电荷主要由电离施主形成，电子浓度要比体内小得多，形成多子的耗尽区，因此它是一个高阻区域，称为阻挡层。

若 $W_m < W_s$，则金属与 n 型半导体接触时，电子将从金属流向半导体，在半导体表面形成负的空间电荷区。其中电场方向由金属指向半导体，能带向下弯曲。这里电子浓度要比体内大得多，形成多子的积累区，因而是一个高电导区域，称为反阻挡层。

当金属与 p 型半导体接触时，形成阻挡层的条件正好与 n 型半导体相反。当 $W_m > W_s$，能带向上弯曲，形成 p 型反阻挡层；当 $W_m < W_s$ 时，能带向下弯曲，造成空穴的势垒，形成 p 型阻挡层。其能带图如图 2-38 所示。

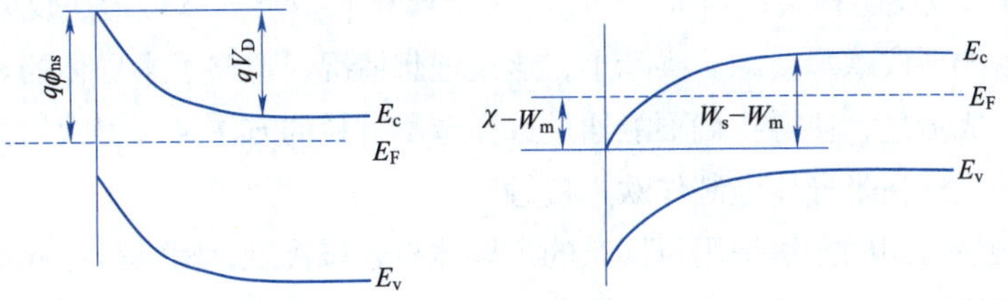


（a）$W_m>W_s$　　（b）$W_m<W_s$

图 2-37　金属与 n 型半导体接触

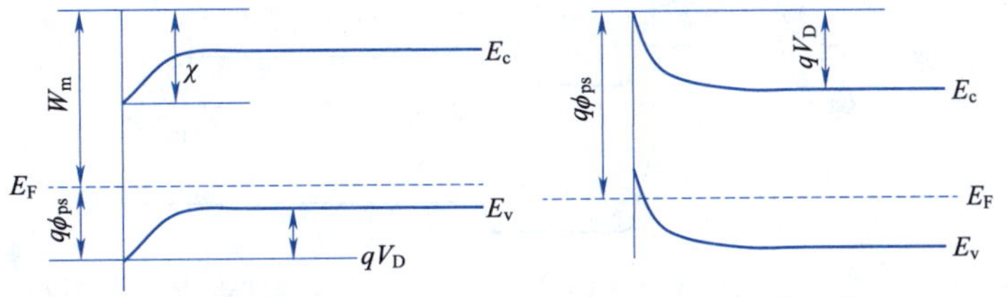


（a）$W_m>W_s$　　（b）$W_m<W_s$

图 2-38　金属与 p 型半导体接触

当金属与 n 型半导体之间加上外加电压，将会影响内建电场和表面势垒的作用，从而表现出金属和半导体接触的整流效应。这里所讨论的整流效应是指阻挡层的整流效应。在金属与 n 型半导体接触 $W_m>W_s$ 情况下，当金属接正极而半导体接负极时，即外加电场从金属指向半导体，与内建电场方向相反。显然，外加电场将抵消一部分内建电场，导致空间电荷区势垒降低，电子阻挡层减薄，使得从 n 型半导体流向金属的电子流量增大，电流增大。相反地，当金属接负极，半导体接正极时，外加电场从半导体指向金属，与内建电场方向一致，增加了电子势垒，电子阻挡层增厚，使得从 n 型半导体流向金属的电子流量减少，电流几乎为零。外加电压对 n 型阻挡层的影响如图 2-39 所示。

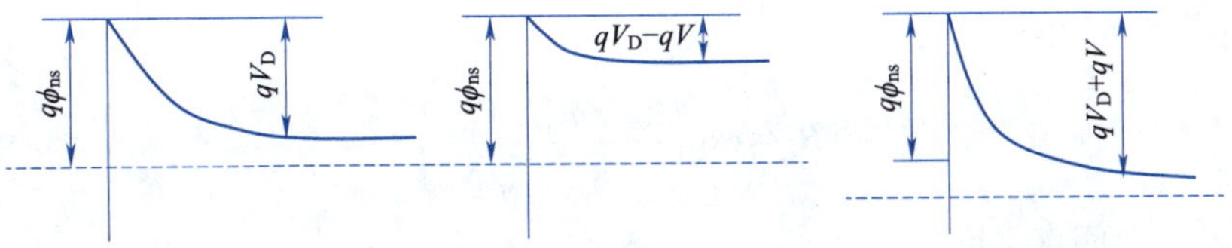


（a）零偏　　（b）正向偏压　　（c）反向偏压

图 2-39　外加电压对 n 型阻挡层的影响

对于 p 型阻挡层，分析是类似的。区别在于：当金属接负极而半导体接正极时，形成从半导体流向金属的正向电流；当金属接正极而半导体接负极时，形成从金属流向半导体的反向电流。

### 2.6.3　欧姆接触

半导体器件都要通过金属电极与外界接触，这种接触就是欧姆接触。金属与半导体形成欧姆接触时，不能产生明显的附加阻抗，不能影响器件的电流-电压特性。

有两种制作欧姆接触的方法。一种方法是非整流接触。前面提到，当 $W_m<W_s$ 时，金属和

n 型半导体接触可形成反阻挡层；当 $W_m > W_s$ 时，金属和 p 型半导体可形成反阻挡层。选用合适功函数的金属，就能形成欧姆接触。实际上，这是理想情况，忽略了半导体的表面态。表面态会改变能带结构，形成势垒，使得我们不能通过选择金属材料的方法来获得欧姆接触。另一种方法是利用隧道效应的原理在半导体上制作欧姆接触。

制作欧姆接触最常用的方法是用重掺杂的半导体与金属接触，常常是在 n 型或 p 型半导体上制作一层重掺杂的半导体与金属接触。金属与重掺杂半导体接触的能带图如图 2-40 所示。掺杂浓度高时，势垒区宽度变得很薄，电子通过隧道效应隧穿势垒产生相当大的隧道电流。

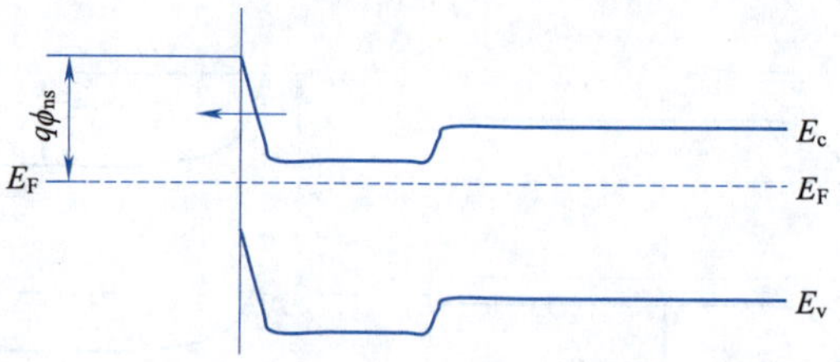


图 2-40　金属与重掺杂半导体接触的能带图

对于均匀掺杂的半导体，可以计算出空间电荷区宽度 $W$，即

$$W = \left[\frac{2\varepsilon(V_D + V)}{qN_D}\right]^{1/2} \tag{2-110}$$

式中，$V$ 为反偏电压。

可见，金属和半导体接触的空间电荷区宽度 $W$ 与半导体掺杂浓度的平方根成反比，耗尽层宽度随着半导体掺杂浓度的增加而减小，因此，随着掺杂浓度的增加，隧道效应会增强。

欧姆接触的特性用接触电阻 $R_c$ 来表征，其定义为零偏电压下的微分电阻，即

$$R_c = \left(\frac{\partial J}{\partial V}\right)^{-1}\Bigg|_{V=0} \tag{2-111}$$

$R_c$ 值越小，欧姆接触越好。对于具有重掺杂的半导体与金属接触，隧道效应起主要作用，以金属与 n 型半导体为例：

$$R_c \propto \exp\left(\frac{2\sqrt{\varepsilon m_n^*}}{\hbar}\frac{V_D}{\sqrt{N_D}}\right) \tag{2-112}$$

式中，$\hbar$ 表示约化普朗克常量。

可以看到，接触电阻强烈依赖于半导体的掺杂浓度。掺杂浓度越高，接触电阻 $R_c$ 越小。因而，半导体重掺杂时，可以得到欧姆接触。此时电流以隧道电流 $J_t$ 为主，即

$$J_t \propto \exp\left[-\frac{2\sqrt{\varepsilon m_n^*}}{q\hbar}\frac{q(V_D - V)}{\sqrt{N_D}}\right] \tag{2-113}$$

表面重掺杂的半导体制作欧姆接触时，掺杂浓度越高，隧道电流越明显。

对太阳能电池中的欧姆接触来说，有一个问题需要注意。要使太阳能电池有较高的光电转换效率，就必须尽量减小光生载流子的损耗。因此，这种欧姆接触希望多数载流子能很容易地漂流过去对电流有贡献，而又不能使少数载流子遭到损耗。但是，常用的多数载流子隧道贯穿势垒构成的欧姆接触，势垒区内建电场的方向是不利于光生少数载流子的，它是使少数载流子流向

欧姆接触处的界面。重掺杂半导体与金属构成的界面处，一般会存在较高的复合中心能级，少数载流子流向欧姆接触后将和多数载流子复合，形成复合电流，造成光生载流子的复合损耗，对太阳能电池来说是不利的，常称这种欧姆接触起了少子陷坑的作用。

假定空穴为少数载流子，欧姆接触处，少数载流子的复合电流可表示为

$$J = qS\Delta p \tag{2-114}$$

式中，$S$ 为表面复合速率。

太阳能电池中使用欧姆接触时，当然希望既可以使多数载流子能顺利通过，又可以对少数载流子起阻挡作用，也就是少数载流子的 $S\to 0$。具有这种性质的接触称为选择性欧姆接触。理想情况下，如果电子可以顺利通过，空穴被阻挡，称为电子输运-空穴阻挡层，反之则为空穴输运-电子阻挡层。

## 2.6.4　异质结

异质结是由两种不同的半导体材料形成的，因此在结表面的能带是不连续的。异质结可分为突变结和缓变结。如果从一种半导体材料向另一种半导体材料的过渡只发生于几个原子距离范围内，则为突变结；而如果材料的过渡发生于几个扩散长度范围内，则为缓变结。掺杂类型相同的异质结为同型异质结，掺杂类型不同的异质结为反型异质结。用大写字母表示较宽带隙的材料。

由窄禁带材料和宽禁带材料构成的异质结中，禁带能量的一致性在决定结的特性中起重要作用。图 2-41 显示了三种可能的情况。根据交叠情况的不同，可分为跨骑型、交错型和错层型。

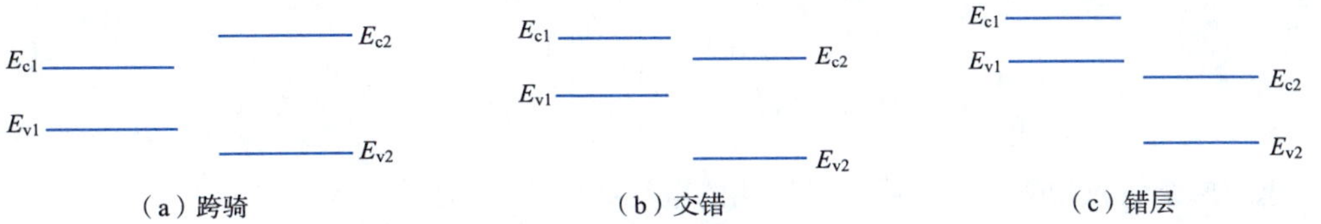


图 2-41　窄禁带和宽禁带能量的关系

这里只以跨骑型结构来分析如图 2-42 所示。热平衡状态下一个典型突变反向 n-p 异质结如图 2-43 所示。

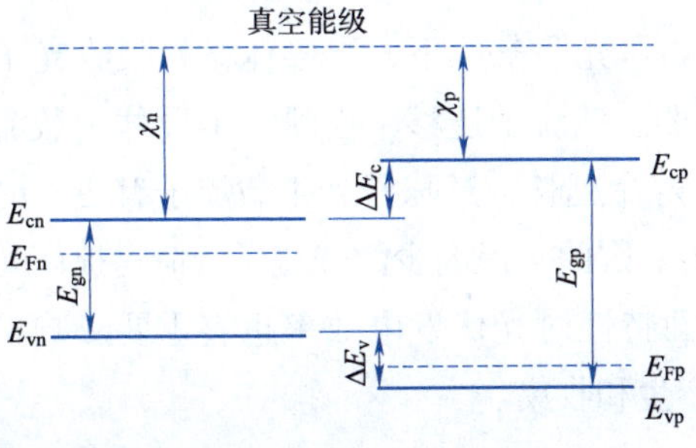


图 2-42　窄禁带和宽禁带材料接触前的能带

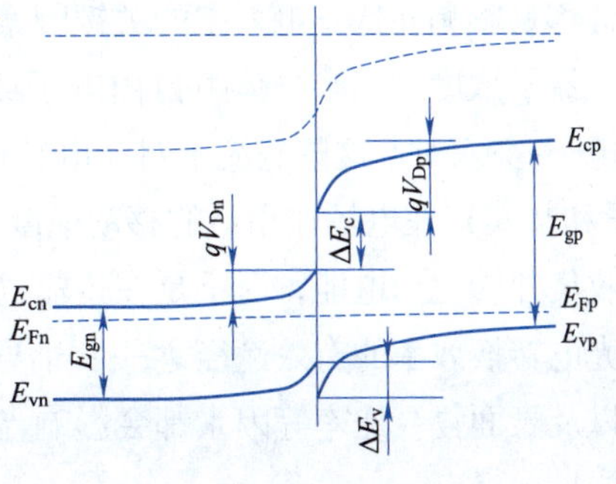


图 2-43　热平衡状态下一个典型突变反向 n-p 异质结

异质结中的空间电荷产生的电场，也称为内建电场，内建电场使得空间电荷区中的能带发

生弯曲。能带在交界面处有一个突变。导带底在交界面处的突变为

$$\Delta E_c = \chi_n - \chi_p \tag{2-115}$$

价带顶在交界面处的突变为

$$\Delta E_v = (E_{gp} - E_{gn}) - (\chi_n - \chi_p) \tag{2-116}$$

显然

$$\Delta E_c + \Delta E_v = (E_{gp} - E_{gn}) = \Delta E_g \tag{2-117}$$

注入比是指 p-n 结加正向偏压时，n 区向 p 区注入的电子流与 p 区向 n 区注入的空穴流之比。用热电子发射模型分析发现理想突变 p-n 异质结的注入比为

$$\frac{J_n}{J_p} \propto \exp(\Delta E_v) \tag{2-118}$$

因此，只有价带带阶大的异质结才能产生较大的注入比，而导带带阶 $\Delta E_c$ 大的异质结适合于做成 p-n 异质结。如果异质结是渐变的，注入比为

$$\frac{J_n}{J_p} \propto \exp(\Delta E_g) \tag{2-119}$$

因此，为得到有利的注入比，最好将异质结做成渐变的。

同质结与异质结一个明显的差别就是前者电子和空穴的内建电势差是相同的，因而各自面对的势垒相同；后者电子和空穴的内建电势差不同，势垒也不相同。如果电子的势垒高于空穴的势垒，电子形成的电流就要小于空穴形成的电流。以热电子发射为模型，得出异质结的电流-电压特性，即

$$J = A^* T^2 \left( -\frac{\phi_{eff}}{k_0 T} \right) \tag{2-120}$$

式中，$\phi_{eff}$ 为有效势垒高度。

考虑到掺杂效应和隧道效应后，异质结的电流-电压特性应予以修正。

## 2.7 半导体的性能参数及表面特性

半导体材料中的载流子浓度、载流子迁移率、电阻率、少数载流子寿命以及半导体材料的表面特性都是影响光伏发电效率的关键因素。

载流子浓度是指半导体中自由电子或空穴的数量。在光照条件下，半导体材料吸收光子并产生电子-空穴对，这些载流子对光电转换过程至关重要。载流子迁移率反映了半导体中载流子（电子和空穴）在电场作用下的移动速度。少数载流子寿命越长，意味着光生载流子有更多的机会被收集并转化为电能，而不是在传输过程中复合消失。因此，提高少数载流子寿命是提高光伏电池光电转换效率的有效途径之一。半导体材料的表面特性对光伏发电效率也有重要影响，表面态以及表面复合速率等因素都会影响光生载流子的产生和收集。

### 2.7.1 载流子浓度

电阻率是决定器件工作特性最重要的材料参数。电阻率是由载流子浓度和迁移率这两个基

本参数共同决定的，在迁移率不变的情况下，材料的电阻率就完全由载流子浓度决定。对于掺杂浓度较低的半导体材料，比如制造大功率器件用的硅，室温下杂质完全电离，载流子迁移率也基本保持为常数，其电阻率也就完全由掺杂浓度决定。因此，在实际情况中，电阻率常被看作材料纯度的反映，高阻材料通常具有较高的纯度。

本征载流子浓度的决定因素：

（1）温度因素。本征载流子浓度 $n_i$ 由有效状态密度 $N_C$、$N_V$ 以及禁带宽度 $E_g$ 决定，即

$$n_i = \sqrt{n_0 p_0} = \sqrt{N_C N_V}\, e^{-(E_g/2k_0 T)} \tag{2-121}$$

式中，禁带宽度 $E_g$ 是温度的函数。通常表示为

$$E_g(T) = E_g(0) + T\mathrm{d}E_g/\mathrm{d}T \tag{2-122}$$

这里，$E_g(0)$ 代表材料在绝对零度时的禁带宽度，温度系数 $\mathrm{d}E_g/\mathrm{d}T$ 一般仍是温度的函数，但有些常用半导体的温度系数在室温附近是常数，即其禁带在室温附近随着温度的升高而线性地变窄。温度系数对锗为 $-3.9\times10^{-4}$ eV/K，对砷化镓为 $-3.95\times10^{-4}$ eV/K。绝对零度时的禁带宽度对锗为0.75 eV，对砷化镓为1.522 eV。

决定本征载流子浓度对温度的依赖关系的，除了禁带宽度对温度的依赖以外，还有有效状态密度对温度的依赖。

有效状态密度 $N_C$ 和 $N_V$ 也是温度的敏感函数，它们都与 $T^{3/2}$ 成正比。这样，综合考虑温度从各方面的影响，本征载流子浓度 $n_i$ 就是温度的一个复杂函数。对 Si 有

$$n_i = 3.87\times10^{16} T^{3/2} e^{-7.02\times10^3/T} \tag{2-123}$$

图2-44是几种重要半导体材料的本征载流子浓度随温度变化的曲线。由图2-44可见，在同样温度下，禁带宽度的不同，使得不同材料的本征载流子浓度差异很大。由于宽禁带半导体的本征载流子浓度极低，用这一类材料制造的半导体器件高温漏电流很小、热稳定性很高。加上其他方面的一些优势，高温半导体材料一直受到人们较多的关注。

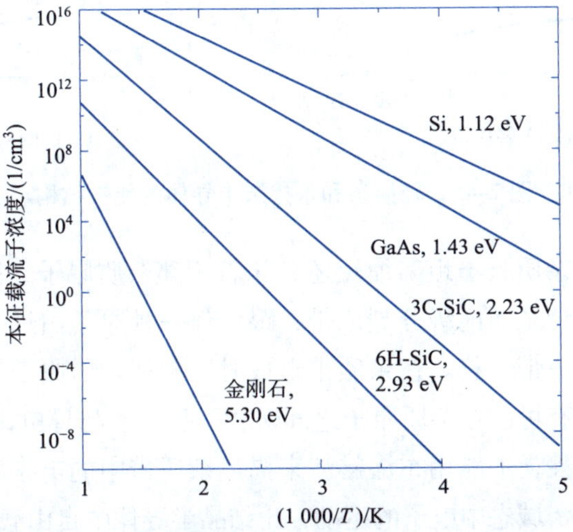


图2-44　本征载流子浓度随温度变化的曲线

（2）禁带窄化的影响。只考虑了禁带宽度受温度的影响，因而对一种确定的半导体材料而

言，可认为其本征载流子浓度只是温度的函数。不过，这样做只适合于杂质浓度低于 $1\times10^{17}/\mathrm{cm}^3$ 的情况，因为这时不用考虑杂质浓度对材料禁带宽度的影响。一旦杂质浓度达到或超过 $1\times10^{17}/\mathrm{cm}^3$，杂质原子之间因距离缩短而得到增强的相互作用，将会引起晶格周期势场的畸变，从而使材料的禁带变窄。这时，本征载流子浓度就不仅是温度的函数，也会因禁带窄化程度的不同而成为掺杂浓度的函数。因此，对重掺杂半导体考虑本征载流子浓度问题时，不能不考虑禁带宽度变窄的影响。功率器件往往包含有重掺杂区，这个问题尤其要引起注意。

重掺杂改变半导体的能带结构。首先，重掺杂半导体中导带或价带与禁带之间的严格界限消失了，能带边沿向禁带中延伸；其次，重掺杂半导体的能隙中出现了另外的按能量连续分布的状态密度，能隙变得不那么“干净”了。这些变化与杂质原子平均间距的缩短有关。一般说来，当半导体中杂质含量升高到1/1 000左右时，杂质原子的平均间距已缩短到只有本体原子间距的10倍左右，相邻杂质原子之间的相互作用逐渐明显起来，将对材料中的电子运动状态产生不可忽视的影响。

重掺杂情况下杂质原子间距的缩小主要从以下三方面影响半导体的能带结构（见图2-45）：

①杂质电离能减小、杂质能级分裂成带。随着杂质原子间距的缩小，电子波函数将发生重叠。这就意味着被某个杂质中心束缚的电子有可能出现在另一杂质中心的束缚电子的运动轨道附近，对该中心的势场起屏蔽作用而削弱其对电子的束缚力，使杂质激活能 $E=E_c-E_D$ 或 $E_A-E_v$ 下降。波函数重叠程度越高，$\Delta E$ 的减小越多，$E$ 最终会随着掺杂浓度的提高而下降至零。实验确已证明了这一点，硅中硼杂质的电离能在浓度达到 $8\times10^{18}/\mathrm{cm}^3$ 时即接近于零。

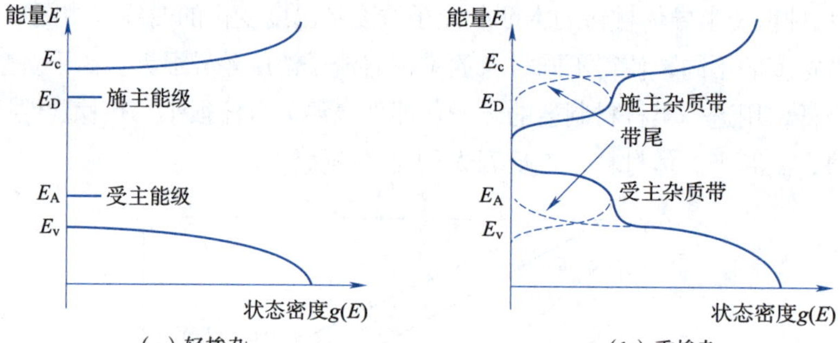


图2-45 轻掺杂和重掺杂半导体的能带结构

在重掺杂半导体中，杂质原子距离缩短还意味着相邻杂质原子之间相互作用增强。相邻杂质原子之间的相互作用将使杂质能级分裂成带，跟任何一种原子由远及近结合成固体时都会使孤立原子的分立能级分裂成带一样。在杂质带形成时，相邻杂质原子的基态电子波函数发生重叠，被杂质束缚的电子就有可能在杂质原子之间转移，从而参与导电，称为杂质带导电。但是，由于杂质原子分布的随机性，不能用布洛赫波来描述杂质带中的电子状态。杂质带中载流子的运动，类似于非晶半导体定域态中电子的运动，比结晶半导体中自由载流子的运动困难得多。只有在低温下，在主能带中的载流子对电导的贡献很小时，杂质带的导电性才能表现出来。

②在能带边沿形成带尾。能带边沿出现带尾态，这是非晶半导体能带结构的突出特点之一，是原子排列失去长程有序的必然结果。从理论计算上亦可证明，当在电子的一维周期势场中令

势场的强度作随机变化，则电子状态密度按能量分布的曲线将向能带两边扩展，并在边沿出现定域化的带尾。对于结晶半导体的晶格周期势场而言，杂质原子将以其不同于本底原子的尺寸和电负性，引起周期势场在其所在阵点处的畸变。在杂质浓度较低时，比如杂质含量为 $1\times10^{-6}$、每100个阵点才有1个畸变点时，杂质的存在还不足以破坏整个晶格周期势场的长程序。但在重掺杂情况下，随机分布的高密度杂质对晶格周期势场的破坏，无疑会产生类似于无序势场的效果，使能带边沿出现带尾，如图2-45（b）导带和价带的虚线部分所示。

③禁带的刚性窄化。重掺杂情况下，自由载流子可以同时与多个杂质原子有相互作用，使得主能带带边的位置发生变化。比如，在重掺杂的n型半导体中，电离施主与导带电子的相互吸引作用加强，就会使导带电子的能量下降。此外，少数载流子同高密度的多数载流子之间的静电相互作用，也将使产生一个电子-空穴对所需要的能量减小。这就是禁带窄化。在这些情况下的能带结构变化，相当于电子的态密度分布曲线整体向禁带平移而不改变其形状，因而称为禁带的刚性窄化。

（3）杂质因素。对掺杂浓度较高的半导体，其室温附近的电阻率既要受迁移率随杂质浓度的升高而下降的影响，也要受杂质不完全电离的影响。

杂质的电离度不仅是温度和掺杂浓度的函数，也是杂质电离能的函数。在低温条件下，或温度尽管不低，但杂质浓度较高或电离能较高的情况下，杂质的电离度可能会远小于1。宽禁带半导体的浅能级杂质电离能一般较高，室温下电离度往往小于1。

分别定义施主杂质和受主杂质的电离度 $I_D$ 和 $I_A$ 为单位体积中的电离杂质数目与杂质总数目之比，即

$$I_D = N_D^+/N_D = 1 - f_D \tag{2-124}$$

$$I_A = N_A^-/N_A = 1 - f_A \tag{2-125}$$

式中，$f_D$ 和 $f_A$ 分别是电子占据施主能级和空穴占据受主能级的概率函数，其形如

$$f_D = \frac{1}{1 + \frac{1}{g_c}\exp\left(\frac{E_D - E_F}{k_0 T}\right)} \tag{2-126}$$

$$f_A = \frac{1}{1 + \frac{1}{g_v}\exp\left(\frac{E_F - E_A}{k_0 T}\right)} \tag{2-127}$$

式中，$E_D$ 和 $E_A$ 分别表示施、受主杂质能级，$g_c$ 和 $g_v$ 分别表示这两条能级的简并因子。

注意这两个概率函数不同于费米分布函数。费米分布函数只适用于相互独立的状态，如半导体能带中的状态。状态的独立性是指一个状态被电子占据之后不会影响另一个状态的存在。能带里面的状态是相互独立的，而禁带之中的杂质能级则不然，它至少是二度简并的，当其被一种自旋电子占据之后，另一个自旋相反的状态就不复存在。

对于施主能级，它只能接受一个电子，而不能像能带里面的那些能级那样还能容纳另一个自旋相反的电子。当一个电离施主接受一个电子之后，它就变成为一个中性原子，一个中性原子要再接受一个电子即意味着要变成一个带多余电子的负离子，这需要比失去一个电子多得多的能量。

式（2-126）和式（2-127）表明，杂质在一种半导体中的电离度是其电离能、浓度以及温

度的函数。利用关系 $n_0 = N_D^+$ 和 $p_0 = N_A^-$，即

$$N_c \exp\left(-\frac{E_c - E_F}{k_0 T}\right) = \frac{N_D}{1 + g_c \exp\left(-\frac{E_D - E_F}{k_0 T}\right)} \tag{2-128}$$

$$N_A \exp\left(-\frac{E_F - E_v}{k_0 T}\right) = \frac{N_A}{1 + g_v \exp\left(-\frac{E_F - E_A}{k_0 T}\right)} \tag{2-129}$$

可将半导体中施主和受主杂质的电离度与其电离能、浓度以及温度的函数关系表示为

$$I_D = \frac{-1 + \sqrt{\frac{4g_c N_D}{N_c}\exp\left(\frac{\Delta E_D}{k_0 T}\right) + 1}}{\frac{2g_c N_D}{N_c}\exp\left(\frac{\Delta E_D}{k_0 T}\right)} \tag{2-130}$$

$$I_A = \frac{-1 + \sqrt{\frac{4g_v N_A}{N_v}\exp\left(\frac{\Delta E_A}{k_0 T}\right) + 1}}{\frac{2g_v N_A}{N_v}\exp\left(\frac{\Delta E_A}{k_0 T}\right)} \tag{2-131}$$

这里，$\Delta E_D$和$\Delta E_A$分别是施主杂质和受主杂质的电离能。

硅中磷和硼的电离能分别是0.044 eV和0.045 eV。根据目前已发表的一些霍尔实验的测量结果，对碳化硅中起施主作用的氮和起受主作用的铝，电离能可分别取为0.1 eV和0.2 eV。利用这些数据对硅和碳化硅在300 K和600 K两种温度下的杂质电离度绘制的曲线如图2-46所示。

杂质的电离度对杂质电离能的大小非常敏感，这种情况在碳化硅等宽禁带半导体中尤其明显。由于碳化硅中施主杂质N和受主杂质Al的电离能相差太大，因而在通常使用的掺杂浓度范围（$10^{15}$原子/cm$^3$ ~ $10^{19}$原子/cm$^3$），掺杂浓度相等的n型材料和p型材料的多数载流子密度相差很大。例如，当掺杂浓度皆为$10^{17}$/cm$^3$时，室温下掺N碳化硅中的电子密度差不多是掺Al碳化硅中空穴密度的4倍。

在重掺杂条件下，电离度不仅决定于杂质的电离能，也决定于掺杂浓度。即便是像硅中的磷和硼那样电离能很低的杂质，当掺杂浓度超过$10^{17}$原子/cm$^3$之后，其室温条件下的电离度也都会下降到90%左右，并随着浓度的进一步升高而迅速下降。杂质的电离能越高，其电离度对掺杂浓度的依赖性也越强，这种杂质在重掺杂情况下的不完全电离状况十分严重。

在碳化硅和金刚石之类的宽禁带半导体中的杂质普遍具有较高的电离能，这些杂质即便在轻掺杂条件下也不容易完全电离，如图2-46中属于碳化硅的3条虚线所示。碳化硅的这个特点，决定了它在很高温度下的电阻率仍依赖

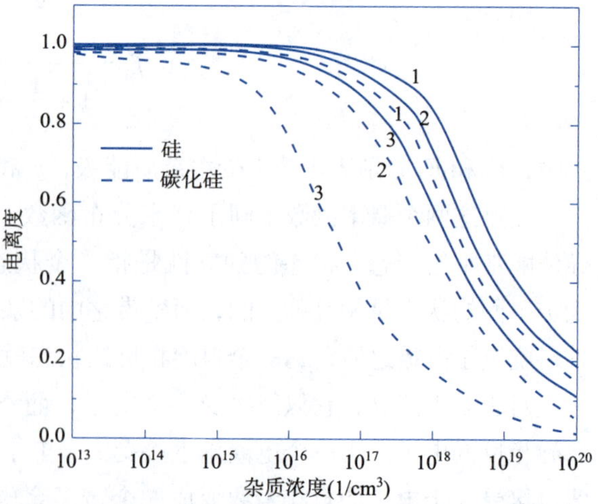


1—600 K，硅中磷，碳化硅中氮；2—300 K，硅中磷，碳化硅中氮；3—300 K，硅中硼，碳化硅中铝。

图2-46　硅和碳化硅中的浅能级杂质的电离度

于杂质，载流子的本征激发对器件特性的影响不很明显，因而碳化硅器件有很好的高温工作特性。

### 2.7.2 载流子迁移率

载流子迁移率$\mu$定义为自由载流子在单位电场作用下的平均漂移速度

$$v_d = \mu |E| \tag{2-132}$$

在非强电场范围，半导体中无论电子或空穴，其迁移率皆为常数，大小与电场无关。但在强电场下，自由载流子的平均漂移速度随电场变化的关系偏离线性，并在电场足够强时逐渐趋于饱和。这时，迁移率不再是常数，而是随着电场的增高而减小。与电场大小有关的迁移率被称为微分迁移率。因而微分迁移率可作为区分电场强弱的标志。砷化镓中的电子在$3\times10^5 \sim 2\times10^6$ V/m的电场范围内即具有负微分迁移率。

载流子迁移率$\mu$是决定半导体材料电阻率$\rho$大小的两个重要参数之一。当一种导电材料具有密度可相比拟的电子和空穴时，其电阻率为

$$\rho = \frac{1}{q(n\mu_n + p\mu_p)} \tag{2-133}$$

$$\mu = q\tau / m^* \tag{2-134}$$

由式（2-122）可知，载流子迁移率由两方面因素决定：

（1）内因：能带结构。因为有效质量$m_n^*$和$m_p^*$分别用电子和空穴的能量函数$E(k)$的二次微商来定义，即

$$m_n^* = h^2 \Big/ \frac{d^2 E_n}{dk^2},\quad m_p^* = h^2 \Big/ \frac{d^2 E_p}{dk^2} \tag{2-135}$$

一条函数曲线在某点的曲率决定于该函数二次微商在该点的取值。因此，电子和空穴的有效质量一般是其能量状态的函数，并可由其能量函数曲线$E(k)$上相应点的曲率直观反映。因此，不同材料的载流子迁移率相差很大。半导体中的自由电子和自由空穴分别处于导带和价带的极值处，这两个极值不仅可能在$k$空间的位置不相同，相应的曲线形状更可能有较大差异，因而同种材料的电子和空穴通常具有不同的有效质量。这是同一材料中电子和空穴迁移率不相等的主要原因。当然，导带电子还会因处于不同的能谷而具有不同的有效质量，价带空穴也还有轻重之分，当轻重空穴的比例发生变化、导带电子在不同能谷的分布发生变化时，空穴和电子的平均迁移率也都会有相应的改变。

还须指出的是，对于有效质量各向异性的材料，比如像锗和硅那样导带底电子的等能面为椭球形的材料，式（2-134）中的$m^*$要用电导有效质量而非有效质量来代替。

（2）外因：当载流子的有效质量保持不变时，载流子的平均自由时间，亦即载流子的散射机构就是决定载流子迁移率大小的决定因素。散射机构包括晶格散射、电离杂质散射、中性杂质散射、缺陷散射及载流子间的散射等。

### 2.7.3 少数载流子寿命

少数载流子寿命是决定p-n结型器件工作特性的关键材料参数之一。对少数载流子寿命有明

显依赖关系的器件特性，主要有双极型器件的开关特性、导通特性以及阻断特性。此外，一些特殊用途器件，例如，太阳能电池之类的光电子器件，其光生电流和光生电动势等主要特性也与少数载流子的寿命有关。太阳能电池之类的光电子器件基本上要求制造材料的少数载流子寿命尽可能高。

以光生载流子的输运为基础，当光生载流子的产生率 $G$ 一定时，寿命越长，光生载流子密度就越高。

（1）太阳能电池的短路电流密度：

$$J_{SC}=qG(L_n+L_p+W) \tag{2-136}$$

式中，$L_n=\sqrt{\tau_n D_n}$ 和 $L_p=\sqrt{\tau_p D_p}$ 分别表示电子和空穴的扩散长度；$W$ 是 p-n 结的空间电荷区宽度。材料的少数载流子寿命越长，则扩散长度越长，短路电流密度也就越大。

（2）太阳能电池的开路电压：

$$V_{OC}=\frac{k_0 T}{q}\ln\left(\frac{J_{SC}}{J_0}+1\right) \tag{2-137}$$

也与少数载流子寿命有关。式（2-137）$J_0$ 表示太阳能电池在无光照时的反向漏电流密度，前已说明，少数载流子寿命越长，p-n 结漏电流就越小。$J_0$ 缩小跟 $J_{SC}$ 增大一样，对提高太阳能电池开路电压有利。

（3）太阳能电池的填充因子 $FF$。其值为电池在额定光照条件下的最大输出功率与乘积 $J_{SC}V_{OC}$ 之比。形象地看，$FF$ 的大小决定于太阳能电池的伏安特性曲线在 $I$-$V$ 坐标系第四象限围出面积的方正程度，而这种情况也与少数载流子寿命的大小有关，如图 2-47 所示。少数载流子寿命较低时，伏安特性如曲线 $\tau_2$ 那样较“软”，其在第四象限的形状趋近于三角形，图中阴影部分的面积就会比较小，输出功率就会很低；相反，若少数载流子寿命较高，电池伏安特性如曲线 $\tau_1$ 那样较“硬”，其第四象限形状就比较方正，$FF$ 就比较大。

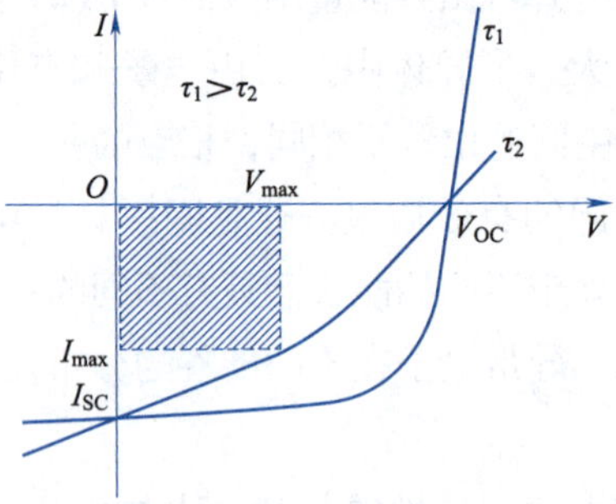


图 2-47 太阳能电池 $I$-$V$ 曲线

## 2.7.4 半导体材料的表面特性

在表面科学中，表面的含义很广，涵盖固体-真空、固体-气体、液体-气体、固体-液体、固体-固体的分界面。通常将凝聚相（固、液）与真空或气相的分界面称为“表面”，而将凝聚相之间的分界面称为“界面”。从晶体原子的点阵排列来看，晶体的物理表面是三维周期性结构与真空之间的过渡区。这个过渡区包括所有不具有周期性的原子层，通常为一个至数个原子层。

从电子分布的角度看，以表面最外层原子为基准，向真空和体内分别延伸1.0～1.5 nm的区域，体内一侧的影响范围通常更大，并且因材料种类而异。例如，金属在十几纳米距离外已与体内无差别，而对半导体材料，影响可达数十至数百纳米，绝缘体更远些。这是因为存在表面态，电子在体能态和表面态之间转移，会在表面产生一层电荷，进而建立一个垂直于表面的电场。金属的自由载流子浓度高，因此表面电荷可由体内载流子提供补偿和屏蔽；而半导体和绝缘体内自由载流子较少，不能完全补偿。为了屏蔽表面电场，必然在表面附近形成一个空间电荷层，在半导体中，空间电荷层可深达几百纳米，形成一种长程扰动。

固体材料的许多重要性质和应用与表面性质密切相关。晶体生长和外延生长也是一种表面过程。现代大规模集成电路、电子器件和光电子器件的功能都涉及表面与界面的电子学、光学和磁学性质。20世纪80年代后期发展起来的新技术、新材料，如超晶格、量子阱、纳米材料和多层薄膜等，均利用表面和界面与块体不同的特殊性质。

### 1. 表面成分

由于吸附和偏析，晶体表面数个原子层的化学成分可能与体内不同。吸附是气相分子撞击表面并黏附的过程，偏析是固体内的溶质在表面区域富集的现象。

表面成分的分析方法必须具有很高的表面灵敏度。例如，一个单原子层的纯铝相当于原子面密度为$2\times10^{15}/cm^2$或$10^{-7}$ g/cm$^3$。以1%精度测量表面一个单层的灵敏度必须达到$10^{-9}$ g/cm$^2$，并能够排除体内信号的干扰。目前，俄歇电子能谱（AES）被广泛应用于表面成分分析。该方法通过发射几千电子伏的电子到表面，诱发原子内层电子电离。当较外层电子跃入内层留下空穴时，通过过剩能量激发另一电子（俄歇电子发射）。俄歇电子涉及三个电子能级，其能量具有所发射原子的特征，可用来判断元素类型。俄歇电子的逃逸深度为0～2 nm，反映的是表面数层的成分。用AES既可分析重元素，也可灵敏地探测碳、氮、氧等轻元素；而分析氢元素则须用二次离子质谱（SIMS）。

### 2. 表面电子态

表面附着电荷是一个普遍现象，随着表面势的变化而变化。表面上存在着使电子局限于表面的量子态，才能容纳来自内部的电子，或是释放电子到内部去。这样，表面量子态中的电子数目的增减导致表面附着电荷的变化。表面存在电子态，也表明表面可以形成表面能级。非平衡载流子通过表面能级间接复合的过程，影响少数载流子寿命。因此，在测试体材料的少数载流子寿命时，表面要经过一定处理，以减少表面复合作用。目前表面性质的研究已成为物理学的一个重要学科，相关资料可参阅表面物理书籍。

### 3. 界面态与固定电荷

在$SiO_2$-Si系统中，存在界面态和固定电荷。界面态位于$SiO_2$-Si界面上，是载流子的产生和复合中心。硅的界面态，一般认为与硅表面的“悬挂键”、界面处的杂质及缺陷等有关。实验发现，硅晶体的界面态密度与衬底的晶面取向有关，按(111)＞(110)＞(100)的顺序降低。界面态的存在会增大器件的表面复合速率，导致双极型晶体管的小电流放大系数降低，低频噪声增大，从而使MOS晶体管的跨导降低。

固定电荷通常存在于靠近 $SiO_2$-Si 界面 100 ~ 200 Å 的范围内，被普遍认为是氧化层中过剩的氧空位，因此 $SiO_2$层中的固定电荷带正电。由于硅（100）晶面的界面态和固定电荷较少，因此MOS 等半导体器件通常采用（100）硅片作衬底，而不采用（111）硅片。硅与金属接触、硅与绝缘介质膜（$SiO_2$）接触，以及硅与其他半导体接触（异质结）的界面特殊性，对器件具有重要影响，它们是很重要的物理问题。

## 2.8 太阳能电池的物理特性

在介绍了 p-n 结基本特性之后，下面将讨论在光照下 p-n 结的一些特性。太阳能电池的基本结构就是一个大面积平面 p-n 结。本节将结合光与半导体的相互作用、太阳能电池结构，介绍它的电流-电压特性、性能表征及其光电转换效率。

### 2.8.1 光与半导体的相互作用

对于太阳能电池来说，光电转换本质上就是光子与材料的相互作用。光子具有波粒二象性，光波可当成粒子来处理。光子能量 $E = h\upsilon$，其中，$h$ 是普朗克常量；$\upsilon$ 是光子频率。波长与能量的关系为

$$\lambda = \frac{c}{\upsilon} = \frac{hc}{E} = \frac{1\ 240}{E} \tag{2-138}$$

式中，$E$ 是以 eV 为单位的光子能量；$c$ 是光速。

光子在半导体内与半导体的相互作用可有多种机理，包括光子与半导体晶格相互作用、光子与杂质相互作用、光子与半导体内缺陷相互作用以及光子同价电子的相互作用等。每种作用机理带来不同的现象，例如光子与晶格相互作用将光子能量转换成热能；光子与价电子发生碰撞时，它可向价电子提供足够的能量，使其进入导带，产生电子-空穴对，形成过剩载流子，这一过程对太阳能电池光电转换十分重要，如图 2-48 所示。

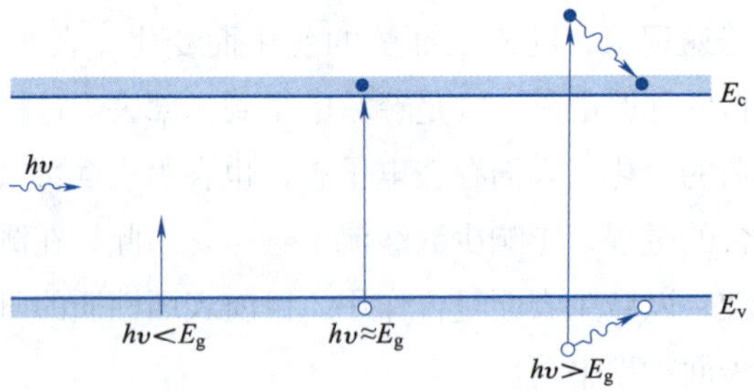


图 2-48　半导体内光生电子-空穴对

半导体中最主要的光吸收过程是电子由价带顶到导带底的跃迁。这种跃迁所引起的光吸收称为本征吸收。该吸收伴随着电子-空穴对的产生，使半导体的电导率增加，即产生光电导。引起本征吸收的光子能量必须等于或大于半导体的禁带宽度，即

$$h\upsilon \geqslant E_g = h\upsilon_0 \tag{2-139}$$

式中，$h\upsilon_0$ 是引起本征吸收的最低光子能量。

与本征吸收有关的电子跃迁过程可以分为直接跃迁和间接跃迁两种类型，其中直接跃迁对光的吸收十分有利。若光子能量小于 $E_g$，光子不会被轻易吸收。若 $h\upsilon > E_g$，光子可与价电子相互作用，并将其激发到导带。这种相互作用也会在导带产生电子，价带产生空穴，从而形成电子-空穴对。在这一过程中，电子或空穴在获取比禁带宽度更大的能量时，将获得额外的动能，这些多余的能量将通过声子散射或其他非辐射复合的方式有效地转化为热能。

光通量的强度（简称光强）表示为 $I_v(x)$，频率 $v$ 的初始光强为 $I_{v0}$ 的入射光，光强随距离的变化关系为

$$I_v(x) = I_{v0}\mathrm{e}^{-\alpha x} \tag{2-140}$$

式中，$\alpha$ 是吸收系数，单位是 $\mathrm{cm}^{-1}$。

可见在半导体材料内，光强随着深入半导体材料的距离指数衰减。半导体的吸收系数是光能和禁带宽度的函数。若 $h\upsilon > E_g$，则吸收系数上升得很快。若 $h\upsilon < E_g$，则吸收系数就很小。在这个能量范围内的半导体材料对光子表现为光学透明。对太阳能电池来说，如果光吸收系数大，则光的吸收实际上集中在半导体很薄的表面层内，这种材料可以做成薄膜类型太阳能电池。如果光吸收系数小，需要一定的厚度才能实现有效的光电转换，无法做成薄膜类型的，比如晶体硅太阳能电池。几种常见半导体的吸收系数与波长关系如图 2-49 所示。

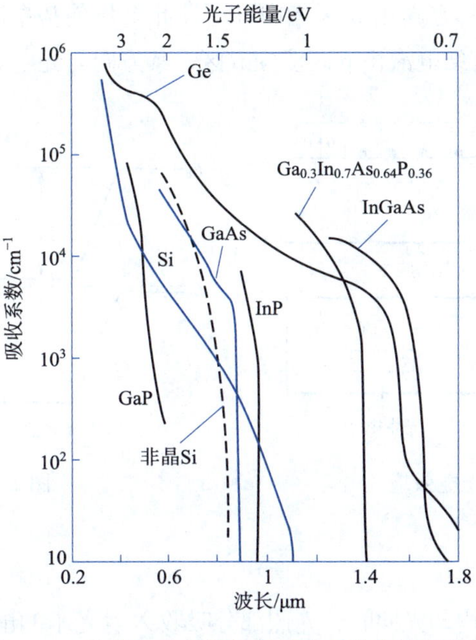


图 2-49　几种常见半导体的吸收系数与波长关系

## 2.8.2　光生伏特效应

光生伏特效应是指在光的作用下半导体或半导体与金属组合的部位间产生电势差的现象，简称“光伏效应”。光生伏特效应是半导体重要的物理效应，只要有内建电势存在就会产生此效应，是太阳能电池和多种光伏敏感器件的物理基础。

光生伏特效应属内光电效应。在光电效应中，材料吸收光子的能量产生自由电子溢出表面。而在光生伏特效应中，由于材料内部的不均匀（例如当材料内部形成p-n结时）在自建电场的作用下，受到激励的电子和失去电子的空穴向相反方向移动，而形成了正负两极。在实际应用中的光能通常来自太阳能，这样的器件即一般所指的太阳能电池。光生伏特效应分为势垒效应和侧向光电效应。

### 1. 势垒效应（结光电效应）

光线照射PN结时，设光子能量大于禁带宽度，使价带中的电子跃迁到导带，而产生电子-空穴对，在耗尽区内电场的作用下，被光激发的电子移向n区外侧，被光激发的空穴移向p区外侧，从而使p区带正电，n区带负电，形成光电动势。

当p-n结受光照时，半导体对光子的本征吸收和非本征吸收都将产生光生载流子。但能引起光伏效应的只能是本征吸收所激发的少数载流子。因p区产生的光生空穴、n区产生的光生电子属多子，多子都被势垒阻挡而不能过结。只有p区的光生电子、n区的光生空穴、结区的电子-空穴对（少子）扩散到结电场附近时能在内建电场作用下漂移过结。光生电子被拉向n区，光生空穴被拉向p区，即电子-空穴对被内建电场分离，如图2-50、图2-51所示。这导致在n区边界附近有光生电子积累，在p区边界附近有光生空穴积累。它们产生一个与热平衡p-n结的内建电场方向相反的光生电场，其方向由p区指向n区。此电场使势垒降低，其减小量即光生电势差，p端正，n端负。于是有结电流由p区流向n区，其方向与光电流相反。

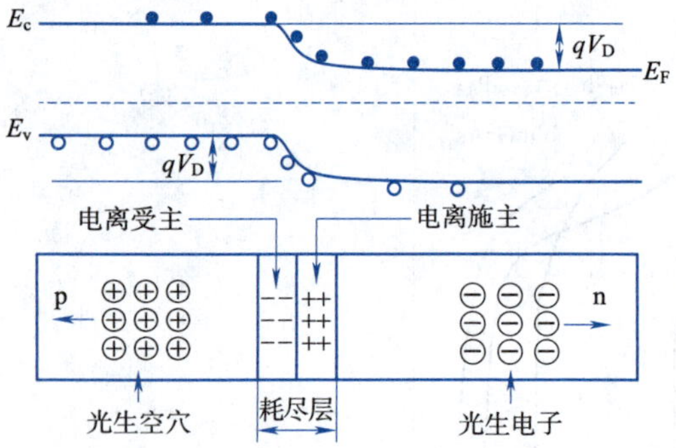


图 2-50　p-n 结光电效应

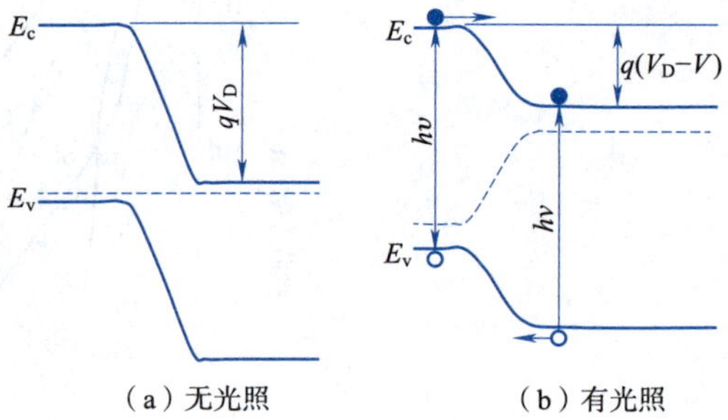


图 2-51　p-n 结能

### 2. 侧向光电效应

当半导体光电器件受不均匀光照时，光照部分吸收入射光子的能量产生电子-空穴对，由此引起光照部分和未受光照部分间出现了载流子浓度梯度，因而载流子要扩散。已知电子迁移率比空穴大，那么空穴的扩散不明显，则电子向未被光照部分扩散，就造成光照部分带正电，未受光照部分带负电，光照部分与未受光照部分产生光电势。

在光电转换过程中，并非所有光生载流子都能促进光生电流的形成。在p-n结中，n区中空穴在寿命$\tau_p$的时间内扩散长度为$L_p$，p区中电子在寿命$\tau_n$的时间内扩散长度为$L_n$，共三个区的光吸收对光电转换有贡献，分别是空间电荷区、电中性n区中距空间电荷区边缘$x_n$少子空穴扩散长度$L_p$区域、电中性p区中距空间电荷区边缘$x_{-p}$少子电子扩散长度$L_n$区域。

## 2.8.3 太阳能电池伏安特性

### 1. 太阳能电池的表征参数

以上光伏效应是从微观角度讨论了太阳能电池内部能量转换的过程。以下将以最普通的硅p-n结太阳能电池为例，介绍太阳能电池工作时，在外部观测到的特性。图2-52所示为无光照时典型的电流-电压特性（暗电流）。

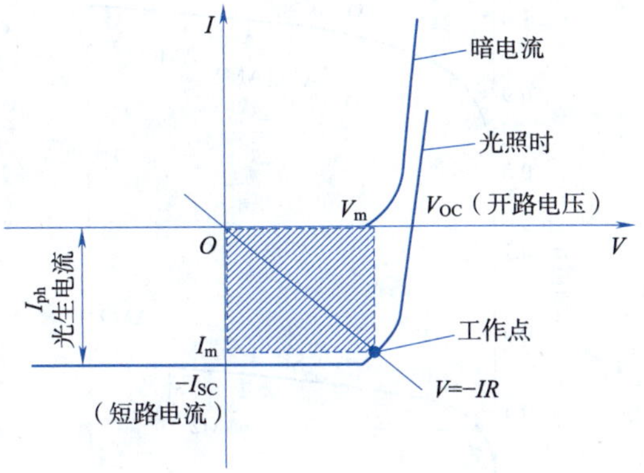


图2-52 太阳能电池无光照及光照时电流-电压特性

当太阳光照射到这个太阳能电池上时，将有和暗电流方向相反的光生电流 $I_{ph}$ 流过。同时，由于p-n结二极管的特性，存在正向二极管电流 $I_D$，此电流方向从p区到n区，与光生电流方向相反。因此，实际获得的电流 $I$ 为

$$I = I_{ph} - I_0\left[\exp\left(\frac{qV}{nk_0T}\right) - 1\right] \tag{2-141}$$

式中，$V$ 为太阳能电池的端电压；$k_0$ 为玻耳兹曼常数；$T$ 为绝对温度。

当太阳能电池的输出端短路时，$V=0$，代入式（2-141），可得短路电流为

$$I_{SC} = I_{ph} \tag{2-142}$$

即太阳能电池的短路电流等于光生电流，与入射光的强度成正比。

当太阳能电池的输出端开路时，$I=0$，代入式（2-141），可得开路电压为

$$V_{OC} = \frac{nk_0T}{q}\ln\left(\frac{I_{SC}}{I_0} + 1\right) \tag{2-143}$$

式中，$I_0$ 为饱和暗电流。

在可以忽略串联、并联电阻的影响时，$I_{SC}$ 为与入射光强度成正比的值。在很弱的阳光下，$I_{SC} \ll I_0$，因此

$$V_{OC} = \frac{nk_0T}{q}\frac{I_L}{I_0} = I_LR_0 \tag{2-144}$$

式中，$I_L$ 为太阳能电池输出的负载电流；$R_0 = \dfrac{nk_0T}{qI_0}$。

在很强的阳光下，$I_{SC} \gg I_0$，因此

$$V_{OC}=\frac{nk_0T}{q}\ln\frac{I_{SC}}{I_0} \tag{2-145}$$

由此可见，在阳光较弱时，硅太阳能电池的开路电压随光的强度作近似直线的变化。而当阳光较强时，$V_{OC}$则与入射光的强度的对数成正比。图 2-53 为 Si 和 GaAs 太阳能电池的 $I_{SC}$与 $V_{OC}$之间的关系。Si 与 GaAs 比较，因 GaAs 的禁带宽度宽，故 $I_0$值比 Si 的小几个数量级，GaAs 的 $V_{OC}$值比 Si 的高 0.45 左右。假如结形成很好，禁带宽度越宽的半导体，$V_{OC}$也越大。

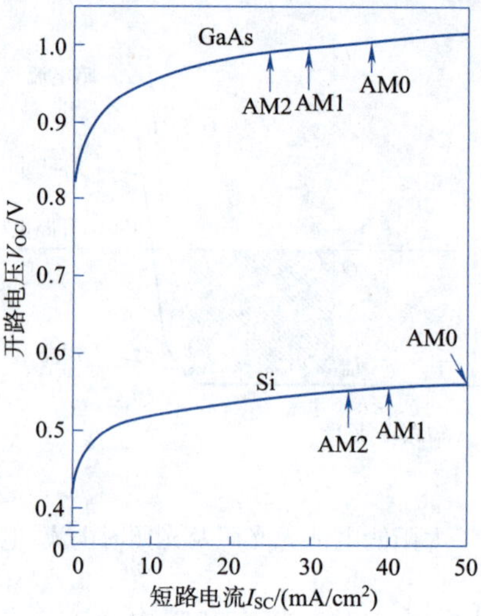


图 2-53 开路电压与短路电流的关系

图 2-53 中，当给太阳能电池连接负载 $R$，并用太阳光照射时，则负载上的电流 $I_m$和电压 $V_m$将由图中有光照时的电流-电压特性曲线与 $V=-IR$ 表示的直线的交点来确定。此时负载上有 $P_{out}=RI_m^2$的功率消耗，它清楚地表明正在进行着光电能量的转换。通过调整负载的大小，可以在一个最佳的工作点上得到最大输出功率。

## 2. 太阳能电池的等效电路

太阳能电池可用 p-n 结二极管 D、恒流源 $I_{ph}$、太阳能电池的电极等引起的串联电阻 $R_s$和相当于 p-n 结泄漏电流的并联电阻 $R_{sh}$ 组成的电路来表示。该电路为太阳能电池的等效电路，如图 2-54（a）所示。

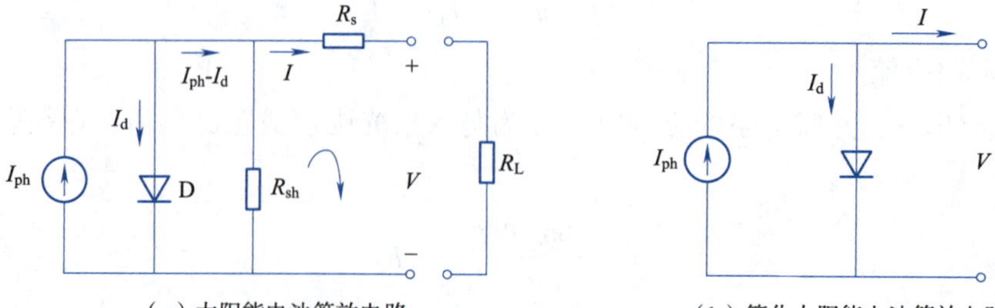


（a）太阳能电池等效电路　　（b）简化太阳能电池等效电路

图 2-54 太阳能电池等效电路及其简化

图2-54（a）中，$I_{ph}$为太阳能电池在光照时等效电源输出电流，$I_d$为光照时通过太阳能电池内部二极管的电流。由基尔霍夫定律得

$$IR_s + V - (I_{ph} - I_d - I)R_{sh} = 0 \tag{2-146}$$

式中，$I$为太阳能电池的输出电流；$V$为输出电压。

由式（2-146）可得输出电流$I$和输出电压$V$之间的关系：

$$I\left(1 + \frac{R_s}{R_{sh}}\right) = I_{ph} - \frac{V}{R_{sh}} - I_d \tag{2-147}$$

为了使太阳能电池输出更大的功率，必须尽量减小串联电阻$R_s$，增大并联电阻$R_{sh}$。假定$R_{sh} = \infty$和$R_s = 0$，太阳能电池可简化为图2-54（b）所示电路。

当负载$R_L$从0变化到无穷大时，输出电压$V$则从0变到$V_{OC}$，同时输出电流从$I_{SC}$变到0，由此得到太阳能电池的输出特性曲线，如图2-55所示。曲线上任何一点都可以作为工作点。工作点所对应的纵横坐标，即为工作电流和工作电压，其乘积$P = IV$为太阳能电池的输出功率。

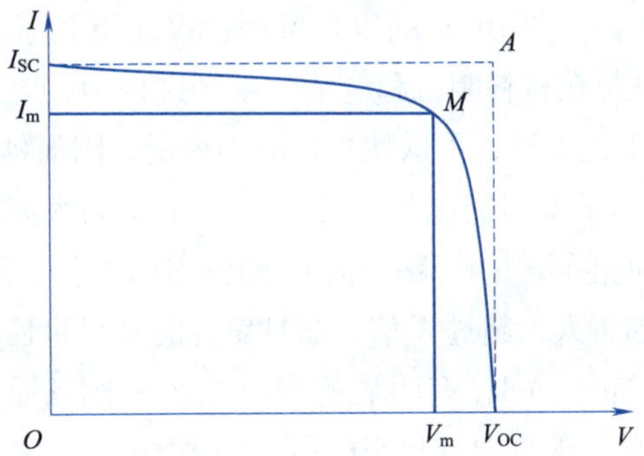


图2-55 太阳能电池的输出特性曲线

## 2.8.4 太阳能电池转换效率及其损失

### 1. 太阳能电池转换效率的描述

太阳能电池的转换效率$\eta$定义为太阳能电池的最大输出功率与照射到太阳能电池的总辐射能$P_{in}$之比，即

$$\eta = \frac{P_m}{P_{in}} \times 100\% \tag{2-148}$$

当太阳能电池接上负载时，负载$R$从零变到无穷大的过程中，使太阳能电池达到最大输出功率$P_m = I_m V_m$时，式中$I_m$、$V_m$分别为最佳工作电流和最佳工作电压，将$P_m = I_m V_m$与$I_{SC}$和$V_{OC}$的乘积之比定义为填充因子$FF$，即

$$FF = \frac{P_m}{V_{OC} I_{SC}} = \frac{V_m I_m}{V_{OC} I_{SC}} \tag{2-149}$$

填充因子体现了太阳能电池的输出功率随负载的变动特性，是代表太阳能电池性能优劣的一个重要参数，$FF$越大则输出功率越高。$FF$取决于入射光强、材料的禁带宽度、理想系数、串联电阻和并联电阻等。

填充因子正好是 $I$-$V$ 曲线下最大长方形面积与乘积 $V_{OC}I_{SC}$之比，所以转换效率可表示为

$$\eta = \frac{FFV_{OC}I_{SC}}{P_{in}} \tag{2-150}$$

### 2. 影响太阳能电池转换效率的因素

（1）禁带宽度：开路电压 $V_{OC}$随 $E_g$的增大而增大，但另一方面，短路电流 $I_{SC}$随 $E_g$的增大而减小。结果是可期望在某一个确定的 $E_g$处出现太阳能电池效率的峰值。

（2）温度：随温度的增加，$\eta$ 效率下降。短路电流 $I_{SC}$对温度 $T$ 很敏感，温度还对 $V_{OC}$起主要作用。对于硅，温度每增加 1 ℃，$V_{OC}$下降室温值的 0.4%，$\eta$ 也因而降低约同样的百分数。例如，一个硅电池在 20 ℃时的效率为 20%，当温度升到 120 ℃时，效率仅为 12%。又如 GaAs 电池，温度每升高 1 ℃，$V_{OC}$降低 1.7 mV 或降低 0.2%。

（3）复合寿命：希望载流子的复合寿命越长越好，这主要是因为这样做 $I_{SC}$大。在间接带隙半导体材料，如硅中，离结 100 μm 处也产生相当多的载流子，所以希望它们的寿命能大于 1 μs。在直接带隙材料，如 GaAs 中，只要 10 ns 的复合寿命就已足够长了。长寿命也会减小暗电流并增加 $V_{OC}$。达到长寿命的关键是在材料制备和电池的生产过程中，要避免形成复合中心。在加工过程中，适当而且经常进行工艺处理，可以使复合中心移走，因而延长寿命。

（4）光强：将太阳光聚焦于太阳能电池，可使一个小小的太阳能电池产生出大量的电能。设想光强被浓缩 $X$ 倍，单位电池面积的短路电流 $I_{SC}$都将增加 $X$ 倍，同时 $V_{OC}$也随之增加 $(kT/q)\ln X$ 倍。因而输出功率的增加将大大超过 $X$ 倍，而且聚光的结果也使转换效率提高了。

（5）掺杂浓度及剖面分布：对 $V_{OC}$有明显的影响的另一因素是掺杂浓度。掺杂浓度越高，$V_{OC}$越高。但一种称为重掺杂效应的现象近年来已引起较多的关注，在高掺杂浓度下，由于能带结构变形及电子统计规律的变化，随掺杂浓度增加，有效掺杂浓度饱和甚至会下降，如图 2-58 所示。

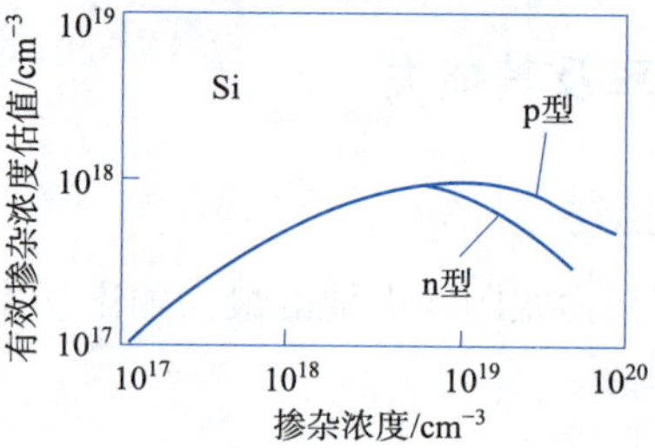


图 2-56　高掺杂效应

目前，在硅太阳能电池中，掺杂浓度大约为 $10^{16}$ cm$^{-3}$，在直接带隙材料制作的太阳能电池中约为 $10^{17}$ cm$^{-3}$。为了减小串联电阻，前扩散区的掺杂浓度经常高于 $10^{19}$ cm$^{-3}$，因此重掺杂效应在扩散区是较为重要的。

（6）表面复合速率：低的表面复合速率有助于提高 $I_{SC}$，并由于 $I_0$的减小而使 $V_{OC}$改善。前表面的复合速率测量起来很困难，经常被假设为无穷大。有背表面场（BSF）电池，在沉积金属接触之前，电池的背面先扩散一层 $p^+$附加层如图 2-57 所示。

这种结构，在 $p/p^+$ 界面存在一个电子势垒，它容易做到欧姆接触，在这里电子也被复合，

在 p/p⁺ 界面处的复合速率 $S_n$ 很小时，$I_{SC}$ 和 $\eta$ 都呈现出一个峰，如图 2-58 所示。

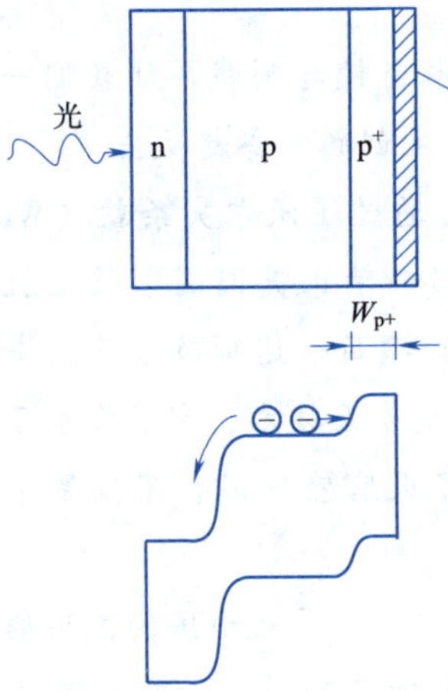


图 2-57 背表面场电池

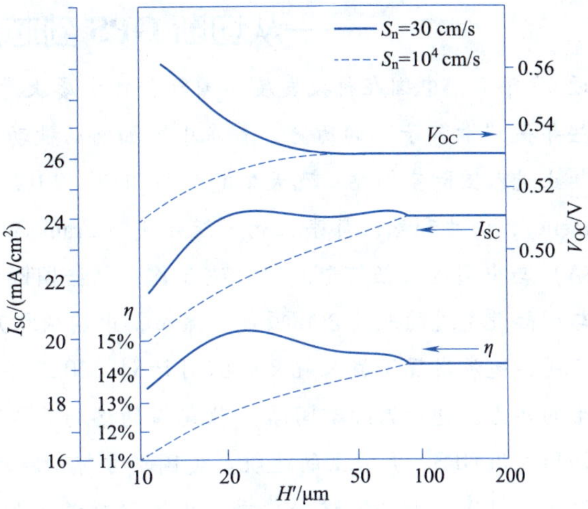


图 2-58 背表面复合速率对电场参数的影响

（7）串联电阻：在任何一个实际的太阳能电池中，都存在着串联电阻，其来源可以是引线、金属接触栅或电池体电阻。不过通常情况下，串联电阻主要来自薄扩散层。结收集的电流必须经过表面薄层再流入最靠近的金属导线，这就是一条存在电阻的路线，显然通过金属线的密布可以使串联电阻减小。串联电阻 $R_s$ 的大小可改变 $I$-$V$ 曲线的位置。

（8）金属栅和光反射：在前表面上的金属栅线不能透过阳光。为了使 $I_{SC}$ 最大，金属栅占有的面积应最小。为了使 $R_s$ 小，一般是使金属栅做成又密又细的形状。

因为有太阳光反射的存在，不是全部光线都能进入 Si 中。裸硅表面的反射率约为 40%。使用减反射膜可降低反射率。对于垂直投射到电池上的单波长的光，用一种厚为 1/4 波长、折射率等于 $n$（$n$ 为 Si 的折射率）的涂层能使反射率降为零。对太阳光，采用多层涂层能得到更好的效果。

事实上，肖克利等第一次计算单结太阳能电池转换效率的极限值是 31%，而目前 c-Si 电池的转换效率为 26%，产业化生产的效率为 24%，与理论结果存在很大差距。原因是太阳能电池受光照后，吸收光子能量产生电子-空穴对，并被激发到导带与价带的高能态，处于高能态的光生载流子很快与晶格相互作用，将能量交给声子而回落到导带底和价带顶，这个过程损失一部分能量；光生载流子输运过程中由于复合也会产生能量损失，最后电压输出时由于电极材料也会产生一定压降。总之，太阳能电池的效率受半导体材料、器件结构及制备工艺等影响。具体包括如前所述的温度、复合损失、串并联电阻等。

为获取高效率，希望有大的短路电流、高的开路电压和大的填充因子。如果太阳能电池用禁带宽度（$E_g$）小的材料做成，则短路电流较大。好的制造工艺及好的电池设计应该使载流子复合最小，也能使短路电流提高。太阳能电池若用 $E_g$ 大的材料做成，则具有较高的开路电压。填充因子是 $I$-$V$ 曲线拐点处陡度的量度，串联电阻可使它变小。通常开路电压较高时，$FF$ 也较大。转换效率随光强增大而增大，随温度降低也增大。用 $E_g$ 值介于 1.2～1.6 eV 的材料做成的太阳能电池，可望达到最高效率。

## 拓展阅读 中国40年被“卡脖子”的历史——从切断GPS到芯片封锁

近40年来，中国在科技发展和国际合作中屡次遭遇美国的技术封锁与制裁。让我们一起回顾这些年被“卡脖子”的历史，看看中国如何从被动挨打到逐步自主创新、奋起反击。

禁止进入国际空间站：飞天梦想的被阻断。2011年，美国国会通过了沃尔夫条款（Wolf Amendment），由共和党议员弗兰克·沃尔夫（Frank Wolf）提出，明确禁止美国国家航空航天局（NASA）与中国进行任何形式的双边合作，包括国际空间站（ISS）项目。这项政策导致中国无法参与国际最先进的航天合作项目。然而，中国从零开始，自主研发航天技术，成功发射了多颗人造卫星，逐步实现了载人航天和探月计划。2021年，中国建成了天宫空间站，不仅展示了自力更生的实力，也对国际空间站“独霸”的格局进行了有力的反击。

切断民用GPS：大海上的迷航。美国军方曾切断对中国的GPS信号，导致中国的民用船只和导弹陷入“盲飞”状态。这一举措让中国深刻意识到依赖外国技术的危险性。面对美国的技术封锁，中国决心自主研发导航系统。经过20多年的努力，北斗导航系统现已全球组网，成为全球四大卫星导航系统之一，从而摆脱了对美国GPS的依赖。

芯片断供：数字世界的“卡脖子”武器。2019年，美国以所谓“国家安全”为由，禁止向华为等中国公司提供芯片，导致中国的科技公司在芯片供应链上面临严重危机。高端芯片的封锁让中国在高科技领域遭遇了前所未有的挑战。然而，面对美国的芯片封锁，中国政府和企业加大了对半导体行业的投入，中芯国际、华为海思等企业迅速崛起，逐步实现了芯片的自主研发和生产，显示了强大的应变能力和创新精神。

软件断供：关键领域的“无妄之灾”。2018年，美国不再向中兴提供任何软硬件产品，导致中兴的运营几乎陷入停滞。这一事件揭示了中国企业在技术自给自足方面的巨大风险。此后，中国科技公司加快了自研操作系统和软件的步伐，华为推出了鸿蒙系统，推动了国内操作系统和应用软件的自主发展。

高端材料封锁：制造业的“隐形壁垒”。美国对中国实施了高端材料的封锁，禁止出口一些关键的半导体材料和高性能金属，严重影响了中国高科技产品的制造。高端材料的封锁让中国高科技制造业面临巨大挑战，但中国加强了对高端材料的研发和生产，逐步打破了对国外材料的依赖，推动了国内材料科学的发展和突破。

半导体设备禁运：制造业的“咽喉”之痛。美国对中国实行了半导体制造设备的禁运政策，禁止出口先进的芯片制造设备，严重影响了中国半导体产业的技术升级。半导体设备禁运让中国芯片制造业面临严重的技术障碍，但中国加大了对半导体设备的研发投入，逐步实现了部分设备的国产化，推动了国内半导体产业的发展。

所有这些阻碍并未让中国退缩，反而激发了我们自主创新、自立自强的决心。正如习近平总书记所说：“关键核心技术要不来、买不来、讨不来，必须靠我们自己。”面对技术封锁和制裁，中国坚定地走上了自主创新的道路，不断突破技术瓶颈，实现了从被动挨打到奋起反击的历史性转变。在未来的道路上，我们将继续保持清醒，坚定自主创新的信心和决心，不断推动科技进步，为实现中华民族伟大复兴贡献力量。

## 思考题

1. 简述导体、半导体、绝缘体的区别，并用能带图进行说明。
2. p-n 结在光照下如何产生光电流？
3. 为什么金属与高掺杂浓度的半导体接触可以形成良好的欧姆接触？
4. 什么是本征半导体和非本征半导体？二者有什么区别？
5. 影响光生伏特效应效率的主要因素有哪些？

# 第3章 硅基太阳能电池原理与设计

目前效率超过25%的高效晶体硅太阳能电池分别是：钝化发射极和背部局域扩散（PERL）太阳能电池、交指式背接触（IBC）太阳能电池、异质结（HJT）太阳能电池与交指式背接触（IBC）太阳能电池结合在一起的异质结背接触（HJBC）太阳能电池、隧穿氧化层钝化接触（TOPCon）太阳能电池、背结背接触-多晶硅氧化钝化（BJBC-POLO）太阳能电池。本章有关晶体硅太阳能电池部分内容围绕高效晶体硅太阳能电池展开，硅基薄膜太阳能电池主要介绍非晶硅薄膜电池相关内容。

### 学习目标

（1）掌握硅基太阳能电池材料性能与特点。

（2）掌握晶体硅太阳能电池结构、工作原理和关键工艺。

（3）掌握导致晶体硅太阳能电池效率损失的途径。

（4）了解非晶硅薄膜太阳能电池材料性能与特点。

（5）了解硅基薄膜太阳能电池的结构及工作原理。

### 学习重点

（1）晶体硅太阳能电池结构、工作原理和关键工艺。

（2）导致晶体硅太阳能电池效率损失途径。

（3）高效晶体硅太阳能电池设计。

### 学习难点

（1）晶体硅太阳能电池结构与工作原理。

（2）硅基太阳能电池材料性能与特点。

（3）高效晶体硅太阳能电池设计。

## 3.1 硅基太阳能电池发展概况

硅基太阳能电池根据硅片厚度的不同，可分为晶体硅太阳能电池和硅基薄膜太阳能电池两大类。晶体硅太阳能电池根据硅片材料的不同分为单晶硅太阳能电池和多晶硅太阳能电池；硅基薄膜太阳能电池，包括非晶硅、微晶硅和多晶硅薄膜太阳能电池，其中非晶硅薄膜太阳能电池目前应用较为广泛。下面将根据硅基太阳能电池分类来介绍其发展概况。

### 3.1.1 晶体硅太阳能电池发展概况

晶体硅太阳能电池是目前市场上最主流的太阳能电池技术，其主要材料是硅，晶体硅太阳能电池材料的研究和开发正在不断进步。

#### 1. 晶体硅太阳能电池起源

最早的晶体硅电池起源于硅在点接触整流器中的应用研究。贝尔实验室的罗素·奥尔在研究纯硅材料的熔融再结晶时，发现在高纯硅衬底上生长出的多晶硅锭显现了清晰的势垒，这种“势垒”也称为“生长结”，是重结晶过程中杂质分凝的产物。以此还发现，当样品受光照或加热时，“势垒”的一端会产生负电势，而另一端在加负偏压时，才使电阻降低，电流通过“势垒”。加负偏压的一端材料被称为 n 型硅，相反的一端则被称为 p 型硅，如图 3-1 所示。

#### 2. 晶体硅扩散掺杂工艺的开发

随着晶体生长技术的进步，制造单晶硅技术的产生，以及高温扩散掺杂工艺的开发，在 1954 年，由贝尔实验室的三位科学家发现，在硅中掺杂一些不纯物后，使得硅对光的敏感度更加强烈，该电池结构示意图如图 3-2 所示。它是在单晶硅片上通过扩散掺杂形成 p-n 结，并在背面配有双电极结构。这种电池的出现开创了光伏发电的新纪元，也是太阳能电池发展史上的一个重要里程碑。

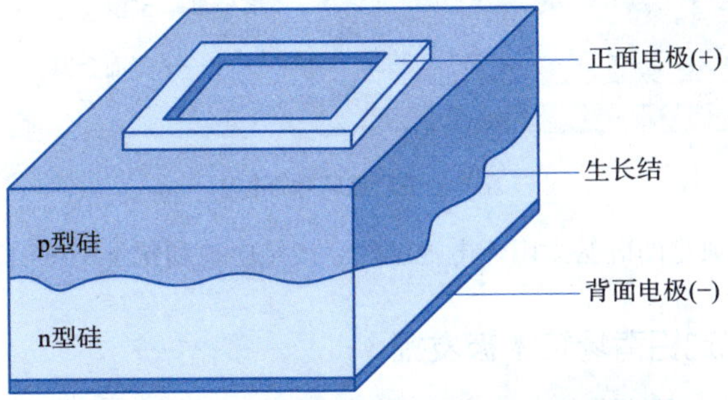


图 3-1 早期晶体硅太阳能电池结构示意图

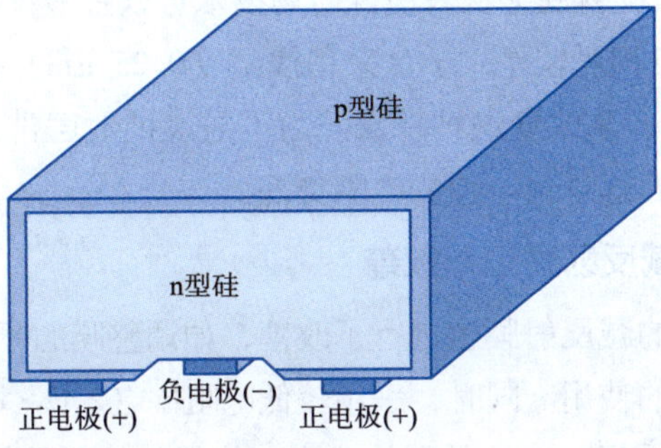


图 3-2 第一个现代单晶硅电池结构示意图

### 3. 晶体硅太阳能电池栅线电极的形成

太阳能电池性能的进一步提升得益于将电极制备在硅片的上表面之上，并最终发展成栅线电极的新概念。20 世纪 60 年代，用在人造卫星上的太阳能电池都是采用类似图 3-3（a）所示的基本结构。这种电池采用 p 型硅衬底来得到最大的抗辐射能力，使用约 40 Ω/□的方块电阻，0.5 μm 结深的磷扩散，采用这个深结构是为了防止在上电极金属化过程中引起 p-n 结漏电。表面镀一层二氧化硅，作为减反射膜，有利于减小电池表面的反射率。但是二氧化硅薄膜对 0.5 μm以下波长的光吸收性很强。

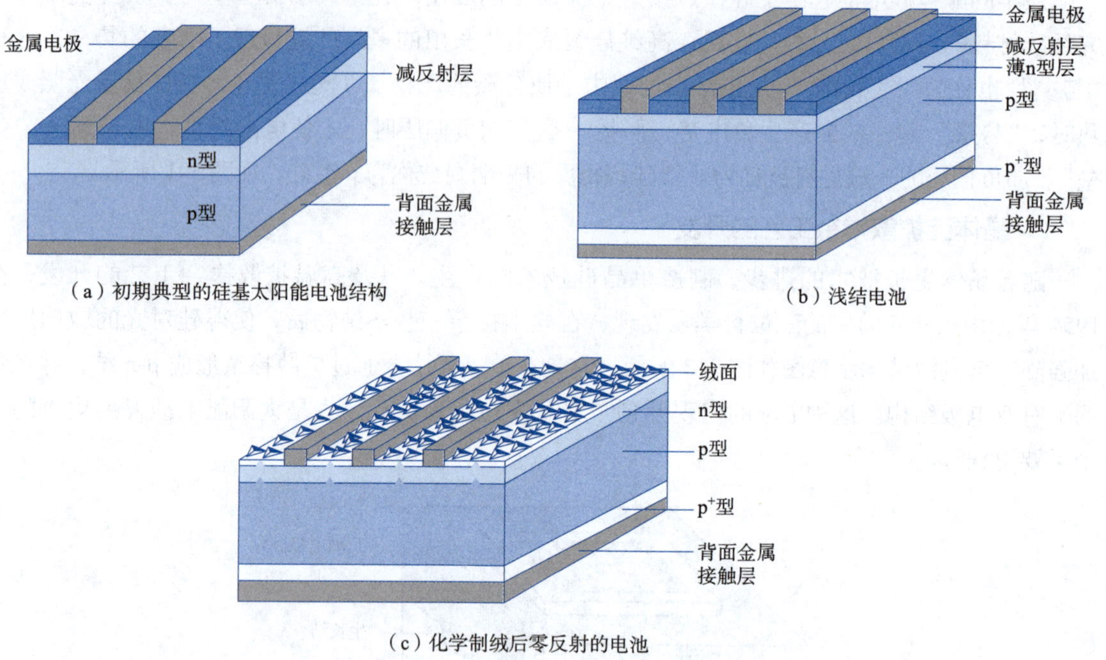


图 3-3　初期典型的硅基太阳能电池结构、浅结电池和化学制绒后零反射的电池

### 4. 晶体硅太阳能电池铝背场技术被发掘

20 世纪 70 年代，背面铝处理的优势逐渐被发掘，由于铝的吸杂作用，它对提高开路电压、短路电流密度以及转换效率都有一定的作用。这种技术被称为背面场（BSF）技术，在当时的技术条件下，在 10 Ω · cm p 型硅衬底上，采用背面场技术可以把效率提高 5%～10%。由于此种电池对 0.5 μm 以下波长的响应相对较差，于是采用浅结（0.25 μm）和高方块电阻结，以及新的电池结构如图 3-3（b）所示，来改变这种现象。为了与浅扩散层带来的使薄层电阻增加的弊端相抵，改用密集型栅线电极，这样使电池的电阻更低。

### 5. 晶体硅太阳能电池减反射膜工艺改善

随着技术发展，对电池的减反射膜也进行了改善，如调整膜的厚度、采用更高折射率的减反射膜以及双层减反射膜技术的使用。同时，采用较低电阻率（2 Ω · cm）的衬底材料，这使该种电池在蓝光波段的抗辐射性更好。这一系列的改进，使得电池开路电压提高（改变了衬底电阻率）、电流输出提高（更好的减反射膜，更少的表面电极遮挡）以及填充因子的提高，都有助于电性能极大提升，与之前结构和技术相比，该种电池效率要提高30%左右。此后不久，电池正表面制绒的技术得以发展，使得电池性能再一次大幅度提升。

#### 6. 晶体硅太阳能电池正表面制绒技术的发展

晶体硅太阳能电池正表面制绒技术是利用单晶硅晶面的各向异性特性，通过对不同晶向的选择性腐蚀，在（100）晶向的硅衬底上将（111）面露出来，而显露出来的（111）面交界便在电池表面随机形成不同尺寸的等边类金字塔形，如图3-3（c）所示，这可以使得电池更多地捕获入射光。该技术有两个显著优势：一是光照射到金字塔倾斜的表面时，光是向下方反射的，从而至少可增加一次光波被电池吸收的机会；二是光沿着不同倾斜的角度进入电池。大部分的入射光会在第一次到达金字塔表面时就被折入电池，这些光会以一定的角度折射，大大延长了光在电池内传播的路径长度，增加的光吸收部分大约是表面未制绒电池所能吸收光的1.35倍。等效于电池对光的吸收系数或者体内的扩散长度增加了相同的幅度。制绒工艺的另一个特点是可以更多地捕获入射光。

#### 7. 晶体硅太阳能电池的表面钝化和电极区钝化革新

电池工艺表面钝化常采用热氧化工艺，其可以很方便地得到所需要的表面钝化效果。但不足的是，形成的二氧化硅折射率太低，难于满足有效减反和表面钝化的双重作用要求。后受到金属-绝缘体-半导体（MIS）隧道二极管应用启发，先在未扩散的硅衬底的上表面生长一层薄（$<2$ nm）的氧化层，然后直接在这层氧化层上沉积栅状金属电极，最后在衬底两面都沉积含高密度固定电荷的减反射膜。这样隧道效应就直接在电极和衬底之间形成。此种工艺的低阻衬底降低了体内的复合，所以该工艺电池的开路电压主要取决于薄氧化层和硅表面之间的复合。同时用该工艺形成的钝化表面具有很好的蓝光效应。可见，采用热氧化生长的氧化硅作为表面钝化层，可以使得开路电压和短波响应这两方面增益最大化。

经过多年的发展，晶体硅太阳能电池经历了全铝背场、钝化+局部铝背场、指交叉背接触等技术，逐渐形成了铝背表面场晶体硅太阳能电池和基于该结构改进的钝化发射极背接触（PERC）太阳能电池、激光刻槽埋栅（BCSC）太阳能电池、异质结（HJT）太阳能电池、隧穿氧化层钝化接触（TOPCon）太阳能电池等新型高效电池。

### 3.1.2 硅基薄膜太阳能电池发展概况

为了有效节约晶硅资源和降低太阳能电池制造成本，人们开始设计并研发硅基薄膜太阳能电池。与晶体硅太阳能电池相比，硅基薄膜太阳能电池仅仅需要几微米厚度的光吸收层就能达到和块状晶体硅太阳能电池相等甚至更高的光电转换效率。硅基薄膜太阳能电池主要包括非晶硅薄膜太阳能电池、多晶硅薄膜太阳能电池和微晶硅薄膜太阳能电池。

#### 1. 非晶硅薄膜太阳能电池

20世纪60年代末，英国标准通讯实验室用辉光放电法制取了氢化非晶硅（a-Si:H）薄膜，同时发现其有一定的掺杂效应。1975年，斯派尔等在a-Si:H材料中实现了替位式掺杂，发现氢有饱和硅悬键的作用，该材料具有较低的缺陷态密度（约$10^{16}\ m^{-3}$）和优越的光敏性能，做出了p-n结。1976年，美国RCA的卡尔森等研制出了p-i-n结构的非晶硅薄膜太阳能电池，光电能量转换效率达到2.4%，在国际上掀起了研究非晶硅材料热潮。1980年卡尔森将非晶硅薄膜太阳能电池效率提高到8%，具有非晶硅薄膜太阳能电池产业化标志意义。

非晶硅为直接带隙半导体，其光吸收范围较广泛，所需光吸收层厚度较小，因此非晶硅薄膜太阳能电池可以做得很薄，一般光吸收薄膜总厚度大约为1 μm。在多年的发展过程中，两个重要发现对非晶硅薄膜太阳能电池的发展起着重要作用，一是发现在等离子增强化学沉积（PECVD）a-Si: H材料过程中，用氢气稀释硅烷可以显著改善a-Si: H材料的稳定。这种氢释技术已广泛应用于改善Si: H材料和太阳能电池的微结构和稳定性，大量氢稀释甚至可以促进氢化晶硅纳米(nc-Si: H)和氢化微晶硅(μc-Si: H)的形成，并发现p-i-n型或n-i-p型a-Si: H电池最佳本征层可以在增加氢稀释以临近非晶到微晶相变域的模式下获得；另一项发现非晶硅基材料的带隙宽度可以通过形成合金进行调节。例如，发现非晶硅碳(a-SiC: H)合金薄膜具有较宽的带隙，用作p-i-n型a-Si: H电池的p型窗口层可以显著提高电池的开路电压和短路电流。在此基础上，发展了a-Si: H/a-SiGe: H两结叠层电池和a-Si: H/a-SiGe: H/a-SiGe: H三结叠层电池，不仅显著改善了电池的长波吸收，还降低了各子电池的本层厚度，从而提高了电池的光照稳定性，使a-Si: H/a-SiGe;H/a-SiGe: H三结叠层电池小面积初始效率达到14.6%，光照后稳定效率达到13.0%。

近年来，非晶硅的研究进展主要集中于提高光电转换效率、大面积生产试验、低温制备工艺三个方面。非晶硅薄膜太阳能电池因其光吸收系数大、生产成本低、弱光效应好、适于规模化生产等优点，已得到光伏产业市场的青睐。

### 2. 多晶硅薄膜太阳能电池

多晶硅薄膜太阳能电池的研究工作始于20世纪70年代，制备多晶硅薄膜太阳能电池多采用化学气相沉积法，包括低压化学气相沉积（LPCVD）和等离子体增强化学气相沉积（PECVD）工艺。此外，液相外延法（LPE）和溅射沉积法也可用来制备多晶硅薄膜太阳能电池。多晶硅薄膜太阳能电池材料成本低廉、光电转换效率较高，但大晶粒的高纯多晶硅薄膜的生产工艺比较复杂。

### 3. 微晶硅薄膜太阳能电池

早先，研究人员将高压沉积技术引入微晶硅薄膜的制备过程，使沉积速率增加到8.1 nm/s，光电转换效率可达6.3%。之后，研究人员采用热丝化学气相沉积技术制备过渡层结构，所得微晶硅单质结薄膜电池光电转换效率为10.3%，稳定性好。微晶硅薄膜太阳能电池光谱响应宽、基本无光致衰退效应，但是制备环节中的沉积速率较慢。

随着研究的逐渐深入，人们发现多晶硅薄膜的晶粒尺寸要达到100 μm以上时才能展现出良好的光电转换性能，而且大晶粒、转换效率高的高纯多晶硅薄膜的生产工艺比较复杂；此外，非晶硅薄膜太阳能电池的转换效率较低，且存在光致衰退效应。微晶硅薄膜太阳能电池的制备工艺与非晶硅薄膜太阳能电池兼容，且光谱响应更宽、基本无光致衰退效应。

# 3.2 硅基太阳能电池性能与特点

太阳能电池性能与特点和制造电池所选材料、特性、电池结构及其制备工艺有关。硅材料是半导体工业中最重要且应用最广泛的半导体材料，是微电子工业和光伏产业的基础材料，具有含量丰富、化学稳定性好、无污染等优点。硅材料有多种晶体形式，包括单晶硅、多晶硅和非晶硅，应用于光伏领域的主要包括直拉单晶硅、薄膜非晶硅、铸造多晶硅和带状多晶硅等。

## 3.2.1 晶体硅太阳能电池性能与特点

晶体硅材料是最主要的光伏材料，性质为带有金属光泽的灰黑色固体、熔点高、硬度大、有脆性、常温下化学性质不活泼。

### 1. 晶体硅太阳能电池原材料

晶体硅太阳能电池主要原材料是单晶硅和多晶硅，其中以直拉单晶硅和铸造多晶硅应用最为广泛。直拉单晶硅由于再投料直拉法（RCz）和连续投料直拉法（CCz）发展，直拉单晶硅生产的单晶硅片质量较优且成本较低，现市场份额远超铸造多晶硅。

单晶硅和多晶硅的原料均来自高纯的多晶硅原生料。此原生料的初始原料为石英砂，通过与焦炭在高温电炉里进行炭热还原反应，形成纯度在99%左右的金属硅，然后再经过三氯氢硅氢还原法（西门子法）、硅烷热分解法等技术提纯为高纯的多晶硅原生料。

单晶硅制备技术主要有区熔法和直拉法两种。区熔法制备单晶硅是利用感应线圈加热多晶硅棒料，形成区域熔化，达到提纯和生长单晶的目的。这种技术制备的单晶硅纯度很高，电学性能均匀，但硅棒直径小、机械加工性能差、生产成本高，一般用于太阳能电池的规模化生产中。直拉法制备单晶硅是太阳能电池用单晶硅的主要生产方式，通过在单晶炉中加热熔化高纯多晶硅原料，同时添加一定量的高纯掺杂剂（如硼、磷等），再经过引晶、缩颈、放肩等径和收尾等晶体生长阶段，生长成直拉单晶硅。为了提高直拉单晶硅的质量和产量，连续加料、多次加料等一炉多根直拉单晶硅生长技术被开发和应用。

铸造多晶硅是最主要的太阳能电池用晶体硅材料，它是利用定向凝固的铸造技术，在方形或八边形石英坩埚内制备晶体硅材料。铸造多晶硅生长简便，可以大尺寸，并且易于直接切成方形硅片，材料损耗小，单位硅片能耗也较单晶硅低；另外，铸造多晶硅技术对硅原料纯度的容忍度比直拉法制备单晶硅高。但是，该技术的缺点是晶体硅中具有晶界、高密度位错、微缺陷和相对较高的杂质浓度，导致铸造多晶体硅太阳能电池较单晶体硅太阳能电池的转换效率稍低。因此在定向凝固的铸造多晶硅生长技术基础上，发展了底部诱导成核的高效多晶硅生长技术和底部引晶的铸造单晶硅技术。前者已成为目前最主要的铸造多晶硅制备技术。

单晶硅棒或多晶硅锭制备完成后，还需要通过多线切割技术将硅锭切成160～190 μm厚度的硅片。传统的多线切割技术是砂浆切割技术，主要是通过合金钢线带动碳化硅磨料来回切割硅锭，通过控制钢线之间槽距来控制硅片厚度。整个线切割过程还需要聚乙二醇溶液作为切割砂的携带和冷却液。通过回收碳化硅粉和聚乙二醇溶液，可以降低硅片切割成本，并降低废液排放造成的环境污染。但随着行业发展，金刚线替代合金钢线进行多线切割的技术迅速兴起，因金刚线机械强度高，不需要碳化硅粉作为切割磨料，也不需聚乙二醇溶液，极大降低了耗材成本；同时，切割速度可提高1倍以上，切割硅料损耗也显著降低，使得硅片切割出片率明显增加。

### 2. 晶体硅太阳能电池工作原理

晶体硅太阳能电池工作原理的基础是半导体的光生伏特效应。所谓光生伏特效应就是当物体受到光照时，物体内的电荷分布状态发生变化而产生电动势和电流的一种效应。晶体硅太阳能电池本质上就是一个大面积的二极管，由p-n结、钝化膜、金属电极组成。在n型衬底上掺杂硼源，在p型衬底上掺杂磷源，分别形成$p^+$或$n^+$型发射极，并与硅衬底形成p-n结。该p-n结形成内建电场，将光照下产生的光生载流子（电子-空穴对）进行分离，分别被正面和背面的金属电极收集。图3-4是常规晶体硅太阳能电池的结构示意图，从上到下依次为正面栅线电极、正面减反射膜$SiN_x$、p-n结、硅衬底、背表面场（BSF）以及背面金属电极。

图3-5是晶体硅太阳能电池的电路模型，该模型主要包含五个部分，分别是恒流源、二极管、并联电阻$R_{sh}$、串联电阻$R_s$和外接负载。当外接负载短路时，$V=0$，此时的$J$称为短路电流密度，用$J_{SC}$表示；当外接负载断开时，$J=0$，此时的$V$称为开路电压，用$V_{OC}$表示。输出功率存在最大值，称为最大功率点$P_{max}$，对应最大工作电压$V_{mpp}$和最大工作电流$I_{mpp}$。串联电阻、并联电阻、填充因子和电池光电转换效率，这些都是太阳能电池重要的外部参数。

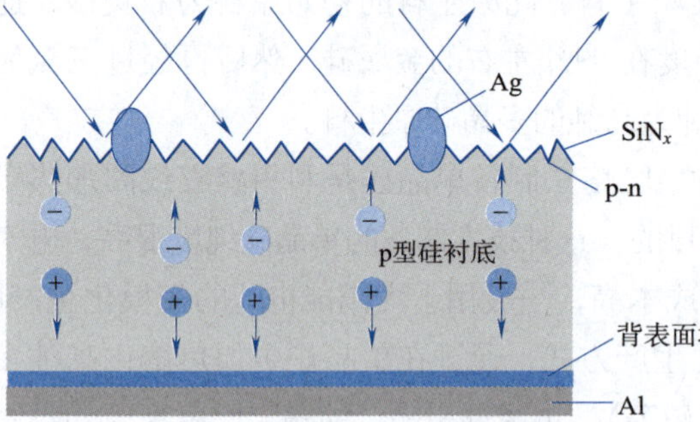


图3-4　常规晶体硅太阳能电池的结构示意图

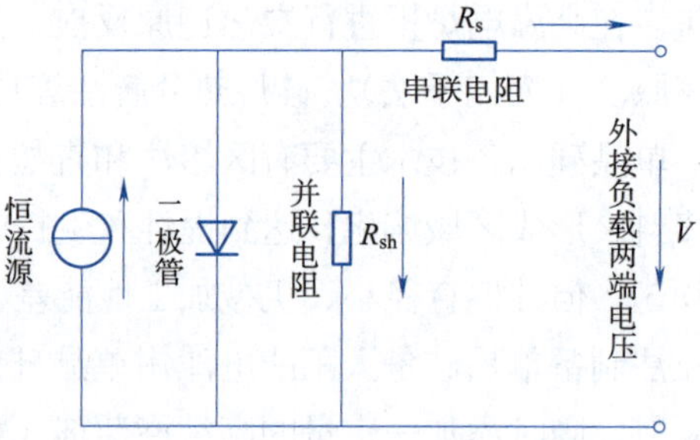


图3-5　晶体硅太阳能电池的电路模型

### 3. 晶体硅太阳能电池的关键工艺进展

晶体硅太阳能电池的规模发展起始于铝背场电池（Al-BSF）。铝背场电池工艺流程简单、技术成熟、成本低，但因其背面为金属全接触，使得其背面复合速率较高、铝背场层的反射率较低、长波响应差。随着正面陷光、金属化浆料性能改进、硅片少子寿命提升等对效率的提升作用较小，迫使对太阳能电池结构和技术工艺进行革新。下面简单介绍高效太阳能电池涉及的一些通用工艺。

#### 1）清洗和制绒工艺

在整套晶体硅太阳能电池工艺中，硅片从头到尾需经过多道不同的清洗工艺。常规清洗工艺包括硅片去除损伤层、抛光、制绒、背结刻蚀、发射极刻蚀、高效电池的$O_3$及RCA清洗等。硅片的损伤层厚度约为10 μm，需要用氢氧化钾（KOH）等碱性溶液去除损伤层。去损伤层的常规量产技术采用低浓度的KOH加过氧化氢（$H_2O_2$），利用其强氧化性，有效去除硅片表面沾污，同时去除损伤层，是比较经济的工艺方案。四甲基氢氧化铵（TMAH）属于有机碱，因具有杂质浓度低和良好的抛光制绒效果，逐渐开始替代 KOH 并应用于太阳能电池量产工艺中，特别是一些高效太阳能电池工艺，例如 IBC、PERC、HJT 等。但其成本相对较高，且毒性较大，限制了其大规模使用。

在单晶硅太阳能电池片的制绒工艺中，为了提高单晶硅太阳能电池的光电转换效率，通常情况下利用碱溶液对单晶硅各个晶面腐蚀速度的不同，在硅片表面形成类似“金字塔”状的绒面，这样不仅可以有效增强太阳能电池片对入射光的吸收，而且还可以提高光生电流密度。理想质量的绒面应该是金字塔大小均匀，相邻金字塔之间没有间隙。为了制备出较为均匀的绒面或者控制绒面尺寸的大小，可以在碱制绒过程中使用碱制绒添加剂。碱制绒添加剂已广泛应用于晶体硅电池的生产制造，其可以有效缩短制绒时间，提高生产效率。

除了正面金字塔形的制绒技术外，倒金字塔形和蜂窝状绒面也在广泛研究。多晶因存在较多的晶界，无法使用碱溶液；利用各向异性腐蚀得到类似单晶的金字塔，就特别适合采用这种蜂窝状的绒面。

采用砂浆切割的多晶硅片制绒一般使用硝酸（$HNO_3$）、氢氟酸（HF）的混合溶液，其原理是利用多晶硅片在切割过程中形成的损伤缺陷，在刻蚀过程中不断将缺陷放大，从而形成虫状绒面结构。

对于金刚线切割的硅片，可采用反应离子刻蚀制绒（RIE），俗称干法黑硅。干法刻蚀后，硅片表面具有较低的反射率。采用反应离子刻蚀制绒形成的表面反射率在 5%~13%（反射率测试波长为 300~1 200 nm）的区间内。低的反射率容易导致高的表面复合速率，所以在完成该制绒工艺后需要对绒面进行去损伤修饰，以达到反射率与表面复合速率间的平衡。损伤修饰一般采用氢氧化钾（KOH）溶液或者 BOE（缓冲氧化物刻蚀液，由氢氟酸与水或氟化铵与水混合而成）溶液、过氧化氢（$H_2O_2$）混合化学溶液，温度在 25~30 ℃下，通过浸泡时间来调整刻蚀量，以达到对反射率的有效控制。

另外一种可大规模产业化的黑硅技术是金属辅助催化化学刻蚀（MACE），俗称湿法黑硅技术。湿法黑硅技术是采用金（Au）、银（Ag）、铜（Cu）等金属离子，在 HF、$H_2O_2$的混合溶液中对硅片进行刻蚀。金属离子随机附着在硅片表面，反应中金属粒子作为阴极、硅作为阳极，同时在硅表面构成微电化学反应通道，在金属粒子下方快速刻蚀硅基底，从而形成纳米结构，再通过 HF、$HNO_3$的混合溶液对纳米结构进行修饰，从而得到兼顾低反射率以及易钝化的绒面结构。

激光制绒是激光技术在硅片表面制备出小孔状或者线状绒面，再通过酸或者碱溶液对表面修饰从而得到均匀的小孔或者 U 形沟槽绒面，是黑硅技术的另一种可选择方案。但激光制绒的同时也存在激光损伤，大规模应用中存在激光设备产能的问题，所以一直未被规模化推广。

2）扩散工艺

晶体硅电池的 p-n 结通常是通过扩散方式在硅衬底表面制备一层均匀的掺杂层形成的。扩散掺杂浓度分布一般呈余误差函数分布和高斯分布，即硅片表面的掺杂浓度较高，随着深度增加，浓度逐渐降低，可利用四探针电阻率测试仪来监控扩散的方块电阻和均匀性。由于扩散后的硅片表面杂质浓度很高，俄歇复合比较严重，为了有效降低复合，有两种晶体硅发射极优化的方式，一种是浅掺的均匀发射极（HE），另一种是选择性发射极（SE）。浅掺的均匀发射极电池需要持续降低表面掺杂浓度来获得较低的表面复合，相应的扩散方块电阻逐行增加，从 40 Ω/□发展到目前的100~120 Ω/□。发射极是在正面栅线下采用重扩，以使轻扩区复合电流降低，同时使栅线区有良好的接触性能，相对于高方阻的浅掺的均匀发射极工艺，选择性发射极工艺相对复杂，但电池的绝对光电转换效率可提高0.2%左右。

3）钝化技术

常规p型晶体硅太阳能电池的正面钝化膜可采用氢化氮化硅($SiN_x$: H)薄膜。由于二氧化硅($SiO_2$)能很好地钝化硅片表面悬挂键，降低表面缺陷态密度，$SiO_2$/$SiN_x$叠层膜已大规模应用于p型晶硅电池正面钝化。由底层高折射率$SiN_x$薄膜和顶层低折射率$SiN_x$组合而成的叠层$SiN_x$薄膜也广泛应用于电池正面，底层高折射率$SiN_x$薄膜具有良好的钝化效果，厚度通常较薄，而顶层低折射率$SiN_x$薄膜则具有良好的光学减反射效果。

氮化硅($SiN_x$)薄膜是最简单和最适合背面钝化层的选择材料，但是由于其固定正电荷密度（$10^{12}$ $cm^{-3}$量级）极高，会在界面下面形成一个反转层，如果该反转层与基层接触，就会导致寄生分流，引发额外短路电流密度损耗，所以不适合用于p型表面钝化。热氧化生长氧化硅可以有效对电池背面进行钝化，但是热氧化生长氧化膜是个缓慢的过程，且需要900 ℃以上的高温，这将会影响硅片的少数载流子寿命，所以该方法不适用于普通直拉单晶和多晶硅片，限制了该技术的发展。等离子体增强化学气相沉积法（PECVD）利用笑气($N_2O$)与甲硅烷($SiH_4$)反应，该反应在低温下沉积氧化膜，因为既包含氢也包含氮，这可以钝化硅片表面态缺陷，实现化学钝化，但由于氮氧化膜只有正电荷，因此不能提供场钝化。用氧化铝作为钝化层介质时，在氧化铝和晶体硅表面生成的氧化硅界面的交界处存在高密度的负电荷，实现了场钝化。同时氧化铝的化学钝化效果也非常好，通过饱和硅表面悬挂键（缺陷复合中心），降低了界面态密度。氧化铝对于p型硅表面来说是绝佳的钝化材料。

除了以上提及的薄膜材料，还有如多孔硅、$TiO_2$纳米线、ZnO薄膜、Si纳米线等都具有良好的减反和钝化效果。因为单层膜在较宽的光谱范围内很难保证减反效果，所以推动了人们对叠层膜的研究。

4）介质膜开膜工艺

PERC、PERL/PERT太阳能电池等就是在背面局部开膜实现良好的电接触后，再利用背面整面钝化来降低背表面复合速率。钝化膜的开膜方法主要有激光开膜、腐蚀液开膜以及腐蚀浆料开膜等。开膜的图形对背面局部接触影响很大。激光作用在钝化膜或硅衬底上，可以使钝化膜或硅吸收能量而发生蒸发或崩裂。激光主要采用皮秒激光和纳秒激光，皮秒激光对硅的损伤相对较小，可直接作用在钝化膜上开膜；纳秒激光对硅片损伤相对较大，但成本相对皮秒激光低。

5）金属化工艺

金属化工艺主要有：丝网印刷法、激光转印、移印、喷墨、电镀、喷雾等方法。丝网印刷技术是目前晶体硅太阳能电池的主流金属化技术。激光转印和喷墨打印技术可以有效降低栅线的宽度，减少硅片碎片率，但目前技术尚不成熟。电镀工艺一般以Cu/Sn、Ni/Cu/Sn或Ni/Cu/Ag为电极材料，退火后可实现良好的电接触，同时可将栅线宽度降至20 μm，有效降低光损失，提高光电转换效率。当前电镀工艺设备成本高，运营成本大，废液处理成本较高，待设备国产化成本降低后，电镀金属化工艺将迎来快速发展。

丝网印刷技术使用的背面的铝浆需要具有良好的局部电接触性能，对钝化膜有一定的渗透以保证足够的拉力，但又不能破坏或烧穿背面钝化膜。随着网版和浆料技术的改进，正面金属银栅线的宽度逐渐降低。但栅线变细后，栅线的高宽比会受到限制，栅线自身的电阻会逐渐增加，成为电池电阻损失的重要来源。银浆料需要解决的是持续降低 Ag-Si 的接触电阻和高栅线的高宽比。

### 4. 晶体硅太阳能电池效率损失途径

晶体硅太阳能电池效率损失可以归结为光学损失和电学损失两大类，主要途径如下：

（1）能量小于电池吸收层禁带宽度的光子不能激发产生电子-空穴对。

（2）能量大于电池吸收层禁带宽度的光子被吸收，产生的电子-空穴对分别被激发到导带和价带的高能态多余的能量以声子形式释放，高能态的电子-空穴对又回落到导带底和价带顶，导致能量的损失。

（3）光生载流子在 p-n 结内分离和输运时，会发生复合损失。

（4）半导体材料与金属电极接触处的非欧姆接触引起电压降损失。

（5）光生载流子输运过程中由于材料缺陷、界面缺陷等导致复合损失。

**1）光学损失**

因晶体硅是光学带隙为 1.12 eV 的间接带隙半导体材料。太阳光中低于 1.12 eV 能量的长波段光子（占比大约30%）能量太低，不足以提供足够的能量来产生自由载流子，电池无法利用。而短波的光子能量高，激发一个电子从价带到导带只需 1.12 eV 的能量，多余的光子能量又无法利用，在晶格弛豫中以热量形式散发出来。

光学损失的另一方面还来自晶体硅太阳能电池的结构和工艺。首先因硅折射率在 3.8 左右，空气折射率略大于1，两者相差很大。当太阳光照射在晶体硅表面时，由于折射率的差异，会导致入射光中很大一部分（30%~40%）被反射出去。其次，晶体硅是间接带隙半导体材料，光吸收系数相对较低。长波长光入射进硅片不能被充分吸收，导致部分光从电池背面透出。最后，晶体硅太阳能电池的正面金属栅线会遮挡入射光。这些都导致了电池的光学损失。

**2）电学损失**

电学损失主要表现在两个方面：复合损失和电阻损失。

（1）复合损失。晶体硅太阳能电池体内存在掺杂、杂质和缺陷，缺陷和杂质能够俘获载流子，增大载流子的复合概率。复合陷阱浓度越高，陷阱能级越靠近禁带的中央，陷阱的俘获截面积就越大；载流子的运动速度越快，被陷阱俘获的数量就会越多，从而陷阱辅助复合的速率越大，载流子寿命越短。所以，当光生载流子在电池片内运动时，很容易被复合掉。电子和空穴也会通过表面的缺陷复合。

（2）电阻损失。电阻损失主要包括串联电阻和并联电阻两大部分。串联电阻主要来自大面积晶体硅太阳能电池电流流向的电阻和金属栅线等的接触电阻；并联电阻则是来自 p-n 结构和制备过程中的工艺，主要是在晶体硅太阳能电池边缘产生的。串联电阻和并联电阻的高低与电池的填充因子有强相关性，但在相同的变化幅度下，电池效率对串联电阻比并联电阻更加敏感。当串联电阻很高时，电池的填充因子会非常低。串联电阻变大时，电池的短路电流逐步变小，开路电压保持不变；并联电阻变小时，电池的短路电流基本维持不变，而开路电压则显著下降。

为了提高晶体硅太阳能电池效率，减小效率损失，可以从降低光学损失及降低电学损失着手，比如使用低折射率的减反射膜、改善硅片表面制绒结构、背部高反射等陷光结构及技术，优先选择优良的硅基材料，优化发射极、新型钝化材料与技术以及金属接触技术等来减少载流子的复合。

### 3.2.2 硅基薄膜太阳能电池性能与特点

太阳能电池作为光电能量转换器件，光子、电子和声子又都是能量的载体，其实质是主要研究光子和电子之间的相互作用，以及声子对过程的参与。而光子和电子之间的相互作用一般主要发生在太阳能电池材料表面数微米的范围内，这就为制造薄膜太阳能电池提供了物理基础。

然而因太阳光的弥散性，为了获得数百瓦的电功率，就需要数平方米的太阳能电池器件。为了降低成本，发展大面积薄膜（微米量级）太阳能电池就成为必要。大面积薄膜太阳能电池半导体材料，一般是在低温下沉积在廉价的异质衬底上的，如玻璃、不锈钢带、塑料薄膜等。薄膜太阳能电池固有的优势是用料省、工艺温度低、工艺过程相对简单，从而成本低。但是，这样制备的薄膜材料具有多晶、微晶、纳米晶，或非晶态结构，其载流子具有较低的迁移率和少数载流子寿命。薄膜太阳能电池主要包括硅基薄膜太阳能电池、铜铟镓硒薄膜太阳能电池、碲化镉薄膜太阳能电池和染料敏化太阳能电池。这里只介绍硅基薄膜太阳能电池，包括非晶硅、微晶硅薄膜太阳能电池。

#### 1. 非晶硅薄膜材料的制备方法

非晶硅薄膜材料的制备方法主要包括化学气相沉积法（CVD）和物理气相沉积法（PVD）。非晶硅薄膜太阳能电池中用到的非晶硅薄膜主要利用各种各样的化学气相沉积法来制备。化学气相沉积是在反应室中将含有硅的气体分解，然后分解出来的硅原子或含硅的基团沉积在衬底上。常用的气体有硅烷和乙硅烷。为了提高材料的质量，通常用氢气或惰性气体和氩气稀释硅烷。在制备 N 型掺杂材料过程中需要加入磷烷，而 P 型掺杂材料需要加入乙硼烷、三甲基硼烷或三氟化硼。

为了降低沉积温度，常用等离子体辉光放电法、热丝化学气相沉积法或光诱导化学气相沉积法来分解气体。根据激发源的不同，等离子体辉光放电法又可分成直流、射频、甚高频和微波等离子体辉光放电。

1）直流等离子体辉光放电法

直流等离子体辉光放电法是在真空室内的两个平行板电极上加上直流电压，在一定的真空度下，被电场加速的电子与气体分子碰撞使气体分子离解。由于直流等离子体辉光放电法要保持电流的连续性，衬底必须具有良好的导电性，绝缘衬底很难用在直流等离子体辉光系统中。

2）射频等离子体辉光放电法

射频等离子体辉光放电法与直流等离子体辉光放电法系统类似，就是用射频电源取代直流电源，射频频率为 13.56 MHz。在等离子体稳定的瞬间，会有很多电子到达射频电极，使射频电极产生负电压，这个负电压使电子的速度降低，正离子的速度增加，经过短暂的瞬间，到达射频电极的正电荷和负电荷达到平衡产生稳定的直流负电压，这个直流负电压称为等离子体自偏压。通常自偏压为负电压，所以射频电极也称为阴极。自偏压的幅度随射频功率的增加而增加。可以利用监测阴极自偏压来监测和控制非晶硅太阳能电池的生产过程。

3）甚高频等离子体辉光放电法

甚高频等离子体辉光放电法与常规的射频等离子体辉光放电法基本原理相同，所不同的是激发源的频率在甚高频区，在综合考虑生长速率、材料均匀性，以及设备的复杂程度情况下，广泛被采用的频率是40～75 MHz。在甚高频等离子体辉光放电中，离子能量低、离子束流浓度高。这种低能量、高束流的离子对于高速沉积尤为重要，低能量的离子不仅对生长材料表面的轰击比较轻，不会造成材料中的高缺陷态浓度；而且低能量的离子可以增加离子和中性粒子在生长表面的扩散速度，在此种条件下沉积的材料具有较高的质量。在相同的功率密度条件下可以提高生长速率。

4）微波等离子体辉光放电法

微波等离子体辉光放电法是将微波通过与波导管相连的微波窗口输入到微波腔中，在一定压力条件下，反应气体被微波能量所分解，形成等离子体。由于微波等离子体的沉积速率过快，所得材料的特性始终没有射频或甚高频等离子体沉积的材料的质量好。此方法倾向用于微晶硅薄膜太阳能电池制备中。

5）热丝化学气相沉积法

热丝化学气相沉积法是在真空反应室中安装加热丝。常用钨丝和钼丝作为加热丝。加热丝通常被加热到1 800～2 000 ℃，当气体分子碰到加热丝时被热分解，热分解产生的粒子通过扩散而沉积到衬底表面。热丝化学气相沉积法汇集了热化学气相沉积法和等离子体热化学气相沉积法的优点。因为气体分子是热分解，不存在电场加速的高速离子对衬底表面的轰击，另外衬底的温度可以控制在较低的范围（150～400 ℃），从而使材料中含有足够的氢原子来饱和悬挂键，所以热丝化学气相沉积法在高速沉积方面有一定的优势。但也存在加热丝寿命和可能对沉积材料产生污染等问题。

6）光诱导化学气相沉积法

光诱导化学气相沉积法是用光子的能量来分解反应气体的分子，被分解的分子形成电子、正离子和各种中性粒子，这些离子和粒子扩散到衬底表面而沉积成薄膜材料。根据所用的光源的种类，光诱导化学气相沉积法可分为紫外光激励光诱导化学气相沉积法和激光激励光诱导化学气相沉积法。相较之下，目前紫外光激励光诱导化学气相沉积法研究和应用相对较多。由于没有电场的存在，正离子得不到电场的加速，所以没有离子的轰击，这使材料中的缺陷密度低，且有利于界面处掺杂原子的分布。但光诱导化学气相沉积法在大面积、高速沉积方面还有许多技术难点。

硅基薄膜材料的质量和特性依赖于制备条件，所以提高硅基薄膜太阳能电池效率的主要手段是沉积条件的优化。然而各种气相沉积过程中包含许多参数，如反应室气体压力、辉光功率、衬底温度和气体流量等。这些参数相互影响，而且每个反应系统的结构都不一样，在特定的条件下从特定系统中得到的一组优化参数不一定适用于其他系统。所以需要针对性地多维度做相关研究。

### 2. 非晶硅基薄膜材料的电学特性

与没有氢化的非晶硅(a-Si)相比，氢化非晶硅(a-Si: H)具有较低的带隙态密度，可以进行n-型和p-型掺杂以控制电导率。像晶体硅一样，加入磷元素得到n-型掺杂，加入硼元素就得到p-

型掺杂。

在非晶硅中，磷和硼的替位式掺杂效率很低。因为结构无序，原子排列没有严格的拓扑结构限制，使磷或硼原子可以处于4配位，也可以处于3配位的状态。而且，3配位状态的能量更低，化学上更有利，所以大部分磷或硼原子处于3配位态，它的能级位置处于硅的价带之中，起不了掺杂作用。只有小部分磷或硼原子处于4配位态，它的能量位置处于非晶硅带尾的一定的范围内，起浅施主或浅受主作用。

掺杂会在带隙中部引入缺陷态，因为伴生硅悬挂键缺陷的形成可降低生成3配位态的总能量，促进4配位态的生成。这样一来，大多数施主电子和受主空穴将被这些伴生硅悬挂键缺陷态所俘获，降低了自由载流子的密度。所以，n-型和p-型a-Si:H层具有高的缺陷态密度，光生载流子复合速率较高，它们只能在非晶硅太阳能电池中用来建立内建电势和欧姆接触，而不能用作光吸收层，这就是为什么非晶硅太阳能电池要依靠本征层（i层）吸收阳光，采用p-i-n结构，而不能像晶体硅太阳能电池那样采用p-n结构。另外，p-i-n结构还有助于光生载流子的收集。

### 3. 非晶硅薄膜材料的光学特性

#### 1）光吸收

本征非晶硅的吸收光谱可分为三个区域：本征吸收、带尾吸收和次带吸收。本征吸收是由电子吸收能量大于光学带隙的光子从价带跃迁到导带而引起的吸收。在可见光谱范围，非晶硅的本光吸收系数要比晶体硅大得多（高1~2个数量级），所以被称为准直接带隙材料。由于非晶硅的无序结构，电子态已没有确定的波矢，电子在吸收光子从价带跃迁到导带的过程中，也就不受准动量守恒的限制。带尾吸收是电子从价带扩展态到导带尾态或从价带尾态到导带扩展态的跃迁。次带吸收是电子从价带到带隙态或从带隙态到导带的跃迁。

#### 2）光电导

在光照下非晶硅的电导会明显增加，增加的电导就是光电导。照射光波长的不同，光生载流子可以由价带到导带的激发（本征激发）而来，也可以由隙态到扩展态（导带或价带）的激发而来。对于本征激发，同时产生电子-空穴对，但由于非晶硅的空穴迁移率远小于电子的迁移率，所以光电导主要是电子的贡献。非晶硅光电导的大小不仅取决于光吸收和激发情况，还与材料中复合和陷阱有关。

#### 3）光致发光和激发谱

在氩离子激光（波长488 nm和514.5 nm）或其他能量大于带隙的光子激发下，a-Si:H膜会发射出较强的荧光。如果改变激发波长，在某一个选定的固定波长下探测光致发光强度，该强度会随激发波长的变化而变化，这样就可以得到非晶硅光致发光的激发谱。激发谱主要反映材料的吸收特性。

#### 4）红外吸收和拉曼散射

氢的存在在缓和a-Si网络结构的内应力，以及饱和或钝化硅悬挂键方面起着重要的作用。在a-Si:H结构中，Si原子是4配位的，它的最近邻原子可以是Si原子，也可以是H原子，可能形成SiH键、$SiH_2$键和$SiH_3$键。Si原子与H原子的键合组态和键合氢的总含量，可以用红外（IR）吸收谱来测定。在a-Si:H薄膜发生相变到微晶硅的过程中，其红外吸收谱也会发生相应的变化。除用红外吸收光谱研究Si-H键外，还可以表征Si与其他杂质如P、B、O、N等的键合特征。

通过拉曼散射可以得到非晶硅网络结构的信息。在研究非晶硅原子振动性质方面，与红外吸收光谱可互为补充。非晶硅拉曼散射的峰位、强度和峰宽受到薄膜微结构的影响。在 a-Si: H 薄膜发生相变到微晶硅的过程中，其拉曼散射光谱也会发生明显变化。

#### 4. 非晶硅薄膜材料的光致变化

用辉光放电法制备的 a-Si: H 薄膜经光照后，其暗电导率和光电导率随时间而逐渐减小，并趋向于饱和，但经 150 ℃以上温度退火处理 1 ~ 3 h 后，光暗电导又可恢复到原来的状态。这种非晶硅光致亚稳变化被称为光致变化效应。这种效应并非由杂质引起或表面能带弯曲所致。可以通过电子自旋共振和次带吸收谱等技术测定。光照在 a-Si: H 材料中产生了亚稳悬键缺陷态，这些缺陷态的能量位置靠近带隙中部，主要起复合中心的作用，导致 a-Si: H 薄膜材料光电性质和太阳能电池性能的退化，限制了 a-Si: H 电池可达到的最高稳定效率。

光照除导致 a-Si: H 的光电导和暗电导下降、亚稳悬键密度增加外，还会引起 a-Si: H 物理性质的一系列变化，如费米能级向带隙中心移动、载流子寿命降低、扩散长度减小、带尾态密度增加、光致发光主峰强度下降、缺陷发光峰强度增加、光致发光的疲劳效应等。

非晶硅的无序网络结构和氢的运动是导致非晶硅的光致亚稳变化的主要原因。氢稀释技术可以改善 a-Si: H 的网络结构、降低缺陷密度和光致退化幅度。

#### 5. 非晶硅薄膜太阳能电池中的陷光效应

因为薄膜硅材料中载流子的迁移率和寿命比在单晶硅中低很多，所以薄膜硅电池通常做成 p-i-n 或 n-i-p 结构。薄膜硅材料中光生载流子是通过本征层中的内建电场来收集，本征层的厚度不能太厚，对于非晶硅薄膜太阳能电池，最佳的本征层一般在 200 ~ 300 nm。对于微晶硅薄膜太阳能电池，本征层的厚度一般在 2 ~ 3 μm。通常情况下入射光，特别是红光和红外线，在通过很薄的本征层过程中不可能一次性全部被吸收，因此需要背反射膜将到达衬底的光反射回本征层中，使其被吸收。对于吸收系数很小的光，被反射的光在第二次通过本征层过程中也可能不全部被吸收，从而从硅基薄膜太阳能电池中逃逸出来。为了降低光从该太阳能电池中逃逸出来的概率，通常把衬底做成绒面，使到达该衬底的光发生散射。当被反射和散射的光的角度大于全反射角时，反射光不能从硅基薄膜太阳能电池中“逃逸”出来。此时的光被陷于电池中。这种利用绒面层将光陷于硅基薄膜太阳能电池中的效应称为硅基薄膜太阳能电池中的陷光效应。

## 3.3 钝化发射极背接触（PERC）太阳能电池

PERC（passivated emitter and rear cell）电池技术最早起源于 20 世纪 80 年代，首次公布由澳洲新南威尔士大学的马丁·格林教授的研究组提出。背面介质膜钝化是 PERC 电池的最大特点，它能提升背表面的光反射，提高电池的转换效率。虽然 20 世纪 80 年代已有实验室研发，但产业化进程在随后二十年里基本停滞。直到常规铝背场电池遇到转换效率接近 20% 的瓶颈，PERC 太阳能电池的量产才被提上日程，特别是在 2012 年我国启动“863”专项后，PERC 电池的产业化进程正式拉开帷幕。在 PERC 电池初步量产时，国外厂商为核心设备主要供应商。

2014 年全球 PERC 太阳能电池产能规模约为 2.5 GW。随之，PERC 太阳能电池投资吸引力凸显，国产设备供应商开始崭露头角。2015 至 2017 年间，PERC 太阳能电池的产能和产量快速提升，产能从 4.5 GW 增至 28.9 GW，年复合增长 153%。我国的“光伏领跑者计划”对 PERC 电池的发展起到了关键推动作用。

随着 PERC 太阳能电池产能投资需求激增，国产设备成为行业主流。PERC 太阳能电池的产能和产量出现爆发式增长，2020 年市场占比远超过常规铝背场电池，达到 86.4%，截至 2023 年底随着电池技术提升，部分 PERC 电池升级 TOPCon 电池，但 PERC 电池市场仍占比达 70%，且 p 型 PERC 电池光电转换效率均值超 23.4%。关键设备完成国产化，设备投资成本持续降低，批量原子层沉积技术（ALD）设备的应用带来规模效应，进一步压低单位成本。

PERC 太阳能电池发展经历了从实验室研发到产业化的漫长过程，最终通过技术改进、成本降低和政策支持，使其在市场上占有一席之位。

## 3.3.1 PERC 太阳能电池结构与原理

PERC 太阳能电池其核心在于通过背面的特殊处理来提高电池的光电转换效率。PERC 太阳能电池结构如图 3-6 所示。

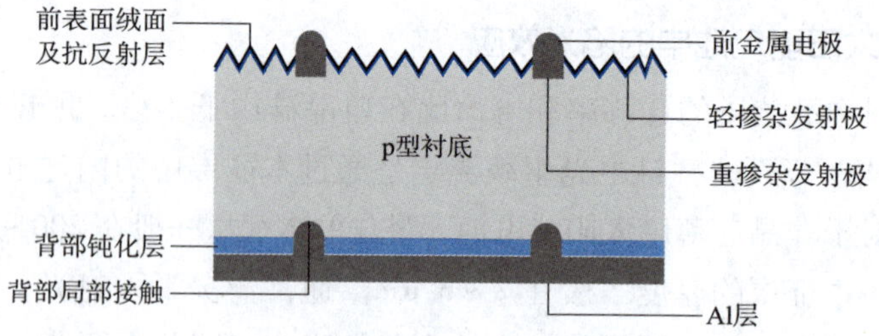


图 3-6　PERC 太阳能电池结构

PERC 太阳能电池通常采用 p 型硅作为基底材料。在 p 型硅片上，通过扩散磷元素形成 $n^+/p$ 型结构，即在 p 型硅片表面形成 $n^+$ 发射极。从电池结构角度看，PERC 太阳能电池与常规铝背场太阳能电池有一定的相似如图 3-7 所示，主要包括制绒后的硅片表面、一层氮化硅薄膜作为前表面钝化层，以及丝网印刷形成的金属栅线和接触电极。背表面结构是 PERC 太阳能电池与常规铝背场太阳能电池最大的区别，PERC 太阳能电池在背表面采用特殊的钝化层，通常由一层氧化铝（$Al_2O_3$）和多层氮化硅（$SiN_x$: H）薄膜组成，$Al_2O_3$ 层作为背钝化层，可以抑制电子的复合，而多层 $SiN_x$: H 薄膜则增强了背表面的内背反射。背钝化层是由这些薄膜共同构成的，可以有效减少电子在背表面的复合损失，提高电池的开路电压和短路电流，进一步提高了电池的光电转换效率。此外，背表面还会通过激光技术形成局部铝背场，优化了电子的收集，减少了背面金属电极的遮光损失，提高了电池的填充因子。这使得 PERC 太阳能电池在降低背表面复合速度的同时，提升背表面的光反射，从而提升了电池的转换效率。同时，重掺杂电池正面的金属栅线与硅片接触区域，而轻掺杂在电极之间的区域，以优化电池表面的电场分布，减少接触电阻，同时提高对短波长光的吸收。而常规铝背场太阳能电池在电池 p-n 结制备完成后，在硅片背光面沉积一层铝膜，这使得背面全金属复合，导致常规铝背场电池效率损失，常规铝背场电池技术在2023年市占率已降至3%，基本被市场淘汰。

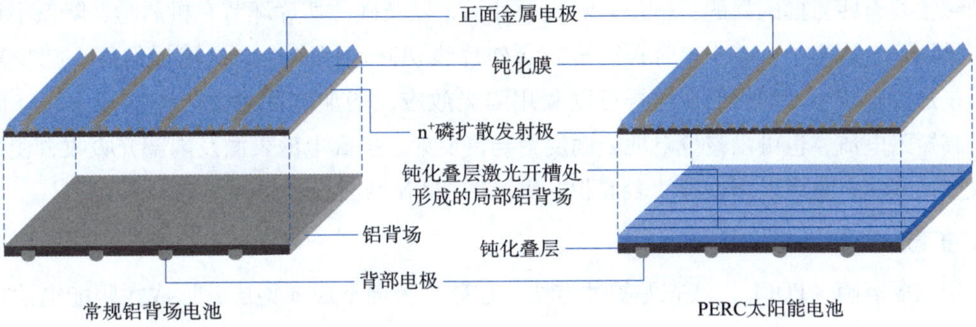


图3-7 常规铝背场电池和PERC电池结构对比图

基于以上，PERC太阳能电池具有以下关键特性：

(1) 高效率：PERC太阳能电池通过背面钝化和优化的电极设计，实现了比传统BSF电池更高的光电转换效率。

(2) 低光致衰减：PERC太阳能电池的结构设计有效降低了光致衰减（LID）现象，保证了太阳能电池在实际运行中的稳定性和效率。

(3) 良好的弱光响应：PERC太阳能电池的背面钝化层和优化的电极结构提高了电池对弱光的响应能力，使得电池在低光照条件下也能保持较好的发电性能。

(4) 高开路电压：背面钝化层减少了载流子的复合，从而提高了电池的开路电压，这对于提高电池的总体效率至关重要。

(5) 良好的温度特性：PERC太阳能电池的设计使其在高温环境下的性能衰减较小，这对于在炎热地区使用太阳能电池尤为重要。

(6) 双面发电能力：双面PERC太阳能电池（见图3-8）利用背面也能吸收光并产生电流，提高了电池的发电效率，尤其是在有反射光的环境下。

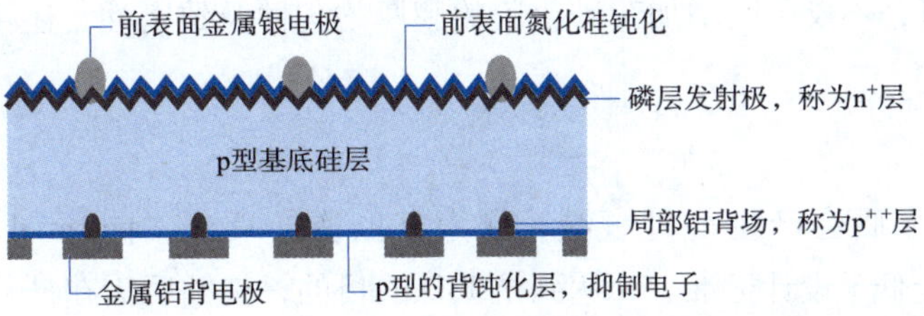


图3-8 双面PERC太阳能电池结构

## 3.3.2 PERC太阳能电池制备技术

PERC太阳能电池的制备技术涉及多个关键步骤，如前所述，主要通过背面特殊处理和正面结构优化来提高电池的光电转换效率。

下面介绍该电池的关键工艺：

### 1. 制绒

制绒主要有四方面的目的：一是去除表面油污，以及硅片切片环节有机沾污，降低不良品出现；二是消除金属离子，减少复合；三是去除硅片线切割过程产生的机械损伤层，减少复合中心；四是形成起伏不平的绒面，这样可以利用陷光效应，增加硅片对太阳光的吸收，降低反射率，提高短路电流，也可以减少电池表面反射与漫反射，提高电池表面及内部光吸收，使太阳光最大限度被利用，也可以增加硅片表面积，进而增加 PN 结面积。

### 2. 扩散

采用三氯氧磷（$POCl_3$）液态源扩散方法，在硅片表面形成 n 型层，形成太阳能电池片的核心单元——p-n 结。在扩散过程中，$POCl_3$分解产生的 $P_2O_5$沉积在硅片表面，$P_2O_5$与 Si 反应生成 $SiO_2$和磷原子，这样就在硅片表面形成一层含有磷元素的二氧化硅，称为磷硅玻璃（PSG）。磷硅玻璃的存在使得硅片在空气中表面容易受潮，导致电流的降低和功率的衰减；同时，增加了发射区电子的复合，会导致少数载流子寿命的降低，进而降低开路电压和短路电流。

### 3. 选择性发射极（SE）工艺

选择性发射极（SE）工艺是在金属栅线（电极）与硅片接触部位进行重掺杂，在电极之间位置进行轻掺杂，这样的结构可降低扩散层复合，由此可以提高光线的短波响应，同时减少前金属电极与硅的接触电阻，使得短路电流、开路电压和填充因子都得到较好的改善，从而提高转换效率。

### 4. 刻蚀和背抛光

刻蚀是指用化学或物理方法有选择地从硅片表面去除不需要的材料的过程。在太阳能电池制备工艺中，刻蚀步骤主要用于去除磷硅玻璃（PSG）层，以及在电池边缘形成适当的结构，防止电池片之间的短路。一般采用化学法，也就是湿法去除。刻蚀过程需要精确控制，以确保只去除 PSG 层而不影响硅片的其他部分。通常使用的刻蚀化学品包括氢氟酸（HF）和硝酸（$HNO_3$）。

背抛光是通过碱液将硅片背面抛光成近似镜面的绒面结构，该结构可提高硅片对长波的吸收。背抛后硅片背面表面积减小，使得背面复合效率降低，少数载流子寿命得到提升。碱液背抛光后的硅片在钝化时，不仅可以增加背钝化膜的膜厚均匀性及致密性，还可以使背铝场接触更紧密，共烧更加均匀。

### 5. 热氧化

组件在长期工作后会产生一种衰减，称为电位诱导衰减（potential induced degradation，PID），使组件的性能低于设计标准。为达到抗 PID 的目的，刻蚀后需在硅片表面生长一层二氧化硅。在 PERC 太阳能电池工艺中，一般采用热氧化工艺达到此目的。热氧化是在高温下使硅片表面与氧气反应形成二氧化硅层的过程。热氧化过程需要精确控制温度、时间和气氛，以确保形成均匀、高质量的氧化层。

### 6. 钝化

钝化是太阳能电池制造过程中的一个重要环节。钝化的目的是在电池的表面形成一层保护膜，通常称之为钝化层。钝化层可以减少表面缺陷和表面载流子（电子和空穴）的复合，从而提高电池在长期运行过程中的稳定性，减少性能衰减。同时改善电池的电性能参数。

这层钝化层通过等离子体增强化学气相沉积（PECVD）工艺形成。等离子体增强化学气相沉积是一种化学气相沉积，借助微波或射频等使含有薄膜组成原子的气体电离，在局部形成等离子体，而等离子体化学活性很强，很容易发生反应，在基片上沉积出所期望的薄膜。

### 7. 背面激光开膜（LCO）

背面激光开膜是利用激光消融背面介质层，形成局域背场接触，收集电流。因为背钝化层为绝缘层，需要激光开槽形成电极通路，因此铝硅接触只能在开槽部分形成。

### 8. 丝网印刷

丝网印刷是制作太阳能电池的上下电极，用来收集光生伏特效应产生的电荷。丝网印刷是把金属导体浆料按照所设计的图形通过刮条挤压丝网弹性形变后漏印在已扩散好的硅片正面和背面，然后在适当的气氛下通过高温烧结，使浆料中的有机溶剂挥发，金属颗粒与硅片表面形成牢固的硅合金，与硅片形成良好的欧姆接触。

在 PERC 太阳能电池背面先使用银浆通过丝网印刷印上作为引出电极，而后用铝浆通过丝网印刷印上作为背电场，来收集载流子。正面使用银浆通过丝网印刷印上形成负电极，来收集电流。正面电极由主栅线和副栅线组成。

### 9. 烧结

通过红外线加热，提升到一定温度，使正背面的浆料在高温中，当印刷的浆料和硅加热到共晶温度时，硅原子以一定比例融入熔融的合金电极材料中，使电极和硅片本身形成欧姆接触，从而提高电池片的开路电压和填充因子，达到电池片效率高转化的目的。同时，烧结过程中有利于 PECVD 工艺引入的氢原子向体内扩散，可以起到良好的体钝化作用。

### 10. 电注入

电注入是通过施加特定的电压或电流，使电池在特定的电场条件下进行一段时间的处理。这个过程有助于改变电池内部的电荷分布，减少缺陷态，提高电池的效率和稳定性。电注入是对电池片进行抗光衰处理的一种方式，处理后使电池具备抗光照衰减的能力，大幅降低电池在使用过程中由于光照引起的功率损失。

PERC 太阳能电池工艺流程图如图 3-9 所示。

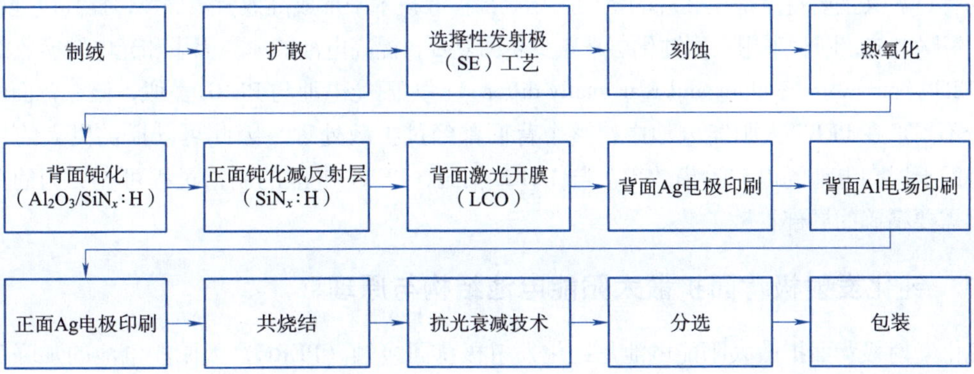


图 3-9 PERC 太阳能电池工艺流程图

想要获得高效 PERC 太阳能电池的设计，可以从以下方面进行优化：

1. 背面钝化层

在硅片背面增加一层钝化层（如氧化铝或氧化硅），有效提升少数载流子寿命，并降低电池背面的载流子复合速率。这层钝化层通常还会被一层氮化硅层覆盖，以增强钝化效果并提供额外的保护。

2. 激光开槽技术

通过激光技术在硅片背面形成局部背表面场（LBSF），这是为了在保持背面钝化的同时，形成电极通路，导出电流。可以从激光开槽的面积、速度和实线比等参数着手，因为它们对电池性能有显著影响。

3. 抗反射涂层

采用多层抗反射涂层，可由具有不同折射率的 $SiN_x$ 层组成，以降低反射率并提高电池效率。

4. 电池结构优化

优化电池的背面和正面结构，如采用多主栅、半片等技术，可以提高电池的功率输出和整体性能。

5. 材料选择

使用具有高纯度和低缺陷的硅片作为电池材料，可以提高电池的少数载流子寿命和整体效率。

6. 工艺控制

通过精确控制制造过程中的各个步骤，包括扩散、刻蚀、沉积、烧结等，以确保电池性能的一致性和可靠性。

通过上述几个方面的综合优化，PERC 太阳能电池应该能够实现更高的光电转换效率，满足市场对高效能源解决方案的需求。

## 3.4 钝化发射极背面扩散（PERL 和 PERT）太阳能电池

PERL（passivated emitter and rear locally diffused）太阳能电池结合了钝化发射极和背面局部扩散的特点。其主要特点是在硅片的背面采用局部扩散技术来形成高效背表面场，提高电池的开路电压和短路电流；同时采用正面钝化层来减少表面复合，提高电池的填充因子和光电转换效率。

PERT（passivated emitter and rear totally diffused）太阳能电池与 PERL 类似，但在背面的处理上有所不同。在 PERT 太阳能电池中，整个背面都经过扩散处理，因此可以提供更大的接触面积，有助于提高电池的电流收集效率。与 PERL 相比，PERT 电池的制造过程可能更为简单，因为它不需要精确的局部扩散工艺。

### 3.4.1 钝化发射极背面扩散太阳能电池结构与原理

钝化发射极背面扩散太阳能电池是钝化发射极背面接触（PERC）太阳能电池的加强版，因为在加钝化层之后又局部或全部重扩散和硅片极性相同的材料，形成一个局部或整体背电场。

### 1. PERL 太阳能电池结构与原理

PERL 太阳能电池是钝化发射极、背面定域扩散太阳能电池的简称。1990 年，新南威尔士大学的简昭在 PERC 太阳能电池结构和工艺的基础上，在电池背面的接触孔处采用了三溴化硼（$BBr_3$）定域扩散制备出 PERL 太阳能电池，如图 3-10 所示，上表面的倒金字塔结构使大多数入射光在达到金字塔的一个壁面时即进入电池内部，部分的反射光又能再次向下反射，确保其至少有两次机会进入电池中，形成有效的陷光结构。背部则在点接触的基础上进行浓硼扩散，进一步降低局部接触电阻。

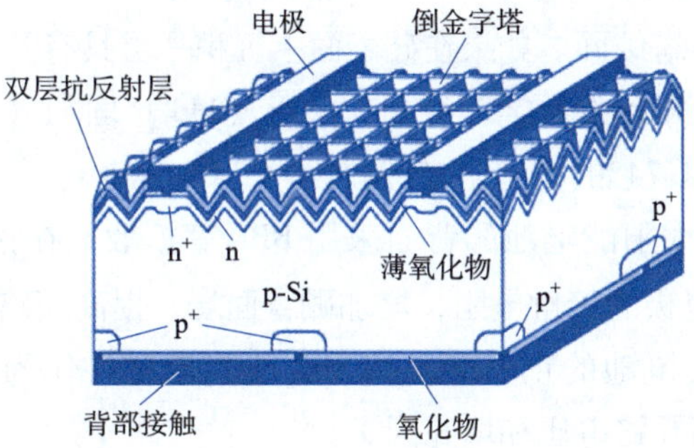


图 3-10 PERL 太阳能电池结构示意图

### 2. PERT 太阳能电池结构与原理

PERT 太阳能电池结构如图 3-11 所示，该电池在保留 PERL 结构特征的基础上，增加了沿电池整个背表面的扩散轻硼层，提供了低电阻路径，光生空穴会向着该层垂直移动，然后以最小的电阻损耗横向穿过该扩散层，并向背接触窗口移动。

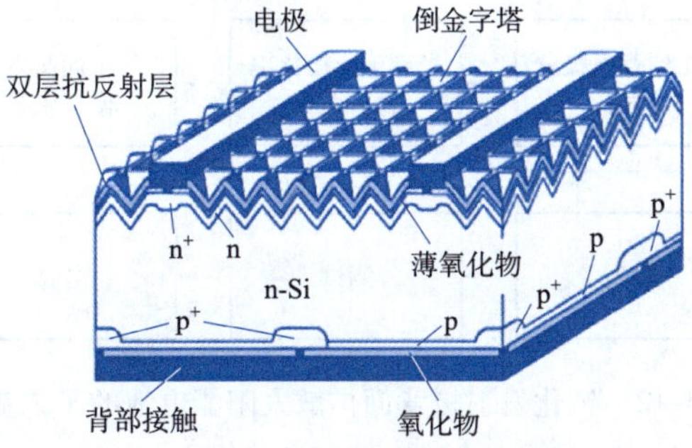


图 3-11 PERT 太阳能电池结构示意图

PERT 太阳能电池采用 n 型硅片，制作的 n 型硅太阳能电池由于其优越的性能，包括高的少数载流子寿命、对金属杂质高的容忍度以及没有 p 型材料中由于硼氧（B—O）复合体所造成的光致衰减（LID）效应，越来越受产业界的关注。n-PERT 双面太阳能电池的高发电性能引起制造厂商和市场的密切关注。

## 3.4.2 钝化发射极背面扩散太阳能电池制备技术

钝化发射极背面扩散太阳能电池的工艺流程如图 3-12 所示。钝化发射极背面扩散太阳能电池具有高效率的原因在于：

（1）“倒金字塔”结构：该类电池的正表面采用“倒金字塔”结构，它具有优越的光捕获性能、较低的比表面积、易于形成钝化层等优点。倒金字塔绒面通常可以采用光刻、激光加工以及金属辅助化学腐蚀等工艺制造，而光刻和激光加工这种方法的复杂度和成本较高，导致它们在大规模生产中难以实施。金属辅助化学腐蚀是一种制备硅表面微/纳米结构的简单湿法化学腐蚀方法，该方法将单晶硅片直接放入 HF、$H_2O_2$和贵金属盐溶液组成的混合液中进行腐蚀，待腐蚀产生多孔硅后再放入碱溶液中进行各向异性刻蚀。单晶硅电池将（100）晶面作为表面，各向异性刻蚀会对（100）晶面刻蚀较快，对（111）晶面刻蚀较慢，最终形成由（111）晶面组成的四面立方锥结构，称为金字塔绒面。如果在硅表面上沉积一层具有开口的氧化物掩模，再将其放入碱性溶液中刻蚀，就可以得到倒金字塔绒面。由于（111）面与（100）面呈 54.74°，故湿法蚀法一般只能生成夹角为 54.74°的倒金字塔绒面。

（2）背面扩散：PERL 太阳能电池的背面采用 $BBr_3$等扩散剂在接触孔处进行硼局部扩散技术，形成 $p^+$区域，减少背电极的接触电阻，增加硼背面场，提高短路电流。

（3）正表面钝化：该类电池的正表面采用 $SiO_2$或其他材料作为钝化层，以减少表面复合，降低表面态密度，从而提高开路电压和填充因子。

（4）分区扩散：该类电池采用在栅指电极下进行浓磷扩散以减少接触电阻，受光区域进行淡磷扩散以减小横向电阻功耗和达到短波响应好的要求。

（5）双面钝化：该类电池采用双面钝化技术，以降低反向饱和电流密度，改善光谱响应。

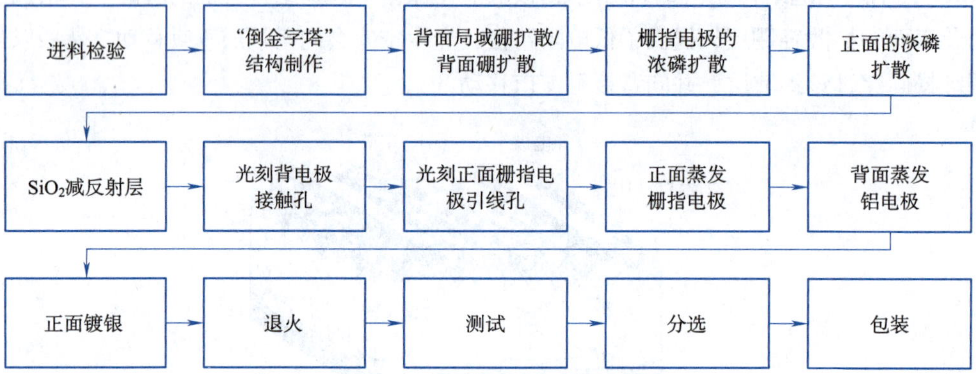


图 3-12　钝化发射极背面扩散太阳能电池的工艺流程

## 3.5　隧穿氧化层钝化接触（TOPCon）太阳能电池

隧穿氧化层钝化接触（tunnel oxide passivated contact，TOPCon）太阳能电池，是由德国 Fraunhofer 太阳能研究所 2013 年在第 28 届欧洲 PVSEC 光伏大会上首次提出的。该电池最显著的特征是其高质量的超薄氧化硅和重掺杂多晶硅的叠层结构，不仅实现了对全背表面的高效钝化和选择性地收集载流子，而且具有制备工艺简单、使用 n 型硅片无光致衰减问题和与传统高温烧结技术相兼容等优点。故因其优异的表面钝化效果以及与传统产线兼容性好的优势而受到持续关注，TOPCon 太阳能电池市场上大部分是由 PERC 电池产线升级改造完成，降低了产业化成本。

### 3.5.1 TOPCon 太阳能电池结构与原理

在太阳能电池吸收层中，受光激发产生的电子和空穴分别沿导带和价带传输。一般用来衡量载流子选择性钝化接触性能好坏的两个参数分别是复合电流密度（$J_{OC}$）和接触电阻率（$\rho_c$）。接触电阻率代表钝化接触对多子的输出能力，即电子接触区对电子（多子）电流的电阻损耗。而复合电流密度用来表示钝化接触对少子的阻挡能力，是由部分少子空穴移到电子接触区并与多子电子的复合产生的。

TOPCon 太阳能电池是通过在电池背面制备由隧穿氧化硅层和重掺杂硅薄膜层组成的叠层来形成具有载流子选择性收集钝化接触结构。由于超薄氧化硅和重掺杂硅薄膜良好的钝化效果使得硅片表面能带产生弯曲（见图 3-13）从而形成场钝化效果。电子隧穿的概率大幅增加，接触电阻率也随之大幅降低。由于优异的载流子选择性钝化接触性能，使得用 TOPCon 技术制备的晶硅太阳能电池效率已达到 26% 以上。

TOPCon 太阳能电池结构示意图如图 3-14 所示。TOPCon 太阳能电池既能够实现优异的表面钝化，又无须开孔便可分离和输运载流子，实现载流子选择性钝化接触，消除了像 PERC 电池通过背面局部开槽来降低金属电极与 Si 接触处的复合，是一种非常完美的硅片表面的全面积钝化。

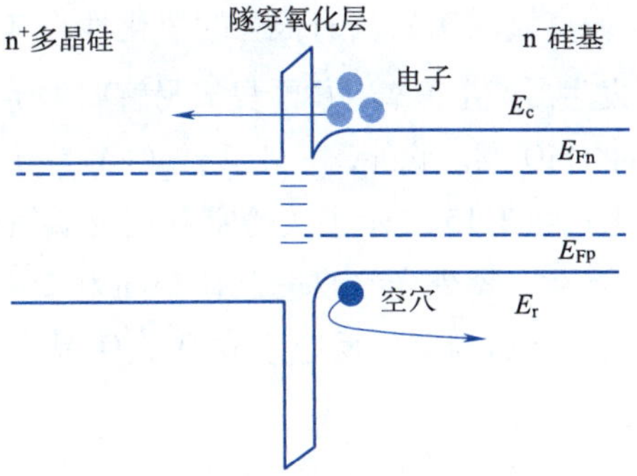


图 3-13 TOPCon 电池能带图

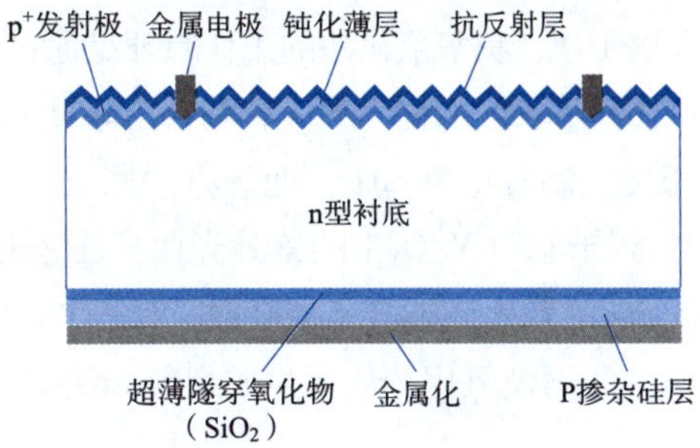


图 3-14 TOPCon 太阳能电池结构示意图

对于超薄隧穿氧化层，目前存在两种载流子传输理论：

第一种是量子隧穿效应，即电子等微观粒子在势垒高度大于粒子能量的条件下仍可以概率性地穿过势垒到达另一侧。根据“测不准原理”，时间和能量不可能在同一时间具有确定的数值，若一个量越确定，则另一个量不确定程度越大，即粒子在极短时间内的能量会极不确定，能量值范围会变大。因此，虽然粒子的能量（该能量应该是粒子在其能量范围内的平均值）小于势垒高度，但在极短时间内，会有一定概率处于该范围内的高能状态，超过了势垒高度。若势垒空间跨度小，则在极短时间内该具有高能状态的粒子就可以穿过势垒。

第二种是针孔理论。当氧化层厚度超过 2 nm，载流子隧穿的概率会大大降低。此时载流子主要通过针孔来传输，当氧化层中针孔数量过小时，会使得载流子传输受限。而针孔数量过多，则表明氧化层缺陷过多，从而导致氧化层的化学钝化效果降低，在此运输机制下，对氧化硅的质量要求非常高。

## 3.5.2 TOPCon 太阳能电池制备技术

TOPCon 太阳能电池制备除基本的制备技术外还主要包括隧穿氧化层的制备和掺杂层的制备。

### 1. TOPCon 太阳能电池常见的隧穿氧化层制备方法

1）硝酸氧化硅片法（NAOS）

硝酸氧化硅片法（nitric acid oxidation of silicon，NAOS）是一种在低温条件下利用浓硝酸氧化硅来制造 $Si/SiO_x$ 结构的方法，而氧化硅的厚度与硝酸的浓度和浸泡时的温度皆成正相关，并且用这种方法制备的氧化层已被证明具有非常低的界面缺陷态密度和优异的钝化效果。由于硅片表面被浓硝酸快速氧化形成 $SiO_x$ 薄膜，这层薄膜会阻挡硅被进一步氧化，因此制备的 $SiO_x$ 薄膜厚度一般都只有几纳米。

2）过氧化氢法

过氧化氢（$H_2O_2$）法与硝酸氧化硅片法一样是一种湿法氧化，不同的是将氧化物换成了同样具有强氧化性的过氧化氢，为了评估过氧化氢法生长的隧穿氧化物钝化接触结构的钝化性能，在 n 型硅片上采用 $H_2O_2$ 法制备 $SiO_x$，然后双面沉积 poly-Si 后再经过优化后处理，最终隐含开路电压（implied open circuit voltage）可以达到 740 mV。

3）臭氧氧化法

湿法氧化的方法还包括臭氧去离子氧化法（$DIO_3$）。臭氧（$O_3$）具有很强的氧化性，其氧化还原电位仅次于氟。臭氧氧化法的工作原理是通过臭氧发生器产生臭氧，由于臭氧易解离为游离氧的特点，可使硅片表面氧化为 $SiO_2$，制备出厚度 $<2$ nm 的 $SiO_x$ 层。此外，紫外臭氧（$UV/O_3$）光解法也是利用臭氧制备超薄 $SiO_x$，而该方法属于干法氧化。图 3-15 展示了实验室利用臭氧氧化法制备氧化硅的原理，$UV/O_3$ 中的紫外光由低压汞蒸气灯产生，紫外光的波长为 185 nm 和 254 nm，波长为 185 nm 的紫外光被分子氧吸收，O—O 键先断裂，然后与氧气反应生成 $O_3$，$O_3$ 具有强氧化性，使硅片表面被氧化，从而生成超薄 $SiO_x$。

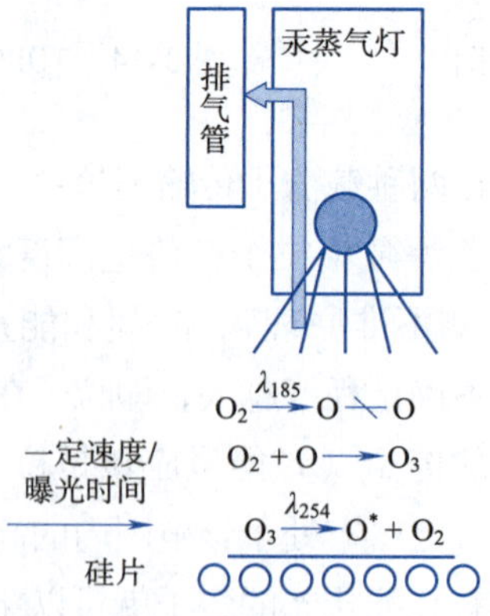


图 3-15 汞蒸气灯的示意图和反应机理

4）热氧化法

热氧化法首先将硅片放置在干净的石英管中，然后以一定的流速通入高纯氧气，反应管用电阻丝加热炉加热到一定温度，在高温下硅片表面发生氧化反应。

制备的氧化硅厚度具有可调性，可以在几纳米至上千纳米间通过改变退火温度、退火时间、气体流速等工艺调节。它的制备效果好、可用于大规模生产，但存在维护运行成本高的问题。

5）等离子体辅助氧化法

等离子体辅助氧化法是使用笑气（$N_2O$）作为主要气源，在PECVD中等离子体电子的能量驱动下，笑气会发生电离或分解作用，进而产生的游离氧作用在硅片表面，发生氧化反应。PECVD法有效地利用了非平衡等离子体的反应特征，从根本上改变了反应体系的能量供给方式，从而通过反应气体放电来制备薄膜。

薄膜制备过程中仅用到了笑气一种气源，该方法可以看作是硅片与含氧气体在一定温度下的等离子体热反应，是在非平衡等离子体环境下，电子与笑气发生初级反应，笑气被分解形成氮、氧离子和活性基团混合物；在一定温度下，清洁的硅片表面暴露在含O的活性基团中时，这些活性基团易于向硅片表面移动，使得硅片表面发生氧化反应，生成氧化层。两个反应式发生的比例由气体的温度和压力共同决定，其中$SiO_2$与$SiO_xN_y$的占比由$O_2$和NO到达界面的浓度比决定。

6）阳极氧化法

超薄氧化硅层的形成通过场诱导阳极氧化过程，其中阳极氧化电流通过晶片被引导，使得可以生长非常均匀的氧化物。虽然氧化物最初可能在晶片上不均匀地生长，但是电流将流过对应于较薄氧化物的较小电阻路径，从而导致这些区域中的氧化物生长增加，从而使氧化层的生长均匀。硅阳极反应的具体氧化过程相当复杂，一般认为在空穴的参与下，硅会先与水反应生成氢氧化物，接着两个Si—OH分子通过反应生成一个Si—O，释放出一个水分子。随后在Si—Si键中插入氧原子生成硅的二氧化物。

### 2. TOPCon太阳能电池掺杂层的制备

对于掺杂硅层，一般有三种制备方法。其中，有两种属于化学气相沉积（chemical vapor deposition，CVD）方法：低压化学气相沉积（low pressure chemical vapor deposition，LPCVD）法和PECVD法。而还有一种溅射法是属于物理气相沉积（physical vapor deposition，PVD）方法。不同掺杂层制备方法的优缺点见表3-1。

用PECVD制备掺杂硅层，一般先沉积n型非晶硅层或者n型微晶硅层，然后再进行后续的高温退火使薄膜晶化。非晶硅薄膜的优势是界面质量好，但是可能会在后续退火中产生起泡现象，导致掺杂原子扩散到硅片内部，使得复合严重，造成钝化效果大大下降。微晶硅薄膜的优势是会在晶化后获得一个较好的晶体质量和晶化率，而且在后退火中不会产生起泡现象，但是沉积微晶硅薄膜的缺点是界面质量较差。

后续的晶化处理可以使掺杂硅层晶化率提高，提高器件的高温稳定性。同时可以减少掺杂硅层对光子的吸收，提高器件的量子效率。而晶化方法一般包括高温退火、激光退火和金属诱导晶化等方法。其中，高温退火的优点是工艺成熟、晶化率高，但缺点是时间长、能耗高；激光退火的优点是速率快、能耗低，但成本较高；金属诱导晶化的优点是工艺简单、速率快、能耗低，但是晶化后会有金属离子的残留，造成比较严重的污染。

表 3-1　掺杂层制备方法优缺点对比

| 方法 | 优点 | 缺点 |
| --- | --- | --- |
| LPCVD | 产量高，可以直接制备 N 型的多晶硅层 | 会产生绕镀，效率相对较低 |
| PECVD | 可以进行单面制备，效率高 | 产量低，对设备要求高，且对环境有污染 |
| 溅射法 | 无污染，操作简单且安全 | 均匀性相对较差，退火温度相对较高 |

当前 TOPCon 电池基本使用 ploy-Si 作为掺杂层，先由 CVD 的方法沉积一层 a-Si: H 再经过退火处理使 a-Si: H 转变为 ploy-Si，从而使得结晶度得到了极大的提升，并使得掺杂激活，有效掺杂效率提升，同时导电性也得到极大提升。但当前也逐渐发展出了用 ploy-$SiC_x$和 ploy-$SiO_x$作为掺杂层，并取得了不错的效果。有研究人员发现由于 poly-Si 的寄生吸收损耗，使其对光的利用率降低，所以开发一种没有寄生吸收的掺杂层越来越得到关注。有研究者在 2020 年使用 PECVD 技术，通过调节 $CH_4$和 $SiH_4$之间气体流量比（$R$）和退火温度，发现 ploy-$SiC_x$的光学带隙随着 $R$ 的增大而增大，但结晶率有所下降，不过这可以通过高温退火来得到改善。

### 3. TOPCon 太阳能电池的制备工艺

TOPCon 太阳能电池的制备工艺是一个复杂的过程，涉及多个步骤。TOPCon 电池发展的一大任务就是如何简化制备工艺，以便最大限度地降低成本。

下面介绍 TOPCon 太阳能电池的主要制备工艺：

1）*硼扩散*

在一定的浓度、温度、压力及时间下，硼源（$BBr_3$或 $BCl_3$）在管式炉中汽化后，经过一系列化学反应在硅片表面进行沉积，获得合适的掺杂浓度、结深及方阻。在 n 型硅片（掺磷）上扩散 p 型元素（硼）形成 p-n 结（即空间电荷区），在正面形成 $p^+$层，背面形成 $n^+$层。

2）*LPCVD 制备多晶硅膜结合传统的全扩散工艺*

该工艺使用 LPCVD 制备背表面 $SiO_2$膜并制备多晶硅膜。先使用 LPCVD 制备 $SiO_2$膜，然后在 600 ~ 700 ℃的温度制备本征非晶硅膜；随后对背表面进行单面扩散，由于扩散温度可以达到 850 ℃，具有对非晶硅膜的晶化退火作用，因此可以不用单独退火；之后对正表面绕镀过去的多晶硅进行腐蚀；由于腐蚀过程也会对原正表面的 p-n 结产生腐蚀减薄作用，因此这一单面腐蚀过程要特别注意，腐蚀之后还要对背表面的磷硅玻璃进行移除。此外，磷扩散工艺也可能对背表面硅薄膜的晶化程度不够，可能还需要在扩散之前进行更高温度的晶化退火。在完成上述工艺后，需要进行常规的双面镀膜与双面丝印制备电极的工艺流程。

3）*LPCVD 制备多晶硅膜结合扩硼及离子注入磷工艺*

这种制备工艺与上一种制备工艺的区别在于其使用离子注入技术代替了扩磷工艺。由于离子注入属于单面工艺，因此掺杂离子不存在绕镀，但是 LPCVD 生长的本征非晶硅仍存在绕镀现象，因此仍需要进行单面腐蚀，以去除本征多晶硅层在正表面的绕镀层。虽然这种制备工艺中的离子注入设备使成本增加，但其绕镀现象较轻。

4）*PECVD 制备多晶硅膜并原位掺杂工艺*

使用 PECVD 制备非晶硅膜的工艺，可以在同一台 PECVD 设备一次性完成制备 $SiO_x$膜并沉积掺磷非晶硅膜，然后进行退火晶化处理。由于 PECVD 沉积温度低，并且具有单面沉积的特性，简化了许多工艺流程，这一工艺的步骤从扩散或离子注入的 11 步变成了 9 步。使用 PECVD 制备 TOPCon 电池的多晶硅层，因减少了工艺流程而有可能大幅降低成本。此外，由于制备的非晶硅膜后期要进行退火处理以达到晶化的目的，因此对用于 TOPCon 电池的非晶硅膜的质量要求比用于 SHJ 电池的要低很多，所有适用于制备 PERC 太阳能电池的化合物钝化膜的设备都适用于制备这层非晶硅膜。

5）磷扩散

在氧气的存在下，$POCl_3$在高温下分解生成五氯化磷（$PCl_5$）和五氧化二磷（$P_2O_5$）。生成的 $P_2O_5$在扩散温度下与硅反应，生成二氧化硅（$SiO_2$）和磷原子。这样就在背面形成 $N^+$层，对多晶硅层进行磷掺杂，是为了形成重掺杂的多晶硅和钝化接触结构。

6）正面氧化铝钝化

使用 ALD 设备在硅片背面镀上一层 $Al_2O_3$层，以提高硅片表面的钝化及吸杂效果，降低背表面复合速率，增加二次反射。主要是利用气态 $Al(CH_3)_3$与水汽（$H_2O$）反应，生成 $Al(OH)_3$，附着在硅片表面，同时产生甲烷气体。如果想要得到很薄但钝化效果良好的膜层，采用 ALD 方式制备的 $Al_2O_3$层更具有优势。

7）正背面镀膜

工业生产中常采用 PECVD 设备制备氮化硅减反射膜。主要是利用辉光放电使硅片升温到预定的温度，然后通入适量的反应气体 $SiH_4$和 $NH_3$，气体经一系列化学反应和等离子体反应，在硅片表面形成固态薄膜，即氮化硅薄膜。抛光硅表面的反射率为 35%，为了减少表面反射，提高电池的转换效率，需要沉积一层氮化硅减反射膜。利用薄膜干涉原理，可以减少光的反射。

图 3-16 所示为 TOPCon 太阳能电池制备工艺流程图。

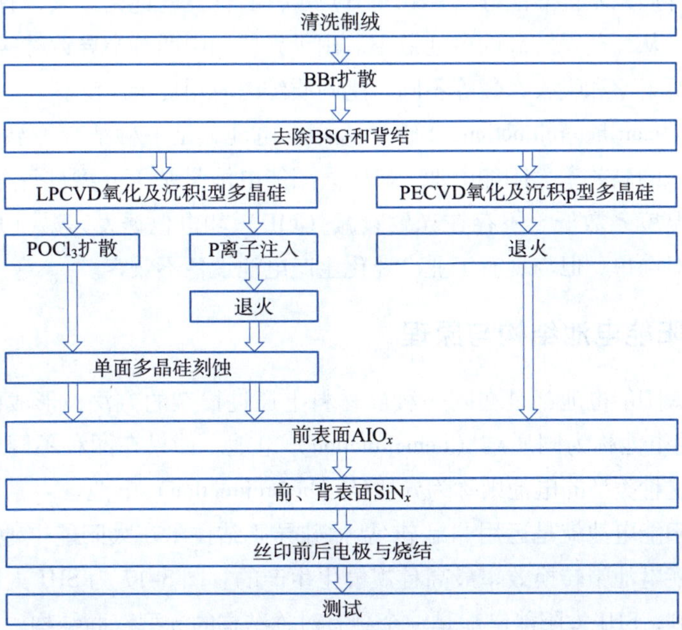


图 3-16　TOPCon 太阳能电池制备工艺流程图

#### 4. TOPCon 太阳能电池发展方向

TOPCon 太阳能电池被广泛认为是下一代大规模产业化运用的光伏技术。从转化效率来看，TOPCon 电池的理论极限效率高达 28.7%，高于 HJT 和 PERC 的 27.5% 和 24.5%，接近晶硅太阳能电池理论效率极限 29.43%。

对于 PECVD 技术路线的 TOPCon 太阳能电池来说，提高其光电转换效率的关键在于有效抑制多晶硅易爆膜、降低材料寄生吸收，以及进一步提升 TOPCon 钝化性能。目前，利用掺杂工程制备的新型多晶硅薄膜可有效解决 TOPCon 遇到的上述问题，但是如何兼顾高效的钝化和电学传输性能仍具有挑战性。

TOPCon 太阳能电池有着优良的钝化特性以及与产业链的良好兼容特性，具有巨大的潜力。对于重掺杂多晶硅层，现有的 LPCVD、PECVD 技术存在工艺复杂、污染环境、成本高等问题，最新研究的溅射法制备的 TOPCon 太阳能电池效率又远低于传统方式，所以需要继续探究新的环保节能的制备方式。氧化层的制备也有多种方式，需要通过对经济、节能、环保、效率成果等进行比较使用，对于使用 PECVD 等离子体制备方法，现在只有使用 $N_2O$，未来可以使用多种含氧气体进行研究。

未来 TOPCon 电池在大面积的工业生产上将逐渐取代当前的 PERC 电池；在效率方面也将逐步接近硅基太阳能电池理论极限。此外，TOPCon 电池的全区域钝化也能很好地与钙钛矿电池结合成叠层电池，成为未来太阳能电池效率提升的重要途径。

## 3.6 硅基异质结（SHJ）太阳能电池

有研究表明，异质结本征非晶硅（i-α-Si: H）层具有优良的钝化效果，有利于太阳能电池获得更高的开路电压，从而获得较高的电池效率。由于异质结中两种半导体材料的禁带宽度、导电类型、介电常数、折射率和吸收系数等不同，比同质结的应用更加广泛。

硅基异质结（silicon heterojunction，SHJ）太阳能电池，是一种结合了晶体硅太阳能电池和薄膜太阳能电池技术的高效率太阳能电池。SHJ 太阳能电池是基于 n 型硅片而制备的新型电池，具有电池效率高、温度系数低、不存在光致衰减（LID）和电位诱发衰减（PID）效应等优势；虽然其制备工艺相对简单，但与现有工业产业化生产电池设备不兼容。

### 3.6.1 SHJ 太阳能电池结构与原理

常规的晶体硅太阳能电池都是在同一种硅材料上通过掺杂的方法，形成两种不同带电类型 p-n 结，这种类型的电池称为同质结（homojunction）电池。如果在两种不同的材料通过掺杂的方法形成 p-n 结，这种类型的电池则称为异质结（heterojunction）电池。

硅基异质结太阳能电池就是运用非晶硅/晶体硅异质结技术在太阳能电池制作中。SHJ 太阳能电池是硅基太阳能电池中转换效率最高且规模化生产的。图 3-17 为 SHJ 太阳能电池结构示意图。从图中可以看到，SHJ 太阳能电池是一个具有对称结构的 n 型双面结构。制造 SHJ 太阳能电池的硅片采用少子寿命比较长的 n 型单晶硅片，硅片的电阻率范围一般为 0.3 ~ 2.1 Ω · m，厚度一般为 90 ~ 150 μm。

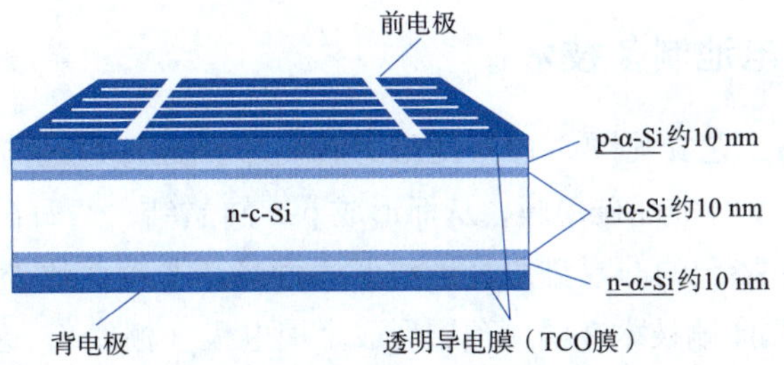


图 3-17 SHJ 太阳能电池结构示意图

制造工艺大致如下：首先，进行碱制绒以形成随机分布的金字塔绒面及表面清洗处理，由于随后沉积的本征非晶硅（i-α-Si: H）层很薄，所以对沉积本征 i-α-Si: H 层前的硅片表面的洁净度要求极高，所以制绒后的表面清洗非常重要，常用 RCA 标准清洗法或臭氧清洁工艺对硅片进行清洗。然后，在硅片的两面沉积厚度在约 10 nm 高质量的本征硅 i-α-Si: H 层。接着，在硅片的正面沉积厚度约为 10 nm 的 p 型非晶硅（p-α-Si: H）层，在另一面沉积同样厚度约为 10 nm 的 n 型非晶硅（n-α-Si: H）层，该电池中的非晶硅层可以有效降低表面悬挂键的密度，从而达到良好的界面钝化作用。这样就在硅片的正面形成了 p-α-Si: H/i-α-Si: H/n-c-Si 的 p-n 型异质结结构，背面形成了 n-c-Si/i-α-Si: H/n-α-Si: H 背表面场结构。这种双面的非晶硅/晶体硅异质结结构对硅材料表面有着非常优秀的钝化效果。紧接着，再在硅片的两种掺杂的非晶硅表面沉积透明导电膜（TCO 膜）。TCO 的作用在于实现导电、减少反射，同时保护非晶硅薄膜。最后，通过丝网印刷在两面印刷金属化电极。需要注意的是，为避免高温过程降低硅片的少数载流子寿命及对硅片造成的损伤，所以该电池金属化电极时，不同于常规电池的高温烧结型金属浆料，而采用低温（<200 ℃）浆料。

SHJ 太阳能电池具有很高的光电转换效率，除了使用高少数载流子寿命的 n 型硅片作为基底外，还包括以下原因：

（1）独特的晶体硅 n-c-Si 和非晶硅 i-α-Si: H/(p) n-α-Si: H 的异质结结构增加了 p-n 结的势垒高度，能够使 SHJ 太阳能电池的开路电压达到 700 mV 以上。

（2）沉积没有掺杂的本征非晶硅 i-α-Si: H 和掺杂的非晶硅（p）n-α-Si: H 均是在低温 200 ℃的高真空的 PECVD 腔体内进行，不会对硅片造成损伤，硅片体内少数载流子寿命也不会降低。

（3）沉积的不掺杂的薄层（约 10 nm）本征非晶硅 i-α-Si: H 薄膜（内含有大量的原子氢）能够钝化硅片表面大量的悬挂键，减少复合中心的作用。这样，减少了晶体硅 n-c-Si 和掺杂非晶硅（p）n-α-Si: H 界面之间的应力和应变。

（4）SHJ 电池采用的硅片厚度比较薄，一般为 90～150 μm，这样配合较好的陷光效果，使得光生载流子经过扩散达到硅片的表面而被电极收集到。

（5）双面的碱溶液制绒所形成的随机分布的金字塔绒面可以大大降低表面对入射光的反射损失，从而大大增加光吸收以及光的利用率和对光生载流子的收集效率。

（6）双面掺杂制结的电池，可以封装成双玻组件，充分利用背面的反射光，使电池双面发电，比常规单面电池获得更多的发电量。

最后，需要强调的是制造优质的非晶硅 i-α-Si: H 和（p）n-α-Si: H 是实现高效 SHJ 的关键要素。

## 3.6.2 SHJ太阳能电池制备技术

SHJ太阳能电池制备工艺（见图3-18）是采用N型单晶硅片经过清洗制绒后，表面依次沉积本征富氢非晶硅薄膜、p型非晶硅薄膜，从而形成p-n异质结，然后在背面依次沉积本征富氢非晶硅薄膜，以及n型重掺杂的非晶硅膜，形成背表面场。在两面的外侧再沉积上透明导电膜（TCO膜），最后通过丝网印刷技术在两侧顶层形成金属电极（栅线），这样就构成了拥有两面对称结构的SHJ太阳能电池。

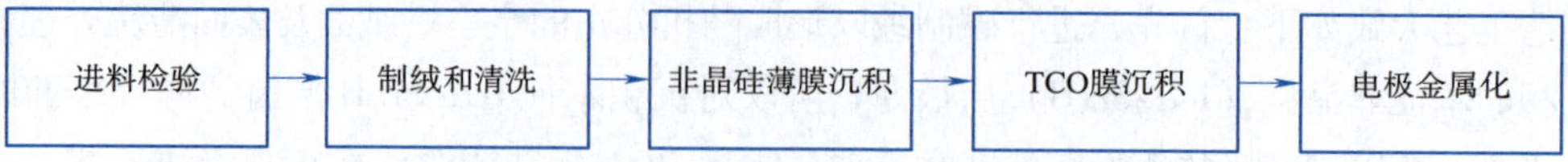


图3-18　SHJ太阳能电池制备工艺流程

下面介绍该太阳能电池的主要制备工艺：

### 1. SHJ太阳能电池清洗

SHJ太阳能电池清洗包括：RCA和臭氧两种技术。清洗的一般思路是首先去除硅片表面的有机沾污，因为有机物会遮盖部分硅片表面，从而使氧化膜和与之相关的沾污难以去除；然后溶解氧化膜，因为氧化层是“沾污陷阱”，也会引入外延缺陷；最后再去除颗粒、金属等沾污，同时使硅片表面钝化。

1）RCA标准清洗法

RCA标准清洗法是1965年由科恩和普奥蒂宁等人在新泽西州普林斯顿的RCA实验室首创的，并由此而得名。该清洗法主要包括以下几种清洗液：

（1）SPM：$H_2SO_4/H_2O_2$ 120～150 ℃。SPM具有较强氧化能力，可将金属氧化后溶于清洗液中，并能把有机物氧化生成$CO_2$和$H_2O$。用SPM清洗硅片可去除硅片表面的重有机沾污和部分金属，但是当有机沾污特别严重时会使有机物碳化而难以去除。

（2）HF（DHF）：HF（DHF）20～25 ℃。DHF可以去除硅片表面的自然氧化膜，因此，附着在自然氧化膜上的金属将被溶解到清洗液中，同时DHF抑制了氧化膜的形成。因此可以很容易地去除硅片表面的Al、Fe、Zn、Ni等金属，DHF也可以去除附着在自然氧化膜上的金属氢氧化物。用DHF清洗时，在自然氧化膜被腐蚀掉时，硅片表面的硅几乎不被腐蚀。

（3）APM（SC-1）：$NH_4OH/H_2O_2/H_2O$ 30～80 ℃。由于$H_2O_2$的作用，硅片表面有一层自然氧化膜（$SiO_2$），呈亲水性，硅片表面和粒子之间可被清洗液浸透。由于硅片表面的自然氧化层与硅片表面的Si被$NH_4OH$腐蚀，因此附着在硅片表面的颗粒便落入清洗液中，从而达到去除粒子的目的。在$NH_4OH$腐蚀硅片表面的同时，$H_2O_2$又在氧化硅片表面形成新的氧化膜。

（4）HPM（SC-2）：$HCl/H_2O_2/H_2O$ 65～85 ℃。用于去除硅片表面的钠、铁、镁等金属沾污。在室温下HPM就能除去Fe和Zn。

2）臭氧清洗

臭氧去离子水（$DIO_3$）不仅可以更高效地去除有机杂质和金属杂质，同时减少化学品的消耗，而且不会产生含氮废水。根据测算，臭氧清洗的异质结电池转化效率比RCA清洗的最高可高出约0.45%。

### 2. 非晶硅薄膜沉积技术

非晶硅薄膜沉积技术包括等离子体增强化学气相沉积（PECVD）和热丝化学气相沉积（HWCVD 或 Cat-CVD），前者应用较为广泛。

1）等离子体增强化学气相沉积

等离子体增强化学气相沉积技术在制备异质结构方面具有独特的优势，它能够在较低的温度和压力条件下，实现高质量薄膜的沉积。PECVD 技术通过在低压环境下利用射频等离子体激发气体分子，促进化学反应和薄膜生长。这种技术能够制备出具有优良电学性能、良好衬底附着性和极佳台阶覆盖性的薄膜。

2）热丝化学气相沉积

热丝化学气相沉积是利用高温金属丝的催化作用使硅烷、硼烷等气体分解沉积至硅片表面从而获得非晶硅薄膜。在高温金属丝的作用下，反应气体分解效率较高，反应速率相对较快，因此薄膜沉积的速率相对较高，同时沉积出的薄膜更为有序。HWCVD 还具备气体利用率高、沉积对硅片本身损伤较小等优点。但由于 HWCVD 同时具有热丝寿命较短导致更换成本高、热丝温度控制精度不高、热丝温度影响硅片温度等问题，目前产业应用相对较少。

### 3. TCO 膜沉积技术

硅基太阳能电池中常用的 TCO 材料主要有 $In_2O_3$基薄膜和 ZnO 基薄膜，通常要对薄膜进行掺杂提高光电性能。铟锡氧化物（indium tin oxide，ITO）是最常用的 TCO 材料，在 550 nm 波长处对可见光的透过率可达 85% 以上，电阻率为 $10^{-5} \sim 10^{-3}\ \Omega \cdot m$；此外还有包括氢掺杂的氧化铟（IO: H）、$CeO_2$掺杂氢化 $In_2O$（ICO: H）、钨掺杂氧化铟（IWO）。与 $In_2O_3$基薄膜相比，ZnO 薄膜的成本更低，具有较高的化学稳定性和热稳定性，在染料敏化太阳能电池及硅异质结太阳能电池中有着广泛应用，其掺杂类型主要是硼掺杂氧化锌（BZO）和铝掺杂氧化锌（AZO）。

TCO 膜沉积技术包括：磁控溅射（PVD）和反应等离子沉积（RPD），以前者应用较为广泛。

1）磁控溅射（PVD）

在电磁场的作用下，被加速的气体高能粒子（$Ar^+$）轰击镀膜靶材，靶材表面的原子获得能量逸出表面后沉积到衬底表面生成氧化物薄膜。

2）反应等离子沉积（RPD）

在镀膜设备中，Ar 气体通过等离子体枪产生等离子体，通过磁场引导 Ar 等离子体轰击靶材，靶材温度升高后升华产生气体再沉积到衬底上形成氧化物薄膜。

### 4. 电极金属化

金属化即金属电极制作，是 SHJ 电池生产的最后一步主工艺，通过在电池两侧固化金属电极，使电极与电池片形成紧密高效的欧姆接触，以将电池内部的电流引出。金属化主要包括：丝网印刷、电镀和智能电线（smart wire）。

1）丝网印刷

SHJ 太阳能电池的丝网印刷原理与单晶 PERC 电池大体一致，利用丝网图形的网孔使浆料透过而漏印至承印物（电池片），操作时在丝网一面倒入浆料后均匀摊覆，而后通过刮刀的移动将网孔部分的浆料挤印至电池中，实际操作中常采用二次印刷以提升印刷质量。印刷完毕后电池片进入烧结工序形成与电极的欧姆接触。由于 SHJ 太阳能电池非晶硅薄膜含氢量较高等特点，丝网印刷时必须使用低温银浆，生产全过程中的温度一般不应超过 200 ℃，而传统铝背场电池的印刷工序一般在 800 ℃温度下进行烧结，因此 SHJ 太阳能电池必须使用不同于传统银浆的低温银浆。

低温银浆的固有特性在一定程度上限制了 SHJ 太阳能电池丝网印刷工艺的降本提效。

（1）低温银浆导电性能相对较差，需要栅线宽度适当放大以降低电阻，由此导致低温银浆耗用量较高；

（2）低温银浆焊接拉力偏低，为保证足够的焊接拉力亦需要提升银浆用量；

（3）低温银浆黏度特性导致电极印刷速度相对偏慢；

（4）低温银浆应用量较少，价格较高。

2）电镀

除丝网印刷之外，电镀铜路线亦有少量 SHJ 太阳能电池厂商应用，如国家电投新能源公司。电镀铜工艺主要包括制作种子层、曝光显影、电镀、去膜/去种子层等多道工序。相对于银电极印刷，电镀铜电极具备材料价廉、导电性好等优势，但在目前的工艺流程下存在生产偏复杂、生产成本偏高、废水面临环保压力等不足，金属化环节整体上仍是银电极印刷路线为当前主流。如后续能通过优化工艺等途径解决上述问题，则电镀铜路线未来仍有望凭借成本和效率双方面的优势替代银电极印刷。

3）智能电线（smart wire）

smart wire 特点是使用薄膜和网栅线构筑电池串，具备结合力高、不易脱删等优点，但存在工艺复杂、薄膜耗材成本高、光学遮挡等问题，且该技术专利由梅耶博格持有，专利保护期至 2034 年，难以大范围推广。

### 3.6.3 SHJ 太阳能电池发展方向

硅异质结太阳能电池的发展方向主要集中在提高效率、降低成本、优化稳定性和推动产业化进程等方面。为此可能集中在以下几个关键领域：

#### 1. 提高转换效率

通过改善硅片质量与绒面陷光结构，以及优化界面缺陷与钝化机制；通过采用新型空穴接触层，可以以更小的电阻传输电能，导致更高的功率转换效率。

#### 2. 叠层太阳能电池技术

钙钛矿/SHJ 叠层太阳能电池是一种新兴技术，目前全球晶硅-钙钛矿叠层电池效率的最高纪录达 33.9%(第三方认证效率)，由隆基绿能科技股份有限公司自主研发，未来钙钛矿/SHJ 叠层太阳能电池效率有望突破40%，成为未来可能第一个实现超过30% 转换效率的低成本商业化太阳能电池技术。

#### 3. TCO-free 技术

为了避免对铟的依赖和减少寄生吸收损失，研究者正在开发不使用 TCO 的 SHJ 太阳能电池。

这种 TCO-free SHJ 太阳能电池结构具有降低成本和提高效率的潜力。

#### 4. 界面缺陷和钝化机制的优化

通过深入研究和精确控制 c-Si/a-Si:H 界面结构，可以减少界面缺陷，提高钝化质量，从而提升 SHJ 电池的性能。

#### 5. 稳定性和可靠性提升

随着 SHJ 电池技术的成熟，提高电池的长期稳定性和可靠性将成为未来研究的重点，以满足商业化应用的需求。

#### 6. 成本效益分析和降低

除了提高效率外，降低 SHJ 电池的生产成本也是推动其商业化的关键因素。通过采用新的材料和工艺，如 TCO-free 技术，可以减少对稀有和昂贵材料的依赖，降低制造成本。

#### 7. 与其他技术的结合

SHJ 电池技术与其他光伏技术的结合，如 TOPCon 技术，也是未来研究的方向之一，这种结合可能会产生新的高效电池结构。

## 3.7 交指式背接触（IBC）太阳能电池

从电极设计方面来说，背接触太阳能电池可以分为三类：

（1）发射极环绕穿透（emitter wrap through，EWT）太阳能电池：前、背表面都有发射极，且两面的发射极通过激光钻孔及金属化浆料互连。

（2）金属穿孔卷绕太阳能电池（metallization wrap through，MWT）：将前表面的所有的细栅线通过激光钻孔，在背表面用主栅线连接起来。

（3）交指式背接触太阳能电池（interdigitated back contact，IBC）：在 1975 年，由施瓦茨和拉默特首次提出交指式背接触太阳能电池。IBC 太阳能电池其正负极均以叉指状的方式排列在电池背光面，同时其 PN 结也位于电池背面。其特殊的结构使得其在降低光学损失、提升效率、改善电池性能、外观美观等多方面具备优势。这里，主要介绍 IBC 太阳能电池。

美国 SunPower 公司于 20 世纪 80 年代后期一直从事高效背面点接触电池的生产开发和应用，后来发展成为 IBC 太阳能电池。该电池的设计原理是基于其公司的创始人斯瓦森博士早期在斯坦福大学的高效聚光电池的研究成果。20 世纪末到 21 世纪初，SunPower 公司借助于丝网印刷电池技术和装备的不断更新的成果，对其 IBC 太阳能电池的制造工艺实行了进一步的简化，从而使其大规模生产成为可能。

### 3.7.1 IBC 太阳能电池结构与原理

传统晶硅太阳能电池的发射极和基极都是位于电池相对的两个面（前表面和背表面），相应将两个区域中光生载流子导出来的金属化栅线也是分别位于两个面，而且电池的正面（即受光面）是有电极遮挡的，入射光也在电池的正面会被电极反射而造成损失。也会采取高温掺杂所得高方阻、低表面浓度的设计来弥补金属化栅线的接触电阻损失，而高方阻也是工业化制备电池中的一个难点之一。然而，背接触太阳能电池的发射极和基极均位于电池的背表面，相应的金属化电极也是位于电池的背表面。

除了结构设计不同于常规电池外，交指式背接触太阳能电池还有以下优点：

（1）由于电池的前表面没有金属化电极，对入射光为“零”遮挡，可以单独优化光学设计和电学设计，可以在增加对光的吸收和利用的同时减少电学复合损失，可以提高电池的短路电流和开路电压，从而获得高的光电转换效率。

（2）由于金属化电极全放在电池的背表面，可以不必像设计传统晶硅太阳能电池受光面的电极那样（足够细），设计足够粗的电极反而能够减小电极本身的串联电阻。

（3）交指式背接触太阳能电池的组件封装将更加简单，可以实现完全自动化的共面相连，不像常规晶硅太阳能电池组件那样，相邻电池的连接必须将一片正面的电极和另一片电池背面的电极相连。

（4）交指式背接触太阳能电池组件的封装密度将大大增加，增加组件单位面积上的发电量，而且背接触电池组件的外观优美，更利于建筑一体化光伏（BIPV）的实现。

所以，IBC 太阳能电池最显著的特点是 PN 结和金属接触都处于太阳能电池的背部，前表面彻底避免了金属栅线电极的遮挡，结合前表面的金字塔绒面结构和减反射层组成的陷光结构，能够最大限度地利用入射光，减少光学损失，具有更高的短路电流。同时，背部采用优化的金属栅线电极，降低了串联电阻。

IBC 太阳能电池结构示意图如图 3-19 所示。从图 3-19 中可以看出，IBC 太阳能电池正面无金属电极设计，可实现电池前表面钝化及表面陷光结构的最优化设计，最大限度地降低电池界面缺陷，获得较低的表面复合速率和表面反射，增强对光学的吸收利用，较常规太阳能电池短路电流密度高；正负电极均设置在电池背光面，不必考虑电极遮挡问题，可适当增加正负电极的接触宽度，从而降低串联电阻，提升电池转换效率。前表面场为 $n^+$ 前场，利用钝化效应降低表面少子浓度，从而降低表面复合速率，同时还可以降低串联电阻，提升电子传输能力；背表面为采用扩散方式形成的叉指状排列的 $p^+$ 发射极和 $n^+$ 背表面场，发射极能够与 n 型硅基底形成 p-n 结，有效分流载流子，$n^+$ 背表面场区能够与 n 型硅形成高低结，增强载流子的分离能力；前后表面均采用 $SiO_2/SiN_x$ 叠层膜作为钝化膜，抑制 IBC 太阳能电池表面的载流子复合；前表面常镀上减反射膜，从而形成减反射膜层，提高发电效率；金属接触部分全都在背面的正负电极接触区域，呈叉指状排列。

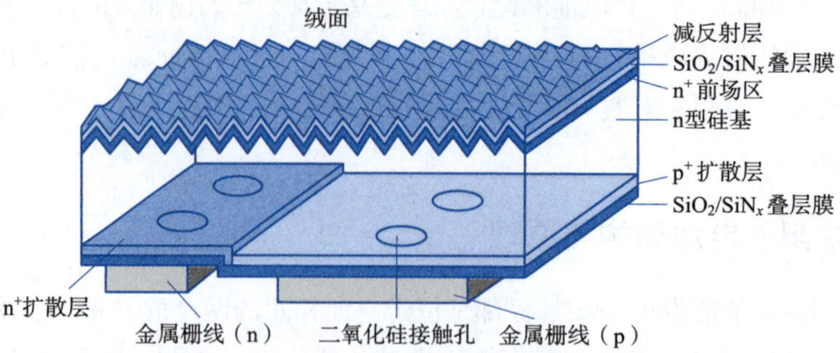


图 3-19　IBC 太阳能电池结构示意图

### 3.7.2 IBC 太阳能电池制备技术

经典 IBC 太阳能电池的生产步骤较为复杂，其中背面 p-n 交替的叉指状结构的形成是 IBC 太阳能电池的核心技术，传统的工艺需要采用半导体常用的精度更高、均匀性更好的离子注入设备，同时需要光刻掩模工艺设备，成本较高。按照经典 IBC 太阳能电池制备需要 18 步工艺，过程相对复杂，如图 3-20 所示。改良后的 IBC 太阳能电池工艺只要 14 步，采用 p 型硅片作为衬底，正背面均无须硼掺杂，且不需要掩模和光刻；p 区正电极采用铝浆，银浆使用量降低 50%，在设备环节省去了比较昂贵离子注入和光刻掩模设备，金属化环节采用高温银浆与铝浆，金属化成本同步降低，增加设备仅为激光设备与部分清洗设备，生产成本明显降低，具体步骤如图 3-21 所示。

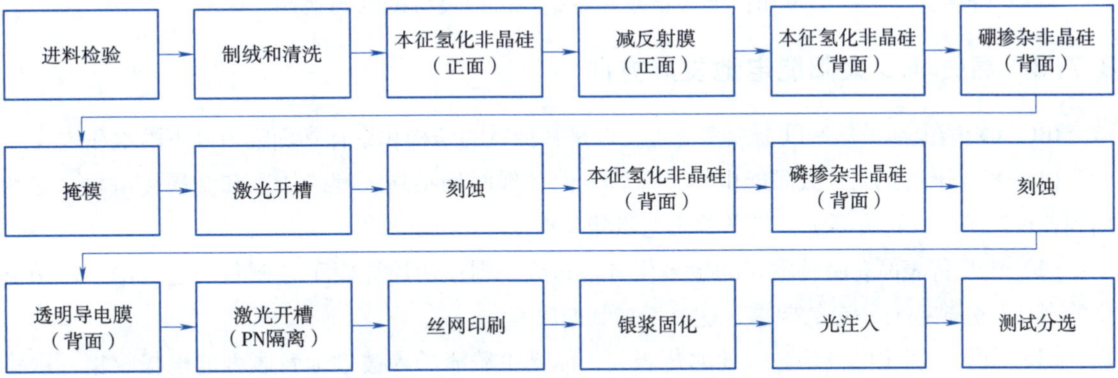


图 3-20　经典 IBC 太阳能电池工艺流程图

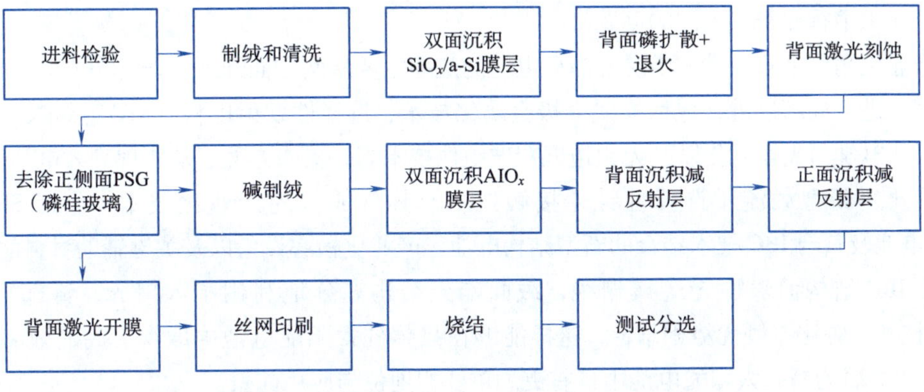


图 3-21　改良后的 IBC 太阳能电池工艺流程图

(1) 制绒和清洗：对 p 型单晶硅基底进行化学清洗和碱抛光，去除硅基底表面的机械损伤层和污染物，且使硅基底正背表面形貌较为平坦。

(2) 双面沉积氧化硅和非晶硅膜层：抛光后的基底正背面沉积氧化硅层和非晶硅层。

(3) 背面磷扩散、退火：对背面非晶硅层进行磷掺杂处理，后高温退火处理，非晶硅转化为多晶硅。

(4) 背面激光刻蚀：利用纳秒级或皮秒级激光对背面进行图案化处理。

(5) 去除正侧面 PSG：采用氢氟酸去除在基底正面以及侧面形成的磷硅玻璃层。

(6) 碱制绒：利用氢氧化钾溶液使基底正面和背面局部区域构造为金字塔绒面结构。

(7) 双面沉积 $AlO_x$ 膜层：以原子层沉积方式在基底正背面沉积一层致密的氧化铝薄膜。

(8) 背面沉积减反射膜层：以 PECVD 的方式在基底背面沉积氮化硅、氮氧化硅中的一种或多种叠层膜。

(9) 正面沉积减反射膜层：以 PECVD 的方式在基底正面沉积氮化硅、氮氧化硅中的一种或多种叠层膜。

(10) 背面激光开膜：利用纳秒级或皮秒级激光对背面减反射膜层和钝化膜叠层进行开膜处理。

(11) 丝网印刷正负电极：n 区印刷负电极银浆，p 区印刷正电极铝浆。

(12) 烧结：正电极铝浆和负电极银浆共烧结，形成良好的欧姆接触。

### 3.7.3 高效 IBC 太阳能电池发展方向

IBC 太阳能电池虽然有以上众多优点，但是其独特的结构和设计却面临着以下困难和挑战：

(1) 相对于传统晶硅太阳能电池，在背表面实现两种不同浓度的掺杂和金属化电极，必然用到掩模等工艺，这将增加其制备的工艺步骤及难度。

(2) 由于背表面有两种不同的金属化电极布局，则在使用掩模工艺制备的过程中，对图形化的定位和分辨率有一定的要求，这将增加制造成本。

(3) 由于金属化电极均在电池的背表面，而光生载流子须被电池背表面的电极收集，这将需要提供少数载流子寿命比较高的硅片（一般为 n 型硅片），这也是增加制造成本的因素之一。

其劣势在于工艺过程较为复杂且成本较高，难点在于在成本与效率之间的平衡，IBC 过程优化为其产业化中行业普遍关注的问题。

从产业化角度来看，进一步提升晶硅电池的效率主要从两方面开展工作：一方面，在现有生产线基础上进行局部改进，包括栅线电极金属化技术、选择性发射电极（SE）技术、先进陷光技术、组件电学与光学优化以及无铝边框双玻组件技术等；另一方面，从实现高效电池产品的角度来说，开发新型载流子选择性钝化接触技术及其低成本的产业化技术，包括 SHJ 电池、TOPCon 电池及其与 IBC 技术结合的新型结构电池、产业化核心设备以及关键辅助材料的研发。

利用 IBC 结构前表面无金属栅线，绒面陷光结构充分地利用了入射光，背部与 SHJ 和 TOPCon 技术全钝化接触优势相结合，这样能够在晶体硅太阳能电池中取得更高的效率。因而，IBC 结构在今后的晶硅太阳能电池中具有更加重要的地位与应用前景。

## 3.8 硅基薄膜太阳能电池

硅基薄膜材料是硅与其他元素构成合金的各种晶态（如纳米晶、微晶、多晶）和非晶态薄膜的统称，是一种极具潜力的光电能量转换材料。

在理论研究方面，1958 年，安德森发表了开创性的论文《扩散在一定的无规网络中消失》，首先提出在无序体系中电子态定域化概念。其后，莫特在定域化理论基础上，将迁移率边和定域化带尾态概念引入了非晶态材料能带中。1977 年，安德森和莫特两人因对非晶态理论方面的贡献而获得诺贝尔物理学奖。与此同时，莫特等提出了非晶态半导体的 Mott-CFO 能带模型，为非晶硅基薄膜材料和器件研究打下良好的理论基础。

## 3.8.1 硅基薄膜太阳能电池材料

硅基薄膜太阳能电池只需几微米的厚度就能实现光电转换，相比传统的晶体硅太阳能电池，大大减少了硅材料的使用量，从而降低了成本。

### 1. 非晶硅基薄膜材料的结构

晶体硅中硅原子排列为正四面体结构，键合为 $sp^3$ 共价键，具有严格的晶格周期性和长程序。而非晶硅中原子的键合也为共价键，原子的排列基本上保持 $sp^3$ 键结构，只是键长和键角略有变化，这使非晶硅中原子的排列在保持短程序的情况下，丧失了严格的周期性和长程序。

由 X 射线衍射谱得到的其原子排列的径向分布函数 $g(r)$ 可以用来说明晶体硅和非晶硅的结构特征。由分子动力学模拟计算表可知，晶体硅的径向分布函数一系列的峰值可以表现晶体硅中所存在的长程序和短程序，这些峰相应于一系列的原子配位壳层。如图 3-22 所示，非晶硅的径向分布函数只显示出第一个和第二个峰值，这表明非晶硅中只存在最近邻和次近邻的短程序。

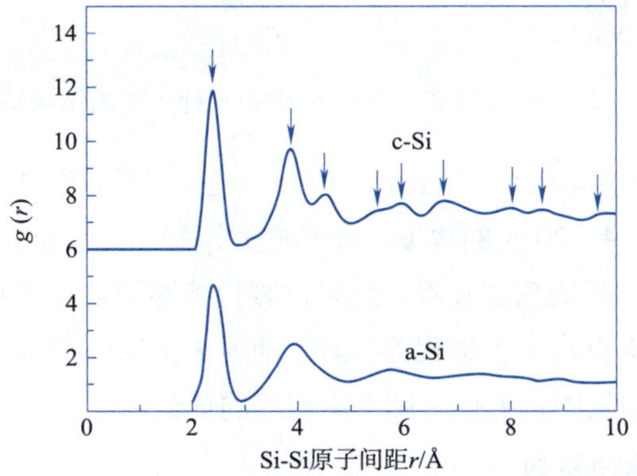


图 3-22 晶体硅与非晶硅原子排列的径向分布函数 $g(r)$

图 3-22 中非晶硅 $g(r)$ 第一峰的位置、强度和宽度与晶体硅都很相近。此峰位相应于 Si 原子与最近邻 $Si_1$ 原子的间距 $r_1 = 2.34$ Å $\pm \Delta r_1$。与晶体硅比较，非晶硅键长 $r_1$ 的相对偏差 $\Delta r_1/r$ 在 2%～3% 以内。由此峰的积分面积得到最近邻硅原子数或配位数，与晶体硅一样都为 4。

非晶硅 $g(r)$ 第二峰的位置与晶体硅也相近，相应于 Si 原子与次近邻 $Si_2$ 原子的间距 $r_2 = 3.82$ Å $\pm \Delta r_2$，但峰的强度降低，宽度增加，表明非晶硅中次近邻原子间距的偏差 $\Delta r_2$ 有较宽的分布范围，这主要是由键角 $\theta$（$\theta = 109.28 \pm \Delta\theta$）的偏差引起的，因为 $r_2$ 由键长 $r_1$ 和键角 $\theta$ 决定：$r_2 = 2r_1 : \sin(\theta/2)$，其中 $\Delta\theta/\theta < 10\%$。这一结果表明，同 $r_2$ 比较，$r_1$ 表征的短程序已有所降低。

非晶硅与晶体硅径向分布函数的主要差别在于，非晶硅 $g(r)$ 的第三峰几乎不存在，表明非晶硅中 Si 原子与第三近邻 $Si_3$ 原子的间距 $r_3$ 已不再有序。$r_3$ 取决于键长 $r_1$、键角 $\theta$ 和二面角 $\varphi$。通常晶体硅中 $\varphi = 60°$，其内能最低，形成类金刚石结构。而非晶硅中，模型计算表明，只需一部

分 $\varphi=0°$（类纤锌矿结构特征），就会导致 $r_3$ 的有序性消失。

氢化会使非晶硅的结构发生变化。但 a-Si: H 的 $g(r)$ 与不含氢的 a-Si 相似，只是随着 H 含量的增加，a-Si: H 的密度和表观配位数降低，其网络结构得到弛豫。从拉曼散射谱的结果推知，a-Si: H 的键角偏差 $\Delta\theta$ 下降，表明 H 的键入导致短程序的改善。

在 a-Si: H 网络中，导致多种结构缺陷和微空洞的形成是因无序结构的应变。除正常 4 配位键 $T_4°$ 外，主要结构缺陷如图 3-23 所示，其中包括 Si—Si 弱键（WB），三配位 Si 悬键 $T_3°$（D°）及其原生共轭对缺陷——五配位 Si 浮键 $T_5°$，以及 Si—H—Si 三中心键（TCB）等。此外还有多种结构缺陷与杂质形成的络合物。

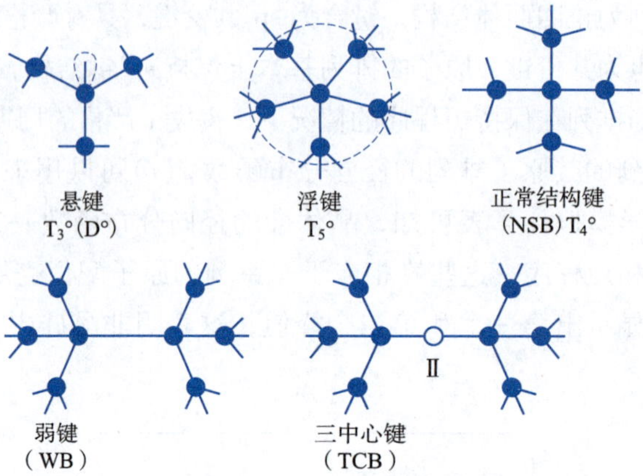


图 3-23　a-Si: H 正常网络结构和几种主要的结构缺陷

在非晶硅的短程序与晶体硅的长程序之间，存在一个过渡的尺寸区间，被称为中程序（IRO），该区间大致对应于 4～20 Å 的尺度。非晶硅的短程序主要维持到次近邻原子的排列，其距离 $r_2$ 约为 3.82 Å。从热力学的角度来看，纳米硅颗粒能够稳定存在的最小尺寸在 1～2 nm。前文提及的二面角和环状结构应归类于中程序范畴，而中程序对于非晶硅的光电性质以及相变过程具有显著的影响。此外，氢的引入也有助于中程序的优化。

### 2. 微晶硅及纳米硅薄膜材料

在 20 世纪 80 年代初期，科学家们在通过辉光放电分解硅烷以制备非晶硅的过程中，意外发现了一种新型薄膜材料。通过适当提高硅烷的氢稀释度和等离子体功率，他们成功制备出了一种具有更高电导率的薄膜，这种薄膜在电子衍射谱中呈现出独特的环状结晶形态，被命名为微晶硅。微晶硅薄膜由数纳米至数十纳米大小的硅晶粒子镶嵌于氢化非晶硅基质中构成，因此，氢化微晶硅（μc-Si: H）或简称微晶硅（μc-Si）被归类为非晶硅基薄膜材料。

微晶硅中的微晶相，其原子排列井然有序，带隙相对变窄。与非晶硅相比，微晶硅展现出了更高的电导率和掺杂效率，同时拥有更低的电导激活能和光吸收系数。鉴于其能够为透明导电电极和金属电极提供优良的欧姆接触，微晶硅最初被应用于 p-i-n 型 a-Si: H 电池的 n 型和 p 型掺杂层，并在叠层电池的隧道复合结中作为重掺杂层使用。由于微晶硅具有较窄的能隙和出色的光照稳定性，因此理论上也可以作为单结硅基薄膜太阳能电池的吸收层，或者与非晶硅结合构成叠层电池作为底电池的吸收层。

在采用等离子体增强化学气相沉积（PECVD）技术制备的微晶硅薄膜中，常含有高达 $10^{17}\,cm^{-3}$ 的施主态密度（可能与膜中氧含量有关），导致未掺杂微晶硅具有较高的暗电导率、较低的激活能和较低的光敏度。可通过降低膜中氧含量（如提高系统的本底真空度和源气体的纯度），或进行微量硼补偿掺杂来提高微晶硅的光敏度。随着晶相比的增加，微晶硅更加显示出间接带隙材料的特征，如吸收系数减小，即使在有良好陷光结构的条件下，也需要增加厚度到 1.5 ~ 2 μm 以上才能达到所需要的短路电流。然而微晶硅通常是在高氢稀释条件下制备，一般沉积速率远小于 1 Å/s（在 RF-PECVD 系统中）。随着晶相比的提高，晶粒之间的微空洞增加，使得微晶硅容易发生自然氧化，导致性能下降。

微晶硅两相结构示意图如图 3-24 所示。图中左侧区域晶相占据主导地位，非晶相则仅作为晶粒间的边界存在。当从左侧至右侧观察时，随着晶相比例的逐渐减少，非晶相开始占据优势地位，形成晶粒镶嵌的结构。在垂直方向上，晶粒以柱状方式生长，这是因为在低温条件下，晶粒之间不易合并，从而形成了柱状晶粒和晶界。在某些晶界处，还可以观察到微空洞的存在。靠近衬底表面的区域，可能存在一个微晶粒孵化层，孵化层内主要是非晶相向微晶相转变的过渡层。随着膜厚的增加，微晶粒逐渐增大，晶相比例也相应提升。

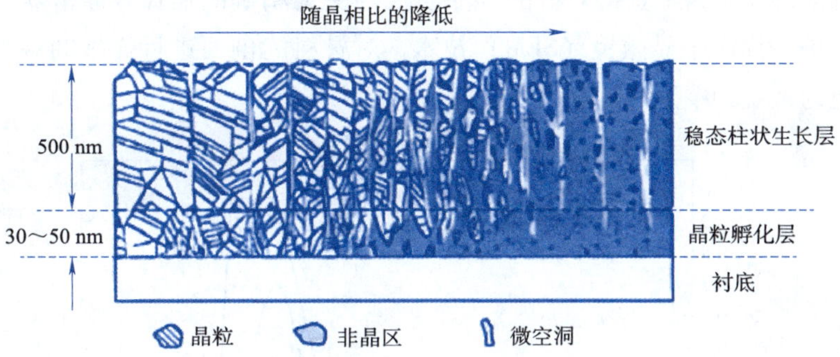


图 3-24　微晶硅两相结构示意图

微晶硅材料具备显著的特点和优势。首先，其光学带隙宽，可根据晶化情况在 1.12 eV（晶体硅）至 1.7 eV（非晶硅）之间灵活调整。若采用纳米晶体硅薄膜，带隙可进一步提升至 2.4 eV。因此，通过在正面增加硅衬底，不仅提升了对太阳光的透过率利用，同时也拓宽了对红外光谱的利用范围。其次，微晶硅材料拥有高电导率，特别是对于纳米晶硅，这一特性有助于增加短路电流和填充因子，从而提升太阳能电池的转换效率。此外，微晶硅材料性质稳定，可避免非晶硅薄膜长时间光照后性能下降的问题。另外，二氧化硅等材料也适用于本征钝化层的应用，为微晶硅材料的应用提供了更多可能性。

微晶硅材料结构分析常用的手段包括 X 射线衍射（XRD）光谱、拉曼（Raman）散射光谱、红外（IR）吸收光谱和各种超精细电镜技术等。在 μc-Si: H 材料中，微晶晶粒呈柱状生长，垂直于衬底表面，在 XRD 谱中显示出峰位在 $2\theta = 47.311°$ 的（220）择优取向。此外，在 XRD 中还常有（111）和（311）取向的衍射峰，其 $2\theta$ 分别为 28.451°和 56.131°。微晶硅的晶粒尺寸 $d$ 和内应力 $\eta$ 可用德拜-谢乐公式进行计算

$$\Delta\theta\cos\theta = \frac{k\lambda}{d} + \eta\sin\theta \tag{3-1}$$

式中，$\lambda$ 为 X 射线波长，常用 Cu 的 Ka 射线作为射线源，$\lambda=0.154\ 18$ nm；$2\theta$ 为衍射角；$\Delta\theta$ 为衍射峰半高宽（FWHM）。

将 $\Delta\theta/\cos\theta$ 对 $\sin\theta$ 作图，两者之间存在线性关系，由直线的斜率可求得内应力 $\eta$，由直线的截距可求得 $k\lambda/d$，这里 $k$ 为常数，在 0.8～1.39 之间。值得注意的是，德拜-谢乐公式仅适用于球形晶粒。当应用于微晶硅柱状晶粒时，该公式所估算的晶粒尺寸将显著偏小。

拉曼散射光谱能够揭示微晶硅的微观结构特征。微晶硅的拉曼散射光谱与非晶硅的在某些方面具有相似性，但它们之间也存在显著的差异。主要不同是微晶硅具有两相结构，其 TO 模中包含了三个分量：非晶峰（480～490 $cm^{-1}$）、晶相峰（510～520 $cm^{-1}$）和中间峰（500～505 $cm^{-1}$），这些特征如图 3-25 所示。与纯非晶硅的 TO 模相比，微晶硅的非晶峰会出现峰宽收缩和峰位蓝移的现象。而晶相峰与晶体硅的 TO 模相比较，则会出现峰宽增宽和峰位红移的现象。然而，中间峰的存在可能与晶界有关，也可能与材料中的中等有序结构相关。通过分析晶相峰的半高宽和峰位的红移，可以依据声子的量子尺寸限制效应对微晶硅的晶粒尺寸进行估算。但这种估算方法仅适用于数纳米级别的尺寸范围，并且还需要考虑薄膜内部应力对结果的潜在影响。在进行 Raman 散射测量时，应使用较低的入射激光功率，以防止局部热效应导致散射峰展宽，从而影响测量的准确性。为了获得对微晶硅晶粒尺寸更为精确的估算，通常需要借助透射电子显微镜（TEM）或扫描电子显微镜（SEM）技术，对材料的剖面进行详细的观察和分析。这些技术能够提供更为直观和精确的晶粒尺寸信息。

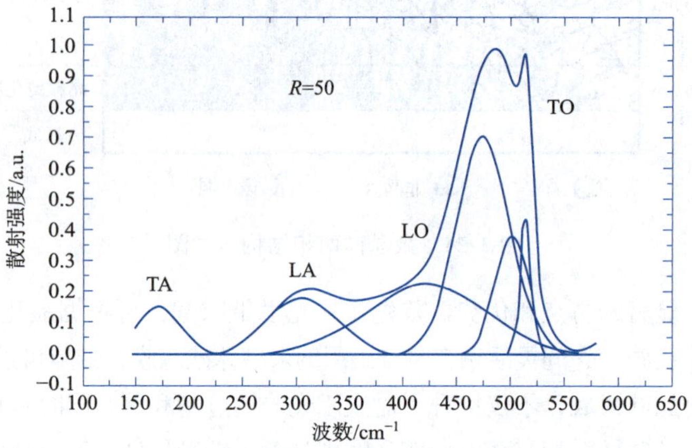


*R*—氢稀释比；TA—横声学模式；LA—纵声学模式；LO—纵光学模式；TO—横光学模式。

图 3-25　两相结构微晶硅的典型拉曼散射图谱

红外吸收谱技术为研究微晶硅（μc-Si:H）的结构特征提供了另一种有效的手段。相较于非晶硅（a-Si:H）的红外吸收谱，微晶硅的红外吸收谱在弯曲模部分表现出显著的红移现象，这是因为晶粒表面弯曲振动模的 620 $cm^{-1}$ 分量的出现。而在 μc-Si:H 的伸缩模中，除可观测到与非晶成分相关的 2 000 $cm^{-1}$ 和 2 100 $cm^{-1}$ 附近的吸收峰外，在其高能端和低能端会产生与微晶成分相关的新结构，如在 μc-Si:H 伸缩模的低能端出现的 1 895 $cm^{-1}$、1 929 $cm^{-1}$ 和 1 950 $cm^{-1}$ 峰和在高能端出现的 2 120 $cm^{-1}$ 和 2 150 $cm^{-1}$ 峰；特别是在高度微晶化的薄膜中还可观测到位于 2 083 $cm^{-1}$、2 103 $cm^{-1}$ 和 2 137 $cm^{-1}$ 的三个小吸收峰，主要是因为微晶晶粒间界上的 Si—$H_n$ 键，其中 $n$ 等于

1、2、3。这些 Si—$H_n$键吸收峰的存在预示着微晶晶粒间界尚未被非晶相充分钝化，将影响微晶硅薄膜的器件质量，还容易发生后氧化，在晶粒间界上形成硅的氢氧化物（$O_ySiH_x$），导致微晶硅电池性能变坏。

## 3.8.2 硅基薄膜太阳能电池结构及工作原理

硅基薄膜太阳能电池主要有单结硅基薄膜太阳能电池和多结硅基薄膜太阳能电池。

### 1. 单结硅基薄膜太阳能电池结构及工作原理

在传统的单晶和多晶太阳能电池中，通常采用 p-n 结结构。由于这些电池中载流子的扩散长度较长，因此电池的载流子收集长度主要取决于所用硅片的厚度。然而，在硅基薄膜太阳能电池中，使用的是非晶和微晶材料，这些材料的载流子迁移率和寿命远低于相应的晶体材料，导致载流子的扩散长度也较短。如果采用常规的 p-n 结结构，光生载流子可能在到达结区之前就已经复合。此外，如果使用较薄的材料，光的吸收率会降低，从而减少光生电流。为解决这一问题，硅基薄膜电池采用了 p-i-n 结构，其中 p 层和 n 层分别是通过硼掺杂和磷掺杂形成的，而 i 层则是未掺杂的本征材料。图3-26 所示为非晶硅 p-i-n 电池的能带示意图，其中 $E_c$代表导带底，$E_v$代表价带顶，$E_F$是费米能级。在无光照的热平衡状态下，p-i-n 三层结构中费米能级相同，导带和价带在本征层中从 p 层向 n 层倾斜形成内建电势。在理想情况下，p 层和 n 层费米能级的差值决定电池的内建电势，相应的电场称为内建电场。由于掺杂层内缺陷态浓度较高，对光电流有贡献的光生载流子主要在本征层中产生。在内建电势的作用下，光生电子向 n 层移动，而光生空穴向 p 层移动。在开路条件下，光生电子在 n 层积累，光生空穴在 p 层积累，这些积累的电荷在本征层中产生的电场部分抵消了内建电场。此时，n 层中的光生电子和 p 层中的光生空穴具有向相反方向扩散的趋势，以平衡光生载流子的收集电流。当扩散电流与内建电场作用下的收集电流达到动态平衡时，本征层中不存在净电流。此时，p 层和 n 层中累积的电荷产生的电压称为开路电压，其大小与多种材料特性相关，是太阳能电池的一个重要参数。开路电压不仅取决于本征层的带隙宽度，还受到本征层带尾态宽度和缺陷态密度的影响。宽带隙的本征材料会产生较高的开路电压，而窄带隙的材料则产生较低的开路电压。例如，非晶锗硅电池的开路电压通常低于非晶硅电池。较宽的带尾态和较高的缺陷态密度会降低开路电压。开路电压还受到掺杂层特性的影响，特别是掺杂浓度和掺杂效率。n 层和 p 层的费米能级差决定了开路电压的上限，因此掺杂层的优化至关重要，尤其是 p 层。为了提高开路电压，通常采用非晶碳化硅合金（a-SiC: H）或微晶硅（μc-Si: H）作为 p 层材料。尽管非晶碳化硅合金通常具有较高的缺陷态，但其较宽的带隙使其费米能级较低，同时其宽带隙特性还能减少 p 层中的吸收。而微晶硅由于其较小的带尾态宽度和较高的掺杂效率，费米能级可以非常接近价带顶，因此也能有效地提高开路电压。

#### 1）p-i-n 单结非晶硅薄膜太阳能电池

非晶硅基薄膜太阳能电池通常分为 p-i-n 和 n-i-p 两种结构。p-i-n 结构的电池通常在玻璃衬底上制备，按照 p 层、i 层、n 层的顺序依次连续沉积而成。由于光线是通过玻璃衬底进入太阳能电池的，因此玻璃衬底也被称为衬顶（superstrate）。在玻璃衬底上首先沉积的是一层透明导电膜（TCO），它具有双重作用：一是允许光线穿透进入电池，二是作为收集电流的电极，即顶电极。在透明导电膜上，依次沉积 p 层、i 层和 n 层，其中 p 层通常采用非晶碳化硅合金（a-SiC: H）。

因其禁带宽度较宽，透过率较传统 p 型非晶硅更高，因此也被称为窗口材料（window material）。使用 p 型非晶碳化硅合金虽能提升电池的开路电压和短路电流，但由于 p 型非晶硅碳合金与本征非晶硅在 p、i 界面处存在带隙不连续性，容易产生界面缺陷态，导致界面复合，进而降低电池的填充因子。为了降低界面缺陷态的密度，通常会引入一个缓变碳过渡层，这能有效减少界面态，从而提升电池的填充因子。在过渡层之上直接沉积本征非晶硅层，随后沉积 n 层。非晶硅层沉积完成后，可以直接在其上沉积背电极。常用的背电极材料有铝和银。实验室中倾向于使用银电极，因为银的反射率高于铝，有助于提升电池的短路电流。然而，由于银的成本较高，且在电池长期可靠性方面存在一些挑战，因此在大规模生产非晶硅太阳能电池时，铝背电极仍然是一个常用的选择。为了增强光在背电极处的有效散射并减少 n 层/金属界面的吸收，在沉积背电极前，可以在 n 层上增加一层氧化锌。氧化锌的引入带来以下三方面的好处：首先，它具有一定的粗糙度，有助于增加光散射；其次，它能够阻挡金属离子向半导体内部扩散，减少因金属离子扩散引起的电池短路问题；最后，氧化锌还能有效调节 n 层/金属界面的等离子体频率，降低界面吸收，进一步提升电池的整体性能。

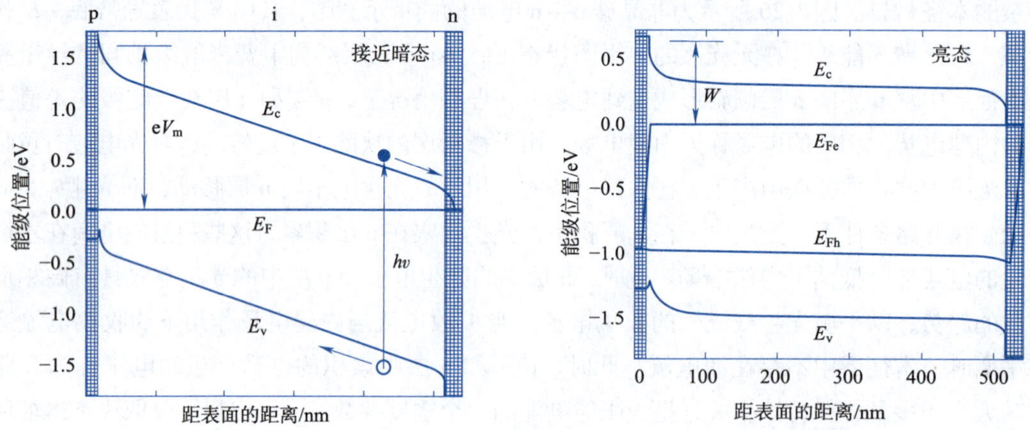


（a）在暗态　（b）强光照条件下的能带分布

图 3-26　非晶硅 p-i-n 电池的能带示意图

2）n-i-p 单结非晶硅薄膜太阳能电池

与 p-i-n 结构相对应的是 n-i-p 结构，这种结构通常沉积在不透明的衬底上，如不锈钢和塑料。由于非晶硅基薄膜中空穴的迁移率要比电子的迁移率小约两个数量级，因此 p 区应位于接近光照面的一侧。以不透光的不锈钢衬底为例，最佳制备电池结构应该是采用 n-i-p 结构，即首先在衬底上沉积背反射膜。常用的背反射膜包括银/氧化锌（Ag/ZnO）和铝/氧化锌（Ag/ZnO）。出于性能和成本的考虑，银/氧化锌常在实验室中使用，而铝/氧化锌多在大批量太阳能电池的生产中使用。在背反射膜上依次沉积 n 型、i 型和 p 型非晶硅或微晶硅材料后，在 p 层上沉积透明导电膜。铟锡氧化物（indium tin oxide，ITO）是常用的透明导电膜。由于 ITO 膜的表面电导率低于玻璃衬底上使用的透明导电膜，同时为了实现良好的减反效果，ITO 层的厚度一般较薄，仅为 70 nm 左右。另外，为了提高光电流的收集效率，在 ITO 层上通常需要添加金属栅线，以增加光电流的收集率。

与 p-i-n 结构相比，n-i-p 结构有以下几个特点：

（1）在背反射膜上沉积 n 层时，由于常用的背反射膜是金属/氧化锌，氧化锌的稳定性相对较高，不易被等离子体中的氢离子刻蚀，所以 n 层可以是非晶硅或微晶硅。

（2）由于电子的迁移率远高于空穴的迁移率，所以 n 层的沉积参数范围比较宽。

（3）p 层是直接沉积在本征层上，因此微晶硅可以作 p 层。微晶硅对短波吸收系数比非晶硅小，所以它作为 p 层电池的短波响应好。微晶硅 p 层的掺杂效率比非晶硅高，相应的电导率高，所以使用微晶硅 p 层可以有效地提高太阳能电池的开路电压。

n-i-p 结构的太阳能电池虽然具有一定的优势，但也存在一些局限性。首先，为了提升电流的收集效率，需要在 ITO 的顶电极上增加金属栅电极。这选择不可避免地会减少电池的有效光照面积，从而可能影响到电池的光电转换效率。其次，由于 ITO 材料的较薄，难以形成理想的粗糙绒面结构，这限制了其在光散射方面的性能。因此，电池的光散射效果在很大程度上依赖于背反射膜的绒面结构设计，这就意味着对背反射膜的制造工艺和质量控制提出了更高的要求。

3）单结非晶锗硅合金薄膜太阳能电池

非晶硅材料因其禁带宽度在 1.7 eV 至 1.8 eV，导致其对长波长光的吸收能力有限。为了增强该类太阳能电池对长波长光的响应，非晶锗硅（a-SiGe: H）合金作为一种本征窄带隙材料成为首选。通过调控合金中锗与硅的比例，可以有效地调节材料的禁带宽度。材料的禁带宽度随着锗含量的增加而降低，从而提升了该电池对长波长光的响应能力，这通常表现为短路电流的增加，但同时也会导致开路电压降低。

4）单结非晶和微晶混合相薄膜太阳能电池

在非晶硅和非晶锗硅的优化过程中，氢稀释扮演了一个至关重要的角色。当氢稀释达到一个特定的水平时，材料的结构会从无序的非晶态转变为包含有序排列的纳米级小晶粒。这些小晶粒在材料中的含量较低时，被称为纳米晶。纳米晶性质奇特，少量含有纳米晶的材料称为混合相材料，相应的太阳能电池则被称为混合相薄膜太阳能电池。该电池性能参数对沉积过程中的参数极为敏感。例如，在辉光放电等离子体中，即使是很微小的变化也可能引起材料特性和电池性能的显著波动，所以通常在一块衬底上可以得到不同特性的电池分布。此外，混合相电池的开路电压通常介于非晶硅电池和微晶硅电池之间。一般而言，性能较好的非晶硅电池的开路电压大约在 1.0 V，而微晶硅电池的开路电压则大约在 0.5 V。混合相硅薄膜太阳能电池的开路电压则介于 0.5～1.0 V 之间，并且会随着材料中纳米晶含量的增减而发生明显变化。

5）单结微晶硅薄膜太阳能电池

虽然本征微晶硅中载流子的传输特性与非晶硅相比有了明显的提高，但材料中载流子的扩散长度较小。微晶硅电池仍然采用和非晶硅类似的 p-i-n 或 n-i-p 结构，来提高电池对光生载流子的有效收集。同样 p-i-n 结构一般是沉积在玻璃衬底上，而 n-i-p 结构沉积在不锈钢或塑料衬底上。

虽然微晶硅长波吸收系数比非晶硅高，短波吸收系数确比非晶硅小得多。微晶硅电池用增加本征层厚度的方式，来提高电池的短路电流，所以其本征层要比非晶硅的厚得多，一般都在 1～5 μm。微晶硅电池的长波响应优良，所以单结电池的短路电流比非晶硅电池的高。非晶硅和微晶硅薄膜太阳能电池光电流的光谱响应曲线如图 3-27（a）所示。从图中可以看出，由于非晶硅的禁带宽度一般在1.75～1.85 eV，其在波长为800 nm处，几乎无光谱响应。而微晶硅由于其禁带宽度较小，其在波长为1 000 nm处，还有将近15%～20%光谱响应。微晶硅的光学禁带宽度介于非晶硅和单晶硅之间，根据材料中纳米晶粒含量决定电池的长波响应。微晶硅的迁移率禁带宽度接近于单晶硅的禁带宽度，微晶硅的迁移率禁带宽度在1.1～1.2 eV，与材料中的晶相比无关。较小的禁带宽度决定了微晶硅薄膜太阳能电池的开路电压较小，一般条件下微晶硅薄膜太阳能电池的开路电压在0.5 V左右。

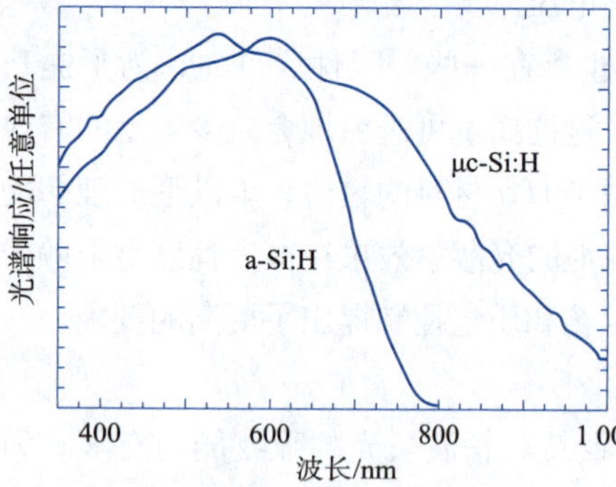


（a）微晶硅薄膜太阳能电池与非晶硅薄膜太阳能电池量子响应曲线的比较

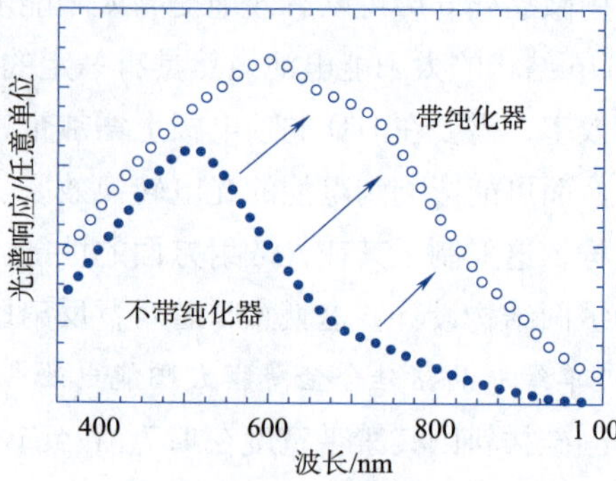


（b）含杂质较高和含杂质较低的微晶硅薄膜太阳能电池量子响应曲线的比较

图3-27 微晶硅和非晶硅薄膜太阳能电池光电流的光谱响应曲线

微晶硅薄膜太阳能电池相对非晶硅薄膜太阳能电池而言，其对杂质更加敏感。两种微晶硅薄膜太阳能电池量子响应曲线如图3-27（b）所示。一个是在没有气体过滤器的条件下制备的（不带纯化器），而另一个是在装有气体过滤器的条件下制备的（带纯化器）。从图3-27（b）中可以看到，不带气体纯化器时，电池对中长波响应较差，而带纯化器制备的微晶硅电池对中长波量子响应要明显高于前者。微晶硅薄膜太阳能电池主要是对氧杂质的敏感，氧原子在微晶硅中形成弱施主掺杂，使微晶硅薄膜太阳能电池的本征层中费米能级向上移动。同时本征层中的内建电场集中到p、i界面，而使本征层中大部分区域与N区之间的内建电场强度降低，从而使电池对长波响应降低。

对于n-i-p结构的微晶硅薄膜太阳能电池，面临杂质扩散这个严重问题。ITO作为n-i-p电池的电极，它不能很好地隔离杂质，特别是水和氧，所以n-i-p微晶电池的杂质扩散问题更为突出。研究人员对n-i-p微晶硅电池中杂质扩散问题进行了深入的研究。他们发现，未优化的微晶硅电池随时间的增加，转换效率明显降低，其中降低最为明显的是电流。通过小角度X射线衍射测量发现，未优化的微晶硅中存在较高的微空洞。通过优化微晶硅的沉积条件，可以使微晶硅的致密性得到显著提高，从而降低由于杂质扩散所引起的微晶硅电池效率的衰退。由于微晶硅结构的多样性，一般情况下微晶硅电池的光诱导稳定性较好。但含有较大比例非晶成分的微晶硅电池，在强光照条件下会产生光衰。

### 2. 多结硅基薄膜太阳能电池结构及工作原理

对于太阳能电池有用的光谱区包括紫外线、可见光和红外线。想有效地利用所有太阳光子的能量用一种禁带宽度的半导体材料显然不能满足。因为，当光子能量小于半导体禁带宽度时，在半导体中的吸收系数很小，对太阳能电池的转换效率没有贡献；当光子能量远大于禁带宽度时，有效的只是禁带宽度的部分，大于禁带宽度的部分能量通过热电子的形式损失掉。因此，利用多结电池可以有效地利用不同能量的光子。多结电池结构最先应用在高效Ⅲ-Ⅴ族化合物半导体太阳能电池中。多采用双结或多结的电池结构被用于以非晶硅、非晶锗硅合金和微晶硅为吸收材料的太阳能电池中。多结电池不仅可以提高对不同光谱区光子的有效利用，还可以提高太阳能电池的稳定性。在长时间光照条件下，非晶硅及非晶锗硅会产生光诱导缺陷。相同密度的光诱导缺陷态对具有薄本征层的太阳能电池效率的影响比对厚本征层电池的影响要小。在多结硅基薄膜太阳能电池中，每结的厚度都可以相对较薄，有利于提高内建电场，在假定各子电池的p、n掺杂层与单结电池相同的情况下，多结硅基薄膜太阳能电池效率更高，稳定性更好。

对于多结硅基薄膜太阳能电池，通常顶电池的本征层选择禁带宽度较宽的非晶硅。在早期的研究中人们也曾采用过非晶碳化硅合金作为顶电池的本征层，但是由于其缺陷态密度太高，电池的转换效率太低，所以已经很少有人采用非晶碳化硅合金了。理论上讲，底层电池的本征层应选用禁带宽度小的材料，固早期使用的是窄带隙材料非晶锗硅合金。但自从微晶硅被用来作为太阳能电池的本征层以来，其作为多结电池中底电池的本征层得到了深入的研究。

先以双结电池为例，介绍一下多结电池的工作原理。双结电池是由两个n-i-p结串联而成。在理想情况下，整体器件的光电压等于两个子电池光电压之和，而光电流等于两个子电池光电流中较小的一个。而整体器件的填充因子由两个子电池的填充因子和两个子电池光电流的差值来决定。两个子电池的连接是一个重要的环节。在两个电池的连接处是顶电池的n层和底电池的p层相连，这是一个反向p-n结，在此，光电流是以隧道复合的方式流过的。顶电池的n层中的电子通过隧道效应进入底电池p层中与其中的空穴复合，或者是底电池p层中的空穴通过隧道效应进入顶电池的n层中与那里的电子复合。提高载流子的迁移率是提高隧道效应最为有效的方法。在实际器件中，通常采用微晶硅p层或微晶硅n层。不同的多结电池，在器件的设计中会遇到不同的问题。

1）a-Si: H/a-Si: H 双结太阳能电池

非晶硅/非晶硅（a-Si: H/a-Si: H）双结太阳能电池是最简单的多结电池。它的顶电池和底电池都是非晶硅，通过调整顶电池和底电池中本征层的沉积参数可以使其禁带宽度有所不同。材料中氢的含量影响禁带宽度，在低温下材料中氢的含量较高，禁带较宽；高温材料中氢的含量相对较低，材料的禁带宽度较窄。顶电池的本征层需要较宽禁带宽度，所以顶电池的本征层在较低的衬底温度下沉积。而底电池的本征层需要较窄禁带宽度，所以底电池的本征层在较高的衬底温度下沉积。但是非晶硅的禁带宽度的可调整的范围很小。为了使其底电池有足够的电流，底电池的本征层要比顶电池的本征层厚得多。

2）a-Si: H/a-SiGe: H 双结太阳能电池

短路电流是限制a-Si: H/a-Si: H双结太阳能电池转换效率的主要参数。因为其底电池的长波响应不好，为了提高底电池的长波响应，非晶锗硅合金（a-SiGe: H）是理想的底电池本征材料。通过调节等离子体中硅烷（或乙硅烷）和锗烷的比例来调节材料的禁带宽度。对于a-Si: H/a-SiGe: H双结电池的底电池，其最佳锗硅比在15%~20%。相应的禁带宽度在1.6 eV左右。

3）a-Si: H/μc-Si: H 双结太阳能电池

微晶硅电池（μc-Si: H）在长波响应和稳定性方面比非晶锗硅要好，因此 a-Si: H/μc-Si: H 双结电池成为广泛研究的器件结构。特别是微晶硅的禁带宽度接近于单晶硅的 1.1 eV，是理想的底电池的本征层。

为了与底电池的电流相匹配，顶电池的电流密度要达到 13 ~ 15 $mA/cm^2$，要获得这么高的电流对于本征层的厚度控制要求很高。厚的 a-Si: H 本征层有两个问题：一是顶电池的填充因子会下降，导致双结太阳能电池的转换效率降低。二是影响双结太阳能电池的稳定性。因为厚的本征层会直接导致本征层中内建电场强度的降低，从而导致载流子的收集困难。这种情况在光照后尤为明显。为了解决这一问题，瑞士纳沙泰尔大学的研究人员利用在 a-Si: H 顶电池和 μc-Si: H 底电池之间插入一层中间层。利用中间层半反射膜将部分光子反射回顶电池，从而增加顶电池的电流，但底电池的电流会相应降低。氧化锌或其他电介质材料一般为半反射膜，影响其作用的两个重要参数是其厚度和折射率。顶电池的电流随半反射层厚度的增加而增加；相反，底电池的电流随半反射层厚度的增加而减少。当半反射层厚度超过某一定值，在光干涉作用下，顶电池和底电池的光电流都会随半反射层的厚度发生周期性变化。可以通过沉积在有一定粗糙度的绒面衬底上来减缓这种周期性的变化，因为绒面结构对光的散射作用，可以消除部分光的干涉效应。总体而言，虽然半反射膜增加了顶电池的电流，却降低了底电池的电流，但顶电池电流的增加小于底电池电流的减少。因为部分被反射的长波光子不能被顶电池所吸收，所以半反射膜对双结太阳能电池的总电流没有正面贡献。但可以通过对其优化，调节顶、底电池的电流匹配，来获得较大的双结叠层电池的输出电流。另外，在顶电池和底电池间插入半反射膜后，在顶电池厚度不是特别厚的情况下，也可以使顶电池和底电池达到电流匹配，从而取得高转换效率和高稳定性的双结电池。

4）a-Si: H/a-SiGe: H/a-SiGe: H 三结太阳能电池

早在 20 世纪 80 年代，美国能源转换器件公司（ECD）就开始了 a-Si: H/a-SiGe: H/a-SiGe: H 三结太阳能电池的研究。其电池结构是以不锈钢为衬底，在衬底上沉积背反射膜，然后三结 n-i-p 依次沉积在衬底上。三结太阳能电池不仅可以有效地利用太阳光的光谱，而且它的填充因子比单结电池的填充因子高。a-Si: H/a-SiGe: H/a-SiGe: H 三结太阳能电池中三个单结电池的填充因子各不相同。

由于顶电池很薄，其本征层中的缺陷态的密度比非晶锗硅中缺陷态密度低，而底电池的本征层中锗的含量比中间电池本征层的锗含量高，相应的缺陷态密度高，所以底电池的填充因子最低。在 a-Si: H/a-SiGe: H/a-SiGe: H 三结太阳能电池的设计中，顶电池的电流一般的是三个电池中最小的，由此来限制三结电池的短路电流（也就是顶电池限制模式），从而提高三结太阳能电池的填充因子。

5）a-Si: H/a-SiGe; H/μc-Si: H 三结太阳能电池

加入微晶硅的三结太阳能电池，其底电池的光谱响应可延伸到 1 100 nm，长波响应非常好。这得益于微晶硅电池的长波响应比非晶锗硅好。与 a-Si: H/a-SiGe: H/a-SiGe: H 三结太阳能电池相比，a-Si: H/a-SiGe: H/μc-Si: H 电池的短路电流更高，因为微晶硅底电池的禁带宽度较小，长波响应好；它的填充因子也更高。一是因为微晶硅电池的填充因子比非晶锗硅电池的好，二是因为微晶硅材料禁带宽度较小，电池的开路电压低。在电池的设计中采用底电池限制的短路电流有助于提高电池的填充因子。a-SiGe:H中间电池中采用了n型纳米硅氧（nc-$SiO_x$:H）层。不同于通常的中间反射层，这里的n型纳米硅氧层起到两个作用，一是中间电池的n层，n型纳米硅氧的禁带比通常的n型非晶硅宽，所以其吸收损失较小；二是起到中间反射层的作用，中间反射层是在中间电池和底电池间，被中间反射层反射出来的光可以有效地被中间电池和顶电池吸收。利用n型纳米硅氧层后，电流在三个子电池得到了合理分配，尽管电池的总电流密度并没有降低。

6）a-Si:H/μc-Si:H/μc-Si:H三结太阳能电池

a-Si:H/μc-Si:H/μc-Si:H三结太阳能电池结构的优点不仅是底电池和中间电池的长波响应好，而且稳定性也好，长时间光照所引起的衰变一般在3%~6%。

7）a-Si:H/a-Si:H/μc-Si:H三结太阳能电池

采用a-Si:H/a-Si:H/μc-Si:H三结结构太阳能电池可以获得更高的电池效率。在这种电池结构中，同样存在中间电池的电流很难与顶电池和底电池相匹配的问题。为了克服这种困难，同样可以在中间电池和底电池间插入半反射膜，从而将部分光反射到中间电池中，以达到提高中间电池电流的目的。

### 3.8.3 硅基薄膜太阳能电池制备技术

在硅基薄膜太阳能电池的生产中主要有两种技术：一种是以玻璃为衬底的p-i-n结构，另一种是以不锈钢或塑料薄膜等为柔性衬底的n-i-p结构。

#### 1. 以玻璃为衬底的硅基薄膜太阳能电池制备技术

以玻璃为衬底的电池模板的制备分为以下几个步骤：制备透明导电膜，透明导电膜的激光切割，非晶硅电池的沉积和氧化锌的沉积，非晶硅层的激光切割，金属背电极的沉积，金属背电极的激光切割，漏电流的钝化，边缘绝缘处理，EVA（乙烯-醋酸乙烯酯共聚物）封装。这个生产过程又可以分为三个部分：玻璃衬底的制备、硅基薄膜层的沉积和硅基薄膜太阳能电池的串联和封装。

1）玻璃衬底的制备

制备透明导电膜作为以玻璃为衬底的硅基薄膜电池的首道工序。衬底一般采用含钠离子较低的玻璃。为了阻挡金属离子扩散到半导体材料中，在沉积透明导电膜之前要沉积一层二氧化硅（厚度约50 nm）。然后再用物理或者化学镀膜等方法均匀镀上一层透明的导电氧化物薄膜，其膜材料主要包括In、Sn、Zn和Cd的氧化物及其复合多元氧化物。

衡量透明导电膜的质量主要有三个指标：一是电导率，由于透明导电膜本身是电池的正电极，因此透明导电膜的电导率直接影响电池的串联电阻，进而影响电池的填充因子；二是光透过率，透过率的大小直接影响电池的电流；三是透明电导膜表面的绒面织构，光的散射效果由绒面质量决定。

2）硅基薄膜层的沉积

非晶硅薄膜的沉积设备是整个生产线中最重要的设备，有单室和多室两种设备。

单室设备相对简单，所有不同层都在同一反应室内沉积。它的优点是成本低，运行稳定；缺点是气体的交叉污染。由于设备的成本低，所以相应的太阳能电池的成本低。如果在技术上能有效地减少掺杂气体的交叉污染，利用单室反应系统是降低生产成本最为有效的方法。

多室系统是生产高效硅基薄膜电池的重要手段。多室系统可以有效地避免反应气体的交叉污染，降低本征层中的杂质含量，提高太阳能电池的效率。同时电池的不同层可以同时沉积。但多室系统设备成本高，需要维护的部件多。

3）硅基薄膜太阳能电池的串联和封装

通常采用激光刻蚀的方法将大面积的电池分割成较窄的电池条，然后将每一条电池串联起来，这样可以提高电池板的电压。图3-28是以玻璃为衬底的非晶硅薄膜太阳能电池串联结构示意图。在沉积非晶硅或微晶硅之前，先用激光将透明导电膜刻成相互绝缘的条形电极，电极的宽度通常设计在1 cm左右；激光刻蚀的刻痕宽度为10～20 μm。

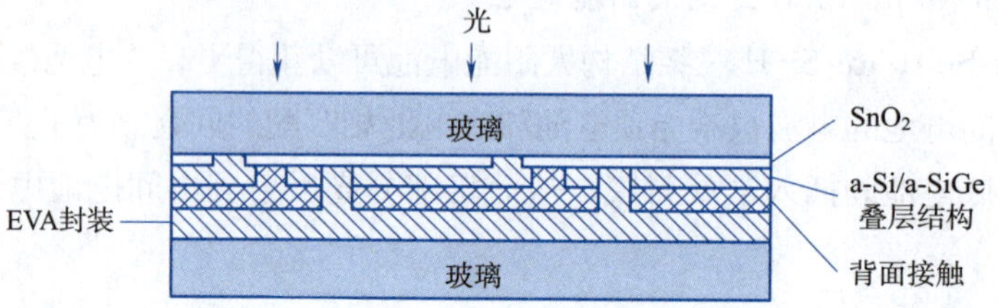


图3-28　以玻璃为衬底的非晶硅薄膜太阳能电池串联结构示意图

在非晶硅或微晶硅沉积完成后，进行第二次激光切割，将薄膜硅切成条。切割时，薄膜硅的激光切割线要接近透明导电膜的切割线，距离最好控制在10 μm左右。在完成第二次激光切割后，一般是采用溅射法进行金属背电极的沉积。在被激光刻蚀的硅薄膜处，金属背电极与前面透明导电膜相连接。在完成背电极的沉积后，为了使每条电池间串联，会在靠近第二道激光刻痕处进行第三次激光切割，这次切割是将背电极和薄膜硅层一同切开。在电池的边缘还要进行最后一次激光切割将背电极、薄膜硅和透明导电膜一同切掉，从而实现电池与周边的绝缘。

在完成所有的激光切刻后，通过超声波清洗将激光切刻的残留物清洗干净。之后再进行电池的钝化，利用反向偏压产生的电流将所有的短路区烧掉。最后进行电池性能测试，一般是在大面积太阳模拟器下测量电池的短路电流、开路电压和填充因子，并将不合格的产品去除。最后一道工序是电池的封装，包括利用EVA将另一块玻璃封装到电池板上，将电池接上引线，装上框架等。

## 2. 柔性衬底非晶硅基薄膜太阳能电池制备技术

柔性衬底太阳能电池使用的是柔性材料，如不锈钢或聚酯膜，与传统的硬衬底（如平板式晶体硅、玻璃）相比，具有质量小、可折叠和不易破碎的特点。一般采用卷对卷（roll-to-roll）工艺。主要工艺包括：

（1）将成卷不锈钢带（带磁性）装入专用清洗机中，采用卷对卷方式进行钢带传送，对钢带两个表面同时进行清洗、干燥。

（2）磁控溅射沉积金属和金属氧化层，以增强衬底的反射率。

（3）整个制造过程中最关键的工艺步骤：采用等离子体化学气相沉积法沉积非晶硅层，以形成叠层太阳能电池结构。对于三结非晶硅太阳能电池来说，需要在已经做好的背反射器的表面连续沉积九层硅基薄膜，包括三个p-i-n结子电池，各分离的反应室之间需要设计独特的气氛隔离室以防止相邻反应室间的气体交叉污染。

(4) 硅基薄膜沉积完成之后，需在电池顶部沉积铟锡氧化物（ITO），即透明导电氧化层作为入射光的减反射层。

(5) 需要在光入射一面布置栅线，并根据最后电池的尺寸和形状，进行切割、电极接合、电池切割和电池互联，从而构成具有一定参数的电池组件。

### 3.8.4 硅基薄膜太阳能电池发展方向

硅基薄膜太阳能电池与晶体硅太阳能电池相比，具有生产耗能少、价格低、使用灵活、适合工业化生产、光吸收能力强、对光照的敏感度较低，能在较差光照条件下（如阴天或室内）仍保持较好的性能等特点。但硅基薄膜太阳能电池的光电转换效率相对较低，且在光照下可能发生光致衰退效应，导致性能不稳定。所以，研究方向会以硅基薄膜太阳能电池的光管理、电池电学特性和结构的优化为主。

在硅基薄膜太阳能电池中，为限制光致衰退效应对硅基薄膜太阳能电池的影响，必须要求在厚度尽可能薄的电池上获得更高的光吸收，故光管理一直是研究的热点内容之一，而传统及新型的陷光结构研究是有效改善光管理的手段。对陷光结构制备工艺及其结构进行优化，如多尺度陷光织构的设计和贵金属等离子体陷光研究等，可以有效提高非晶硅薄膜太阳能电池的光电转换效率。在电池电学特性和结构优化方面，超薄硅基薄膜电池仍然是主要研究方向之一。另外，半透明和柔性衬底的研究依然会保持着较高热度。

尽管硅基薄膜太阳能电池存在转换效率低和不稳定的劣势，但其成本低廉的优势使得薄膜电池在市场中具有潜力，相信经过科学技术领域的不断研究和开发，预计未来成本可以继续下降，效率也可以不断提高，其稳定性也能不断提高。

### 拓展阅读 目前世界最高效的太阳能电池

硅基半导体技术是现代信息和能源产业的基石。在信息技术领域，硅基芯片通过不断实现尺寸的微缩化，显著提升了计算性能。同样，在能源领域，硅基光伏技术也在通过技术创新，持续提高其光电转换效率。这一基于半导体技术的新能源产业，因应新能源需求而迅速发展，正成为推动能源开源和保障能源安全的重要力量。硅基光伏产业的发展不仅有助于加速实现“碳达峰碳中和”的目标，而且对于促进能源革命、推动能源结构的绿色低碳转型具有重要意义。

2023 年 5 月，我国科研团队在 *Nature Energy* 期刊发表文章，宣布研制出转换效率高达 26.81% 的晶体硅异质结太阳能电池，这一效率创下了硅基太阳能电池的新世界纪录。这一成就不仅打破了日本 Kaneka 公司自 2017 年保持的小面积太阳能电池效率纪录，也标志着我国在光伏技术领域正式迈入全球领跑者行列。该款太阳能电池采用主流的晶体硅材料，但其转换效率远超传统产品。这一创新成果不仅有望进一步巩固太阳能电池在能源转型中的核心地位，更有可能重塑全球向可再生能源过度的竞争格局。

采用 p 型纳米晶硅薄膜接触层，取代了传统的 p 型非晶硅接触层，这一创新在高效异质结电池的应用上取得了历史性的突破，创造了新的世界转换效率纪录。这一核心技术的突破涉及对膜层结构和掺杂效率的深入优化。新型空穴接触层的采用，使得晶体硅太阳能电池在电阻更小的情况下传输电能，显著提高了功率转换效率。隆基研究人员在标准工业级硅片上开发的这项技术，可迅速应用于太阳能电池板的生产，相较于传统技术，电池性能实现了1.5%的显著提升。同时经过对新接触层的电流通道进行细致分析发现，新型p型纳米晶硅接触层具有更低的激活能，这有助于降低空穴传输的界面势垒，并促进了更高效的带间隧穿效应。随着表面钝化技术的不断进步，表面复合效应将变得不那么显著，而硅材料本身的俄歇复合过程将变得更加重要。在这种情况下，二极管的理想因子可以小于1，接触电阻的降低将直接推动填充因子的提高，从而实现功率转换效率的突破。这标志着在提升硅基太阳能电池电性能方面取得了显著进展，对于异质结、杂化电池以及其他类型硅基太阳能电池的性能提升具有积极影响。

在光电性能的对比分析中，采用该技术的新型硅异质结（SHJ）太阳能电池相较于其他技术展现了卓越的电学性能。加之光学设计的优化，该电池完全有能力在传统前背结构电池基础上实现效率的显著突破。更为细致的电学性能分析揭示了填充因子的快速增长，尤其是在超越理想因子为1的极限之后，成为电池性能提升的关键因素。这一性能的飞跃归功于电池背结的掺杂膜层革新：由传统的p型掺杂非晶硅薄膜（p-a-Si:H）优化为p型掺杂纳米晶硅薄膜（p-nc-Si:H），实现了接触电阻的显著降低。

通过深入分析进一步证实，p-nc-Si:H在晶化率、电导率和激活能方面相比p-a-Si:H具有明显优势，这使得空穴在异质结中的传输更为高效和更优质的表面钝化效果。实际测试显示，采用p-nc-Si:H的异质结电池在接触电阻和表面复合电流密度上分别达到了5 $m\Omega\cdot cm^2$和0.5 $fA/cm^2$的优异水平。这些进步使得电池的开路电压提升至751.4 mV，而填充因子高达86.07%。经过德国哈梅林太阳能研究所（ISFH）的认证，该电池的光电转换效率达到了26.81%，刷新了目前单晶硅太阳能电池的世界纪录。

## 思考题

1. 晶硅太阳能电池工作原理是什么？
2. PERC与PERL太阳能电池区别在哪里？
3. 导致晶体硅太阳能电池效率损失的原因有哪些？
4. 非晶硅基薄膜材料有哪些光学特性？
5. 你认为将来哪种晶硅太阳能电池将更有潜力。

# 第4章

# 砷化镓薄膜太阳能电池原理和设计

在广袤的戈壁荒漠之上，铺设着以硅为主要成分的太阳能电池板，它们通常的光电转换效率大约为20%。然而，在中国空间站上，使用的太阳能电池技术却更为先进，其转换效率达到了令人瞩目的32%，这得益于砷化镓太阳能电池的卓越性能。砷化镓材料制成的太阳能电池不仅在质量上更为轻盈，而且具有出色的抗辐射能力，这些特性使其成为航天领域的理想选择。本章将深入介绍砷化镓材料的结构和独特属性，全面阐释砷化镓太阳能电池的结构、工作原理，以及如何采用先进的制备技术来制造效率更高的砷化镓太阳能电池。

### 学习目标

（1）了解砷化镓太阳能电池的发展过程，掌握砷化镓电池材料的基本性质及优缺点。

（2）掌握砷化镓太阳能电池制备工艺的基本原理。

（3）掌握单结、双结以及三结砷化镓太阳能电池的基本结构及设计原理。

（4）了解砷化镓太阳能电池产业发展现状，未来主要的研究方向和发展方向。

### 学习重点

（1）砷化镓材料的基本性质及优缺点。

（2）单结、双结以及三结砷化镓太阳能电池的基本结构。

（3）不同砷化镓太阳能电池制备工艺的优缺点。

### 学习难点

（1）不同砷化镓太阳能电池制备工艺的原理。

（2）多结砷化镓太阳能电池的结构设计及优化。

## 4.1　砷化镓材料的结构与特点

砷化镓是元素周期表中Ⅲ族元素镓（Ga）与Ⅴ族元素砷（As）形成的化合物半导体材料，最早是由一位名叫高德斯密特（Goldschmidt）的科学家合成出来的，但直到二十多年后才发现砷化镓在半导体电学性能方面的特点。砷化镓材料主要分为两类，即半绝缘砷化镓材料和半导体砷化镓材料：前者主要用于制备金属-半导体场效应晶体管（metal-semiconductor field effect transistor，MESFET）、高电子迁移率晶体管（high electron mobility transistor，HEMT）和异质结双极性晶体管（heterojunction bipolar transistor，HBT）结构的电路，终端用途主要为雷达、卫星电视广播、微波及毫米波通信、无线通信及光纤通信等领域；后者主要应用于激光二极管（laser diode，LD）、发光二极管（light emitting diode，LED）和高效太阳能电池等光电子领域。本章主要介绍太阳能电池应用。

### 4.1.1　砷化镓材料的结构

GaAs 是由金属元素 Ga 与半金属元素 As 按原子比 1:1 化合而成，属于闪锌矿结构。这种晶体结构是由两个面心立方格子（格点上分别是砷和镓的两个子晶格）沿空间体对角线位移 1/4 长度套构而成。图 4-1 是 GaAs 材料晶胞结构示意图。Ⅲ-Ⅴ族化合物共价键模型认为这类化合物形成四面体共价结合，成键时由Ⅲ族原子提供 3 个 $s^2p^1$ 组态的价电子，而Ⅴ族原子提供 5 个 $s^2p^3$ 组态的价电子，相互作用产生 $sp^3$ 杂化，形成类似金刚石结构的共价键，用作形成四面体共价结合之用。这类化合物以共价结合为主，并带有部分离子结合性质。GaAs 的晶格常数为 $5.65\times10^{-10}$ m，特征波长在 880 nm 附近，在 300 K 时禁带宽度为 1.42 eV。

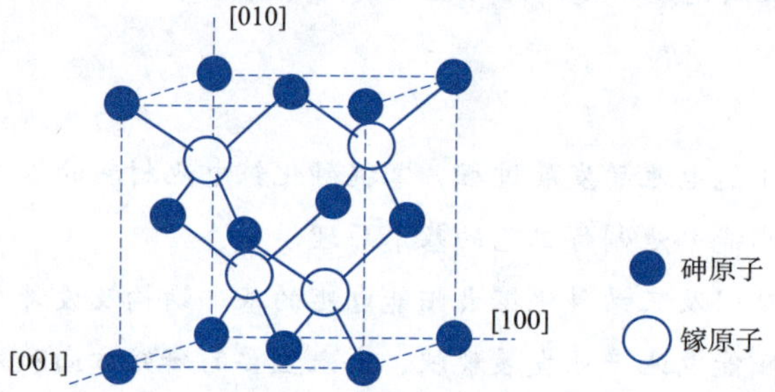


图 4-1　GaAs 材料晶胞结构示意图

### 4.1.2　砷化镓材料的特点

GaAs 是目前最成熟的化合物半导体材料之一，具有Ⅲ-Ⅴ族化合物半导体材料的独特性质，在 300 K 温度下 GaAs 的物理特性见表 4-1，与 Si 相比，GaAs 材料具有一些独特的性质。

**表 4-1　GaAs 晶体的物理特性**

| 参数名称 | 数　值 |
|---|---|
| 原子量 | 144.63 |
| 单位体积原子数 | $4.42\times10^{22}/cm^3$ |
| 密度 | 5.32 $g/cm^3$ |
| 晶格常数 | 5.653 3Å |
| 熔点 | 1 238 ℃ |
| 热导率 | 0.46 W/(cm · ℃) |
| 电子迁移率 | 8 500 $cm^2/(V\cdot s)$ |
| 空穴迁移率 | 400 $cm^2/(V\cdot s)$ |

续表

| 参数名称 | 数　值 |
|---|---|
| 本征载流子浓度 | $1.79\times10^6/cm^3$ |
| 本征电阻率 | 约 $10^8$ Ω·cm |
| 禁带宽度 | 1.42 eV |
| 介电常数 | 13.1 |

### 1. 光吸收能力强

GaAs是直接跃迁型半导体材料，当光照射在GaAs太阳能电池片上时，光子能量大于GaAs禁带宽度时，价带电子吸收一个光子就足以跃迁到导带成为自由载流子。而Si为间接跃迁型半导体材料，除了满足能量守恒条件外，还必须满足动量守恒，因此在可见光范围内，Si材料的光吸收系数要比GaAs材料低一个数量级以上。同样吸收95%的太阳光，GaAs太阳能电池只需4~10 μm的厚度，而Si太阳能电池则需大于150 μm。因此，GaAs太阳能电池能用于制备薄膜太阳能电池，大幅降低电池质量。

### 2. 光电转换效率高

GaAs的禁带宽度为1.42 eV，相较于Si的1.12 eV更宽，处于电池的最佳带隙之间。同时，GaAs的光谱响应特性和空间太阳光谱匹配能力也比Si好，因此GaAs太阳能电池的光电转换效率高。研究表明，Si太阳能电池理论效率仅为23%，而单结和多结GaAs太阳能电池的理论效率可分别达到27%和50%。

### 3. 耐高温性能好

太阳能电池的输出特性会随着温度的变化而改变，在一定温度范围内，升温会导致电池开路电压下降，短路电流略微上升，这是因为在高温下，光电池内部载流子浓度上升，但电子和空穴的复合速率增加，从而导致光电转换效率降低。GaAs的本征载流子浓度低，GaAs太阳能电池的最大功率温度系数约为-0.23%/℃，比Si太阳能电池-0.45%/℃小很多。当工作环境在200 ℃时，Si太阳能电池已不能工作，而GaAs太阳能电池依旧还能工作。

### 4. 抗辐射性能好

GaAs为直接带隙材料，少数载流子寿命较短，在离p-n结几个扩散度外产生的损伤，对光电流和暗电流均无影响。因此，GaAs薄膜太阳能电池抗高能粒子辐照的性能优于间接禁带的Si太阳能电池。在电子能量为1 MeV，光通量为 $1\times10^{15}$ 个/$cm^2$ 辐照条件下，辐照后与辐照前太阳能电池输出功率比，GaAs单结太阳能电池高于0.76，GaAs多结太阳能电池高于0.81，而硅太阳能电池仅为0.70。

### 5. 可制备高效的多结叠层太阳能电池

随着制备技术的日益完善，基于Ⅲ-Ⅴ族的三元、四元化合物半导体材料（GaInP、AlGaInP、GaInAs等）的生长技术取得重大突破，为制备GaAs叠层太阳能电池研制提供了多种可供选择的材料。

GaAs薄膜太阳能电池上述的优点正好符合空间环境对太阳能电池的要求：效率高、抗辐照性能好、耐高温、可靠性好。因此，GaAs 薄膜太阳能电池正逐步在空间科学领域取代传统的 Si 太阳能电池，成为空间能源的主力军。但 GaAs 基太阳能电池也存在固有缺陷限制其广泛应用：

（1）成本较高：GaAs 材料价格昂贵，约为 Si 材料价格的 10 倍以上，其中 Ga 属地球稀有元素。

（2）工艺复杂：GaAs 薄膜太阳能电池的生产工艺较为复杂，需要使用成本较高的外延生长技术。因为高质量的 GaAs 外延层对电池性能至关重要，且多层异质结构的 GaAs 电池无法采用 Si 电池生产中常用的扩散工艺。

（3）质量大：GaAs 材料的密度较大，为 Si 材料密度的 2 倍多。

（4）机械性能差：GaAs 材料的机械强度较弱、易碎。所以，尽管 GaAs 薄膜太阳能电池的效率较高，由于这些缺点，在地面应用领域未能得到广泛采用。

## 4.2 砷化镓薄膜太阳能电池制备技术

GaAs 材料得益于其出色的光吸收能力和光电转换效率，在太阳能电池的制造过程中，光吸收层的厚度可以很薄。GaAs 薄膜层的制备方法主要有液相外延（liquid phase epitaxy，LPE）、金属有机物化学气相沉积（metal-organic chemical vapor deposition，MOCVD）和分子束外延（molecular beam epitaxy，MBE）三种制备技术。按照生长速率来比较，LPE 技术速率最高，MOCVD 技术次之，MBE 技术最低。其制备技术以前以 LPE 技术为主，20 世纪 90 年代中期后逐渐被 MOCVD 技术取代。近几年随着量子阱、量子点等新型太阳能电池结构研究的开展，MBE 技术也更多地加入 GaAs 太阳能电池的研制中。

### 4.2.1 液相外延制备技术

LPE 技术是一种准平衡态的材料生长技术。这种技术是以待生长半导体材料中的低熔点金属（如 Ga、In 等）作为溶剂，以待生长材料的原料（如 GaAs、Al 等）和掺杂剂（如 Zn、Te 等）作为溶质，依据相图配制出饱和或过饱和的溶液，通过降温冷却使溶液中的溶质在衬底材料上以单晶形式析出。LPE 技术是在单晶衬底上定向生长一层晶体结构及晶格常数与单晶衬底类似的材料，除了延伸衬底的缺陷，定向生长的材料本身几乎没有任何新缺陷，因此具有优异的完整性。

LPE 技术发展到现在，采用的系统主要有浸渍系统、滑动舟系统和旋转坩埚系统（离心系统），如图 4-2 所示。浸渍系统通常采用立式或水平的加热炉和生长管，可降温生长，也可在衬底、溶液及溶质间构成一定的温度梯度，采用稳态法生长。滑动舟系统则是在一个密闭的舱室中放置一个可自由移动的石墨舟，底部开槽，石墨舟在衬底上移动生长外延薄膜，生长完毕后，刮除衬底表面残余的溶液。旋转坩埚系统是将坩埚安置在一根可以旋转的垂直柱上，金属溶剂可以通过改变旋转速度，在离心力的作用下覆盖或离开衬底表面。

LPE 技术的优点是设备简单、价格便宜、掺杂灵活、生长工艺也相对简单安全、毒性较小。LPE 技术的缺点主要是难以实现多层复杂结构的生长。因为液相外延生长受相图和溶解度等因素的限制，有许多异质结构不能用 LPE 技术实现。例如，Si 或 Ge 在 Ga 母液中的溶解度非常大，几乎不可能在 Si 或 Ge 衬底上通过 LPE 技术生长 GaAs。其次，LPE 生长的外延层的厚度不能精确控制，厚度均匀性较差，尤其是厚度小于 1 μm 的外延层生长困难；另外，LPE 外延片的表面形貌不够平整。由于 LPE 技术的上述缺点，已逐渐被 MOCVD 技术和 MBE 技术所取代。

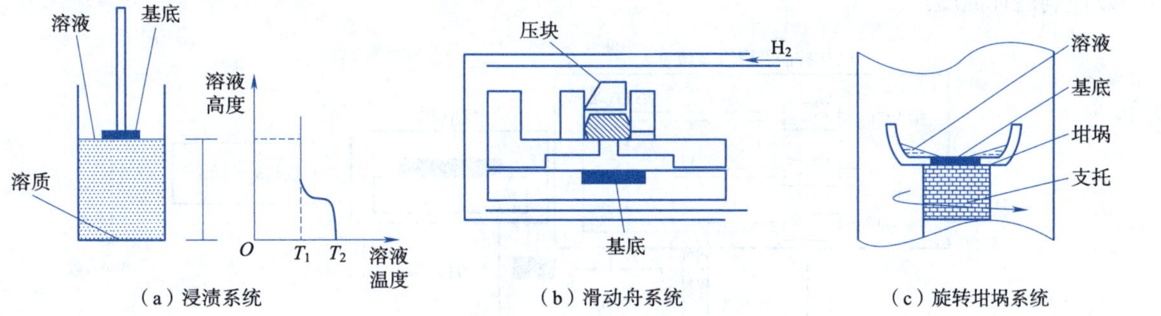


图 4-2　LPE 技术采用的系统

## 4.2.2　金属有机物化学气相沉积制备技术

MOCVD 是一种用于制备 GaAs 薄膜的先进技术，通过化学反应在衬底上沉积高质量的砷化镓薄膜，广泛应用于半导体和太阳能电池的制造。设备将Ⅱ族或Ⅲ族金属有机化合物与Ⅵ族或Ⅴ族元素的氢化物混合，形成特定混合气后通入反应腔，在经过预热的衬底表面时，会经历热分解反应。这一过程促使各种Ⅲ-Ⅴ族和Ⅱ-Ⅵ族化合物半导体薄膜以及它们的多元固溶体在衬底上进行外延生长，形成单晶层材料。通过精确控制反应条件，可以获得具有特定特性的高质量半导体薄膜。

MOCVD 技术由马纳塞维特等人于 1968 年在美国洛克威尔公司首创，是一种用于制造化合物半导体单晶薄膜的方法。这项技术是在气相外延生长（VPE）的基础上发展起来的，它借鉴了卤化物和氢化物气相外延技术，通过控制质量输运和层流气流来实现外延生长。MOCVD 技术经过多年发展，性能不断优化，特别是通过应用流体力学原理，如基片旋转、高流速、减压、改进反应室等措施，显著提高了生长的均匀性。

在低压或常压的反应室中，通过携带气体 $H_2$，将金属有机化合物原料和掺杂剂，如三钾基镓（TMGa）、三钾基铝（TMAl）、三钾基铟（TMIn）以及砷烷（$AsH_3$）和磷烷（$PH_3$）等氢化物输送至石英构成的反应器中。在特定的温度下，这些混合气体发生化学反应，该反应过程处于非平衡状态，促进了 GaAs、GaInP、AlInP 等Ⅲ-Ⅴ族化合物的形成。这些化合物随后沉积在预热的 GaAs 或 Ge 衬底上，从而生长出所需的单晶外延层。在掺杂过程中，常用的 n 型掺杂剂包括 Sn、Te、Si 等Ⅳ族或Ⅵ族元素，而 p 型掺杂剂则多为 Zn、Mg 等Ⅱ族元素。

MOCVD 系统的组成可大致分为：反应腔、气体控制及混合系统、计算机控制系统、反应源及废气处理系统，如图 4-3 所示。

### 1. 反应腔

反应腔是气体混合和化学反应发生的核心区域，通常由不锈钢或石英材料制成，内壁则衬以石英或耐高温陶瓷，以耐受高温和化学活性气体的侵蚀。腔体内配备有基座，用于放置衬底。该基座设计为高效吸热，能够迅速达到生长薄膜所需的温度，同时确保与反应气体不发生化学反应，因此通常由石墨材料制造。加热器的配置依据不同设计而异，有的置于反应腔内部，有的则位于腔体外。加热方式多样，包括红外线灯管、热阻丝和微波等多种加热技术。为了维持反应腔的稳定温度，避免在薄膜生长过程中过热，腔体内设计有冷却水通道，通过流通的冷却水来有效控制腔体温度。

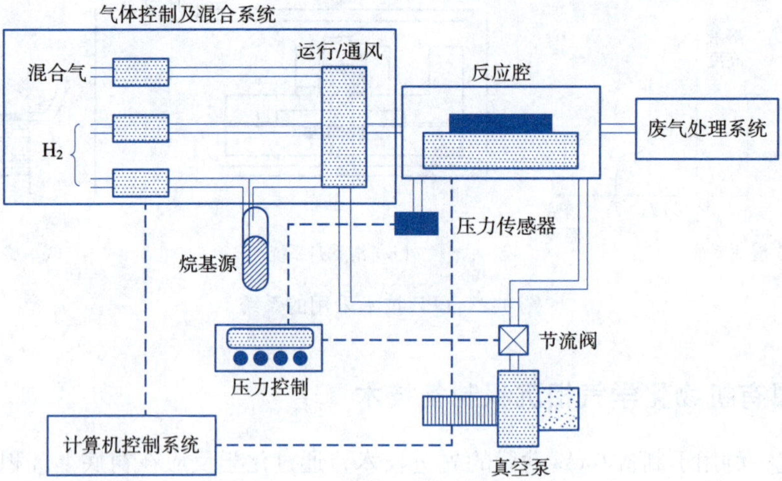


图 4-3　MOCVD 系统示意图

反应腔也是源材料在衬底上外延生长过程中至关重要的区域，它直接影响着外延层的厚度、组成均匀性、晶体质量、组分梯度、基底杂质水平以及外延膜的生产效率。因此反应腔应达到以下几个基本条件：

（1）不能形成气体湍流；

（2）基座本身不能存在温度梯度；

（3）尽可能低的残留效应。

### 2. 气体控制及混合系统

气体控制及混合系统的主要功能是向反应腔输送各种反应气源，并精确控制其浓度、生长时间、顺序以及总气体流量，满足生长处所需成分与结构的外延层。反应气源从系统的最上游供应端流入系统，经由流量控制器调节各个管路中的气体流量，进而进入反应腔。在进入反应腔之前，气体经过一组气体切换路由器，确定是进入反应腔参与反应生成薄膜，还是直接排至反应腔尾端的废气管路不参与反应。

### 3. 计算机控制系统

计算机控制系统负责调节气体流量、衬底温度、反应室压力、生长时间以及气路中的各种阀门等参数。通过这一系统，MOCVD 装置可以按照预先设计的程序进行运行。控制系统还包括安全速锁装置，以防止误操作可能造成的严重后果，并在发生事故时自动将系统置于保护状态，以保障操作人员的人身安全。计算机控制系统提高了生长过程的重现性，增强了软件的安全功能以及处理和分析事故的能力。先进的系统还能提供数据分析和统计气源消耗等功能，同时配备装卸片机械手，实现了 MOCVD 的全自动生长。

### 4. 反应源

反应源可以分成两种，有机金属反应源和氢化物气体反应源。有机金属反应源储存在一个具有两个联外管路的密封不锈钢罐内，在使用该金属反应源时，将这两个联外管路分别与MOCVD的管路通过VCR接头紧密连接，载流气体可以从其中一端流入，并从另外一端流出时将反应源的饱和蒸气带出，进而能够流至反应腔。氢化物气体则是储存在气密钢瓶内，通过压力调节器及流量控制器来控制流入反应腔体的气体速率。无论是有机金属反应源还是氢化物气体，都是具有毒性的物质。有机金属在接触空气后会自然氧化，因此毒性较低；而氢化物气体的毒性则非常高。因此，在使用时务必特别注意安全。

### 5. 废气处理系统

废气系统是位于系统的最末端，功能是在尾气排放前去除有毒、自燃的未反应源和反应副产品，减少对环境的污染。常见的废气处理技术包括物理吸附法，如使用活性炭过滤器；化学吸收法，如干式或湿式化学过滤器；以及热分解法，通过燃烧将有害气体转化为粉尘后进行过滤。这些方法可以单独使用，也可以组合应用以提高处理效率。尾气处理系统还有的以淋洗塔作为酸性、碱性、毒性气体收集装置，与集尘装置和排气淡化装置组合起来使用。尾气处理系统通常配备危险气体探测器，用于监测尾气及工作室内的有害气体含量，并把监测器与控制系统相连，成为安全联锁装置的重要组成部分。

在保证晶体生产质量的前提下，MOCVD技术与MBE技术相比，不仅具有MBE所能进行的超薄层、陡界面外延生长的能力，而且还具有设备简单、操作方便、生产速率高、便于大规模生产等特点，具有更大的实用价值。

MOCVD技术具有下列一些显著的特点：

（1）几乎可以生长组分按任意比例组成的化合物及合金半导体。这一现象的原因在于，理论上有机物能够与元素周期表中所有元素，包括金属和非金属元素，结合形成有机化合物。这些化合物在较低温度下可以汽化，使得气体能够迅速且均匀地混合。由于反应生成的副产品除了合成材料外，其余均为挥发性气体，因此可以通过精确调节不同气体的流量，对外延层的组成、导电性、载流子浓度以及厚度等关键特性进行精确控制。这一过程不仅能够生长出厚度仅为零点几纳米至几纳米的超薄单层，还能实现多层结构的精确堆叠。

（2）可以生产大面积均匀薄膜。材料的生长速度主要取决于生长表面上反应分子的密度或浓度，在恒定温度下，气体分子的密度由气体压强决定。基于气体的基本物理性质，MOCVD技术能够实现在生产材料表面上的均匀压强和气体中材料的快速传输。因此与其他外延生长技术相比，能够制备出面积更大、均匀性更好的薄膜。

（3）可以生长纯度很高的材料。不使用液体容器（如坩埚）并在较低温度下进行气相反应，有效减少了污染来源，结合有机源独特的提纯工艺，MOCVD技术能够生产出比其他半导体材料生长技术更纯净的材料，且纯度提升了整整一个数量级。

（4）生长易于控制。晶体的生长速率与Ⅲ族源的供给量成正比，气体源的供给可以精确控制，可以在加大的范围内改变外延生长速度，且气体源路的快速切换技术、生长过程编程全自动控制，使得人的随机因素影响减至最小，使生长薄膜重复性好。

（5）可以生长超薄外延层，并能获得很陡的界面过渡。低气压外延生长技术通过提高生长薄层的控制精度，实现了衬底-外延层之间界面杂质分布更为陡峭的外延层。

(6) 适合于生长各种异质结构材料。通过精确控制生长条件（如温度、压力和气体流量）来实现不同材料之间的平滑过渡和界面控制。可用于生长多种半导体材料，包括但不限于Ⅲ-Ⅴ族和Ⅱ-Ⅵ族化合物，以及它们的多元固溶体和超晶格结构。

MOCVD 方法已经成为 GaAs 薄膜太阳能电池工业化生产的主要镀膜技术，但也存在一些缺点，主要包括：

(1) 成本高昂，操作复杂。MOCVD 设备和相关的安装成本通常很高，这限制了其在实际工业化生产中的普及，且系统的操作和维护需要专业的技术和经验。

(2) 有机金属源材料的处理。$AsH_3$这些材料有剧毒，$Ga(CH_3)_3$遇到水和空气会爆炸，需要严格的安全措施进行处理和储存。

(3) 气体利用率。目前原材料的利用率较低，增加了外延层生长的成本。

### 4.2.3 分子束外延制备技术

MBE 是一种用于制备单晶薄膜的先进技术，它能够在合适的衬底条件下，沿着衬底材料晶轴方向精确生长薄膜。在超高真空的环境中，装有构成薄膜所需各种原材料的束源炉被加热，使得原材料蒸发成蒸汽。这些蒸汽经过小孔准直后形成有序的分子束或原子束，随后射向已被加热至特定温度的衬底基片。在衬底表面，分子或原子束参与化学反应并沉积，从而在原子的尺度上精确地控制材料组分、界面和厚度等参数，制备高质量的单晶外延材料，以及各种新型微纳结构的材料，原理如图 4-4 所示。

MBE 设备是多功能的高度集成系统，其标准几何结构配置由样品进样室、预处理室和生长室三个主要部分组成。生长室是整个外延生长设备最关键的一个组成部分，图 4-5 展示了其结构布局。主要由真空系统、束源炉、样品架和监测设备四个部分构成。其中，束源炉是盛放薄膜外延所需要的高纯原材料，对原材料加热并进行温度控制，从而产生所需的原子或分子束流。这些束流随后在样品架上的衬底表面进行精细沉积，形成外延薄膜。通过实时监测设备，可以对生长过程进行精确控制和实时观察，确保材料的精确生长。

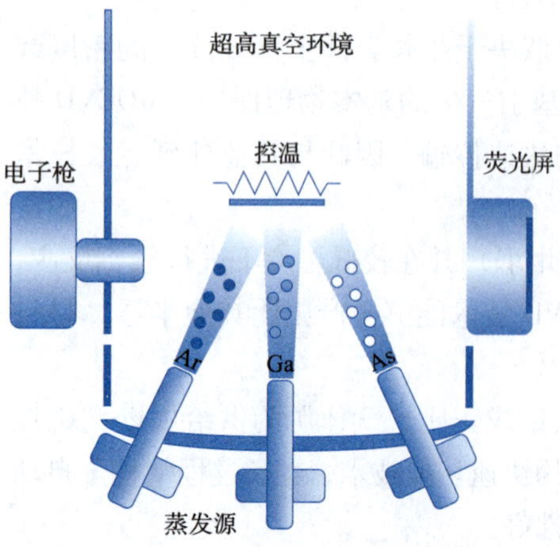

图 4-4　MBE 技术原理示意图

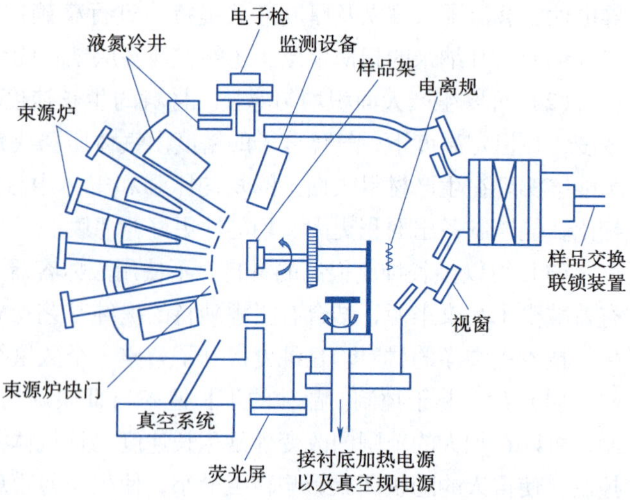

图 4-5　MBE 外延生长室结构布局

MEB生长涉及将固体原材料在真空束源炉内加热至蒸发或升华状态后，这些气态原子或分子在基片表面凝结并沉积形成薄膜。整个过程分为三个主要步骤：

（1）蒸发或升华：利用特定的加热方式将原材料组分蒸发或者升华，由固态或液态转换为气态。

（2）输送到基片：在真空状态下将气态原子或分子束流以一定蒸汽压条件由束源炉输运到基片。

（3）镀膜：利用原子或分子束流对基片表面冲击碰撞，在衬底表面上吸附和迁移，进而成核生长，这是一个以能量转换为主的过程。在单晶基体上生长具有相同晶格取向的同类单晶材料，即为同质外延；而在单晶基体上生长出晶格匹配或半匹配的异类单晶材料，即为异质外延。

整个镀膜过程涵盖了入射原子或分子流在衬底表面的吸附、解离、迁移、结合、再蒸发以及在近表面层之间的相互扩散等复杂动态。具体步骤如下：

①入射原子束或分子束撞击到衬底表面，在衬底的力场作用下被吸附；

②吸附到衬底表面的原子或分子颗粒为达到最低的表面自由能状态，需要找到能量较低的位置，因此发生迁移或解离；

③在衬底表面的晶格位点，原子通过吸附或迁移与邻近原子结合成键，形成稳定的核，随后逐渐扩展成为连续的单晶薄膜；

④部分没有完成结合的原子或分子可能会从表面脱附。

薄膜的生长过程受多种因素的影响，因此会造成不同的生长模式。通常将外延薄膜的生长划分为层状生长、岛状生长、混合生长三种模式，每种模式都是由动力学和热力学共同作用决定的。

（1）层状生长模式：即二维层状生长模式。当吸附粒子与衬底之间展现出良好的浸润性时，吸附的粒子更倾向于与衬底原子成键后结合成核。在这种条件下，沉积的粒子沿着衬底表面逐层堆叠，层层向上生长，最终形成表面较为平整、均匀的二维薄膜结构。

（2）岛状生长模式：即三维岛状生长模式。当吸附粒子间具有较强的相互作用，并且与衬底表面浸润性较差的情况下，吸附粒子不倾向于与衬底原子成键，而是倾向于粒子间的相互结合，从而在衬底上形成孤立的小核，即发生岛状成核。随后，这些小核逐渐演化成为三维的岛状结构。这种三维岛状生长模式主要是针对异质外延，是沉积粒子在基片表面以三维岛状模式堆砌成长。

（3）混合生长模式：即层状-岛状模式。介于前面的两种生长模式之间，在刚开始沉积生长时是层状生长结构，当到达一定临界值的厚度时，会发生应变弛豫，转变为岛状生长模式。

MBE薄膜生长是一个受表面化学反应控制的动力学过程，与其他镀膜技术不同之处在于其在超高真空中进行，并配备有先进的实时监测系统。因此MBE技术具有多项优势，主要体现在：

（1）可以生长出多种新型的薄膜材料。MEB生长过程不是在热平衡状态条件下进行的，所以一般热平衡方法无法获得的新型薄膜材料可以通过MEB生长实现。

（2）可以精确控制外延生长速率。可用于制备精细的量子阱结构和实现半导体材料的精确掺杂。

（3）可以通过实时在线监测装置提供生长过程中的相关信息，有助于开展薄膜的生长机理研究与分析。

(4) MBE 技术是采用较低温的加热设备，可以降低扩散运动对掺杂物质组分和含量的影响，同时还可以确控制陡变的掺杂浓度分布。

(5) 高真空度、清洁度的生长环境更有利于生长出低缺陷、低杂质、高性能的薄膜材料，提高成品率。

MBE 技术虽然在精确控制薄膜生长方面具有显著优势，但也存在一些局限性：

(1) 成本高昂：MBE 设备通常价格昂贵，且需要在超高真空环境中运行，极大地增加了生产成本。

(2) 生长速度慢：由于 MBE 需要精确控制生长条件，其生长速率往往较慢，限制了其在大规模生产中的应用。

(3) 技术复杂性：MBE 系统的操作和维护需要高度的专业知识和技能，对操作人员的技术水平要求较高。

(4) 束流稳定性：薄膜生长的性能与束源炉产生出的分子或原子束流大小和稳定性有着密切的关系，但实现和维持这种稳定性仍存在技术难题。

## 4.3 砷化镓薄膜太阳能电池结构与原理

GaAs 薄膜太阳能电池由于能隙与太阳光谱匹配较适合，具有较高的理论效率，主要应用于空间高效太阳能电池。较为成熟的电池结构有晶格匹配的单结 GaAs 电池、晶格匹配的 GaInP/GaAs 双结电池，以及晶格失配的 GaInP/GaAs/GaInAs 三结电池。

### 4.3.1 单结砷化镓薄膜太阳能电池

单结 GaAs 薄膜太阳能电池主要分为晶格匹配的同质结和晶格失配的异质结两种类型。目前单结 GaAs 薄膜太阳能电池转换效率最高为 29.1%。

#### 1. GaAs/GaAs 同质结薄膜太阳能电池

在 n 型 GaAs 衬底上，首先生长 0.5 μm 左右的 n 型 GaAs 缓冲层，然后生长 n 型 GaAs 作为背场，接着在此基础上生长 n 型 GaAs 作为基底层。随后，生长约 0.5 μm 的 p 型 GaAs 作为发射层，再利用一层 p 型的 $Al_xGa_{1-x}As$ 薄膜作为窗口层，从而形成单结 GaAs 薄膜太阳能电池。图 4-6 所示为单结 GaAs 薄膜太阳能电池结构。

其中，GaAs 与 AlGaAs 有良好的晶格匹配，在太阳能电池的受光面，宽带隙的 p 型 $Al_xGa_{1-x}As$ 层作为窗口层，其透射光谱与 GaAs 层的吸收光谱在一定范围内高度重合，形成了一个较宽的光谱响应区间，增强了太阳能电池对入射光的捕获能力，类似于一个高效的“光谱窗口”。此外，高 Al 组分 p-$Al_xGa_{1-x}As$/GaAs 异质结结构不仅与太阳光谱实现了良好的匹配，还在导带处形成了较大的能级不连续性，这一特性充当了光生电子的反射器，有效降低了界面处载流子的复合损失，从而提高了太阳能电池的整体光电转换效率。

#### 2. GaAs/Ge 异质结薄膜太阳能电池

实际工艺中，由于锗（Ge）单晶的机械强度比 GaAs 高，更不易碎裂，而且成本更低，因此常用 Ge 单晶来代替 GaAs 单晶作为衬底，且随着 Ge 衬底上异质结外延层技术的不断进步和成熟，Ge 衬底太阳能电池很快便取代了传统的同质结太阳能电池。图 4-7 所示为 GaAs/Ge 异质结薄膜太阳能电池结构。在发射极与基区之间插入了一层未掺杂的间隔层，其作用是抑制 $p^+$ 区与在 n 区晶粒间界上形成的 $n^+$ 子区之间载流子的隧道穿透，从而降低了暗电流，提高器件性能。

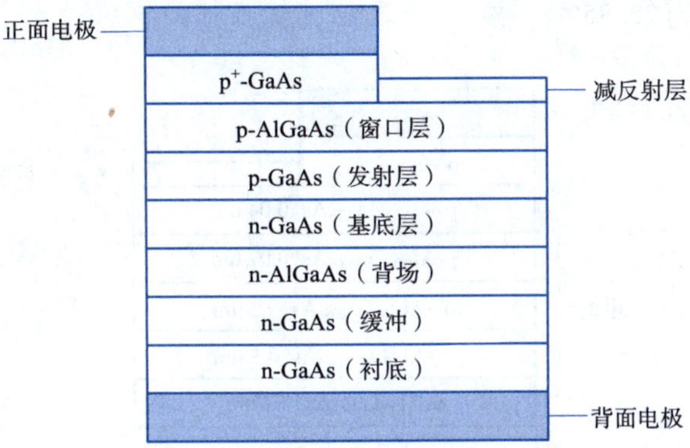


图 4-6　GaAs/GaAs 同质结薄膜太阳能电池结构

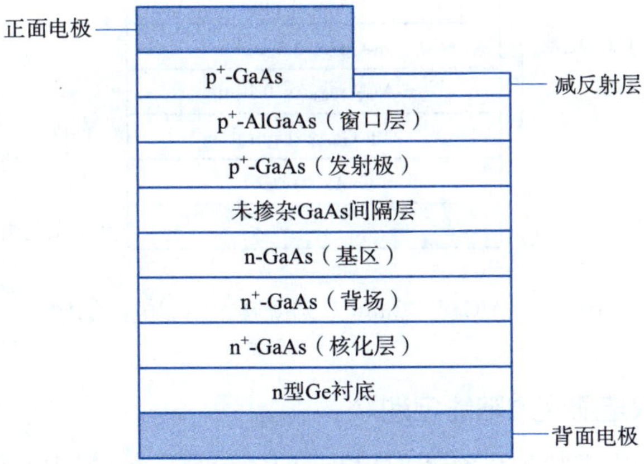


图 4-7　GaAs/Ge 异质结薄膜太阳能电池结构

## 4.3.2　双结砷化镓薄膜太阳能电池

单结电池的带隙宽度是固定的，只能吸收和转换特定波长范围内的太阳光，因而单一带隙太阳能电池的效率受到限制。根据肖克利-奎伊瑟的细致平衡理论计算，单一带隙太阳能电池的理论效率约为 32.2%。为提升能量转换效率，可以将太阳光谱划分为若干连续波段，并利用与这些波段最佳匹配的能带宽度材料制造电池，这些电池根据其带隙宽度，从大到小顺序堆叠构建叠层电池，从而实现对太阳光谱不同子区域的选择性吸收和转换。通过这种设计，叠层电池能够更高效地将接收到的光能转换为电能，最大限度地提高了太阳能电池的能量捕获和转换效率。理论计算表明，双结 GaAs 薄膜太阳能电池的极限转换效率可以达到 37%。

### 1. AlGaAs/GaAs 双结薄膜太阳能电池

在单结电池中，AlGaAs 的优异性能作为窗口层形成的 AlGaAs/GaAs 异质结获得了巨大的成功，因此在叠层电池研究初期，首先开展了 AlGaAs/GaAs 叠层电池的研究。$Al_{0.36}Ga_{0.64}As$ 的带隙宽度约为 1.93 eV，与 GaAs 的吸收光谱相匹配。图 4-8 所示为 AlGaAs/GaAs 双结薄膜太阳能电池结构，其能量转换效率为 28.85%。

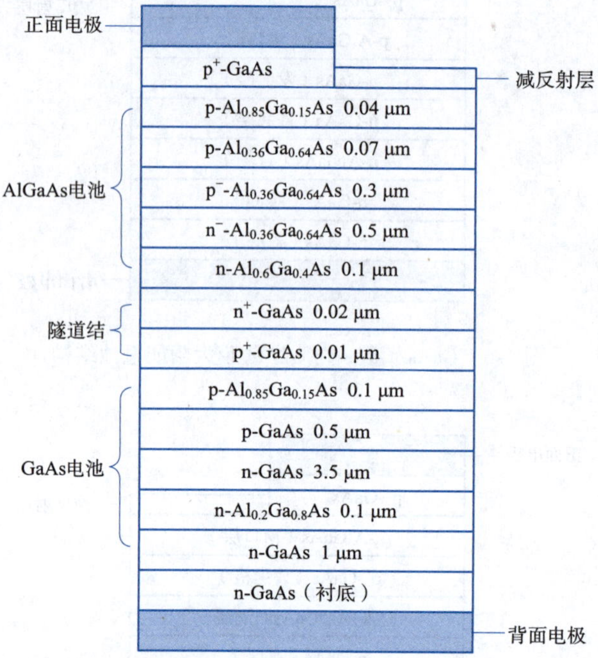


图 4-8　AlGaAs/GaAs 双结薄膜太阳能电池结构

### 2. GaInP/GaAs 双结薄膜太阳能电池

$Ga_{0.5}In_{0.5}P$ 是另一种宽带隙的与 GaAs 晶格匹配的材料。美国国家可再生能源实验室的研究人员首先注意到了这一点。与 AlGaAs 相比，Al 的存在极易被气源和系统中残留的氧气氧化，这种氧化现象会缩短少数载流子寿命，无法显著提高器件电流，而 GaInP 能弥补这一问题，有效降低载流子复合。图 4-9 为 GaInP/GaAs 双结薄膜太阳能电池，在 AM1.5 下效率达到了 27.3%。

在双结 GaAs 太阳能电池的设计中，主要包括 GaInP 电池、GaAs 电池，以及隧道结的设计，其中隧道结的作用是将底电池与顶电池连接起来。隧道结的性能受掺杂浓度影响，理论上高掺杂浓度能够获得高电导率，隧道结特性就越好。然而在高掺杂浓度下，掺杂剂的扩散问题变得更加显著，对太阳能电池的性能产生不利影响。因此，在设计太阳能电池时，需要根据电池的最大输出电流要求，选择适当的掺杂浓度。在确保满足应用需求的同时，尽可能降低掺杂剂扩散的问题，以实现最优的电池性能。采用 GaAs 作为隧道结时，掺杂浓度需达到 $3\times10^{19}$ cm$^{-3}$ 才能满足要求；采用 $Ga_{0.5}In_{0.5}P$ 作为隧道结时，掺杂浓度只需 $1\times10^{19}$ cm$^{-3}$ 就能满足要求；采用 $Ga_{0.5}In_{0.5}P$

作为隧道结，既对底电池起到窗口层作用，又对顶电池起到反射层作用，有效提升器件性能，在 AM1.5 下效率达 30.28%。

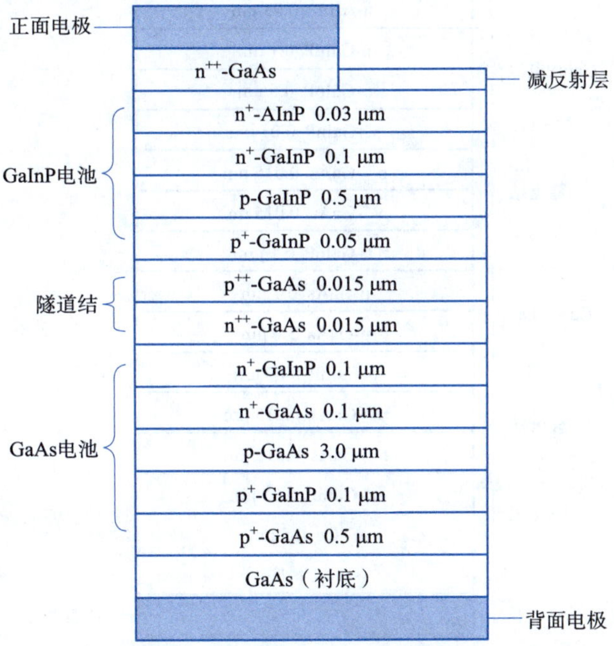


图 4-9　GaInP/GaAs 双结薄膜太阳能电池结构

## 4.3.3　三结砷化镓薄膜太阳能电池

目前企业研发主要以三结电池为主。2023 年三结电池的研发平均转换效率达到 36.9%，表 4-2 为 2023—2030 年国内 GaAs 薄膜太阳能电池转换效率变化趋势［《中国光伏产业发展路线图》（2023—2024 年）］。在三结电池中，顶电池、中电池、底电池分别吸收太阳光谱的短波、中波和长波。如果采用 Ge 衬底，需引入 Ge 底电池以实现三结电池的制备，晶格匹配的 Ge、GaAs、GaInP 的带隙宽度分别为 0.67 eV、1.42 eV 和 1.9 eV，可以构成理想的三结太阳能电池。

Spectrolab（斯派克）首次报道了这种三结 GaAs 薄膜太阳能电池，而后基于这种结构 2000 年的最高效率在 AM0 下达到 29%，2002 年量产平均效率达到 26.5%。图 4-10 为典型 GaInP/GaAs/Ge 三结薄膜太阳能电池结构。目前，我国上海空间电源研究所研究生产的 GaInP/GaAs/Ge 三结薄膜太阳能电池转换效率达到 32%。

**表 4-2　2023—2030 年国内 GaAs 薄膜太阳能电池转换效率变化趋势**

| 时　间 | 2023 年 | 2024 年 | 2025 年 | 2026 年 | 2028 年 | 2030 年 |
|---|---|---|---|---|---|---|
| GaAs 小电池片三结研发平均最高转换效率 | 36.9% | 37.2% | 37.8% | 38.0% | 38.5% | 39.5% |

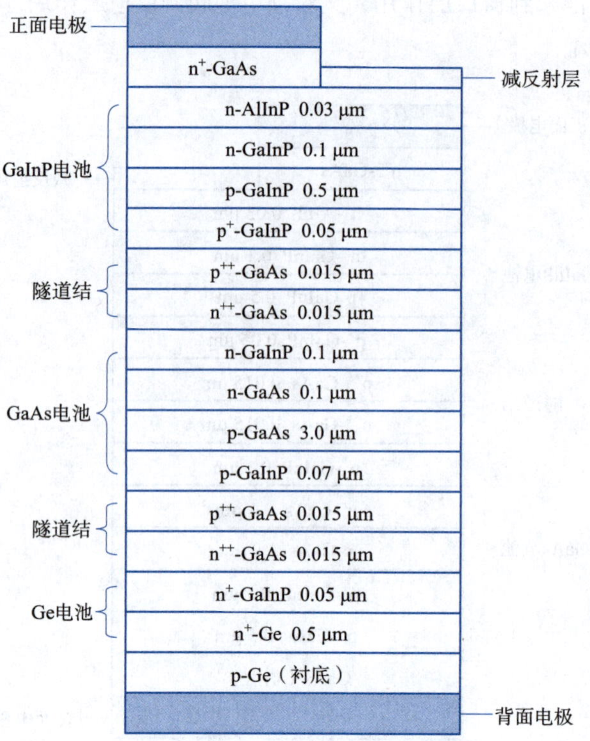


图 4-10　典型 GaInP/GaAs/Ge 三结薄膜太阳能电池结构

## 4.4　砷化镓薄膜太阳能电池设计及产业现状

GaAs 薄膜太阳能电池制备工艺主要包括电池上电极、下电极、增透膜、子电池的制作。这些工艺步骤的控制对太阳能电池的整体性能起着决定性作用。

### 4.4.1　高效砷化镓薄膜太阳能电池设计思路

设计高效 GaAs 薄膜太阳能电池，关键在于优化太阳光谱的使用效率、提升材料的品质、减少内部缺陷，并增强其在实际应用环境中的可靠性。设计高效 GaAs 薄膜太阳能电池性能的可靠路径主要有以下几点：

#### 1. 电极的优化设计

GaAs 薄膜太阳能电池的上、下电极对电池的输出性能有重要的影响。通过电极的优化设计，可以降低电极与半导体材料之间的接触电阻，进而减少电池整体的串联电阻，最终有效提升电池的填充因子，从而增强电池的光电转换效率。

电极的优化设计包括其形状和金属材料的选择。目前梳状密栅式是主流的电极形状，主栅线位于电池边缘，与细栅线垂直。为了减少电池的串联电阻，栅线应设计得尽可能宽且间距小，这样可以降低电流在电极表面的流动距离。然而，这也会增加电池的遮光面积。因此，设计时需要平衡光照面积的最大化和电极引起的功率损耗最小化，使得电极面积占电池总面积的比例尽可能小，通常遮光面积控制在3.5%~4.5%。

电极材料的选用原则：

（1）电极材料接触层能形成良好的欧姆接触。

（2）电极材料与接触层具有高的结合强度。

（3）电极材料具有优良的导电性能。n型GaAs材料采用Ti/Au、Ti/Pt/Au等均可获得良好的欧姆接触，考虑到成本因素，采用Ti/Au更合适，Ge材料多采用Au/Ge/Ni金属体系。

### 2. 增透膜的优化设计

GaAs薄膜太阳能电池所用的抗反射膜必须满足如下要求：

（1）在应用波段范围吸收最小。

（2）有良好的光学和化学稳定性。

（3）与窗口层的结合性和牢固度好。

（4）保证多层膜之间、膜与GaInP/GaAs/Ge三结太阳能电池基体间之间的折射率相匹配。

目前国内外比较成熟的增透膜体系为$TiO_x/Al_2O_3$双层介质膜体系，国内也采用过$MgF_2/ZnS$双层介质膜体系。

### 3. 太阳能聚光系统的引入

当前，大多数基于GaAs的地面太阳能发电系统都采用了聚光系统。聚光型太阳能（concentration photovoltaic，CPV）技术利用透镜或镜面将接收到的太阳光聚焦，放大数百至数千倍，并将这些集中的能量导向效率极高的太阳能电池。这种方法有效地减少了太阳能电池中半导体材料的使用量。然而，由于透镜聚焦太阳光会导致聚焦点的温度显著升高，这可能引起太阳能电池温度上升，进而导致转换效率降低。因此，具有良好耐热性能的GaAs薄膜太阳能电池成为高倍聚光型CPV系统的理想选择。

CPV系统模组主要由太阳能电池、高聚光镜面菲涅耳透镜等光学聚光元件、太阳光追踪器组成。总体来看，与GaAs薄膜太阳能电池系统相比，CPV系统在成本上具有显著优势。这为GaAs薄膜太阳能电池系统成本的降低提供了一条切实可行的途径，使其在地面领域大规模应用成为可能。

### 4. GaAs薄膜太阳能电池研究

虽然相较于单结GaAs薄膜太阳能电池，三结GaAs薄膜太阳能电池获得了较高的能量转换效率，但依然没有实现对太阳光谱的全吸收，因此还可对四结及以上的GaAs薄膜太阳能电池进行不断探索及研究。但是多结GaAs薄膜太阳能电池结构复杂，满足各个子电池的晶格常数和热膨胀系数的匹配，隧道结的选取及生长工艺，严重增加了多结GaAs薄膜太阳能电池的制备成本。

将半导体材料薄层夹在具有较宽带隙的两层材料之间时，便形成了量子阱结构，这一结构可有效限制电荷载流子在中心层内的运动。量子阱的使用不仅增强了材料对光的吸收能力，使得即便是较薄的太阳能电池薄膜也能高效地吸收太阳光，而且还促进了电子与空穴的有效分离，从而提升了太阳能电池的开路电压和整体光电转换效率。基于这一效应，美国能源部国家可再生能源实验室和新南威尔士大学的研究人员于2020年实现了双结太阳能电池32.9%的效率，让更高效率的 GaAs 薄膜太阳能电池成为可能。其电池设计的关键是一系列超过 150 个超薄交替半导体层，这些半导体层在电池的底部吸收层中形成量子阱，从而使其能够从关键的太阳光谱范围内捕获能量。

### 4.4.2 砷化镓薄膜太阳能电池产业现状

Ge 衬底 GaAs 薄膜太阳能电池以高能量转换效率、耐辐照性能和高工作电压特性，在空间供电电源领域得到了广泛应用。这些特性使得该类太阳能电池在人造卫星、太空站、太空探测器以及着陆探测器等关键任务中发挥着至关重要的作用，显著提升了太阳能电池的使用寿命，进而延长了人造卫星的在轨工作时间。目前，全球超过 95% 的空间供电系统都采用了 Ge 衬底 GaAs 薄膜太阳能电池，预计在可预见的未来，它们仍将是空间供电的首选解决方案。此外，Ge 衬底 GaAs 薄膜太阳能电池也适用于一些特定的地面应用场景，例如偏远山区的雷达站和微波通信站等，这也使其具有一定的地面市场应用前景。

2023 年全球 GaAs 薄膜太阳能电池市场销售额达到 23 亿元人民币。预计到 2030 年，市场销售额将增长至 37 亿元人民币，年复合增长率为 5.0%。由于 GaAs 太阳能电池领域的设备和技术具有独特性，目前全球市场上规模以上的生产企业仅有 10 余家，整个行业呈现出高度集中的态势。AZUR SPACE、Spectrolab、Rocket Lab、中电科蓝天科技、上海空间电源研究所、乾照光电、凯迅光电、德华芯片、德融科技和 CESI 等企业在该行业中占据主导地位。前三大企业共同占据了市场 69.01% 的份额。特别是中电科蓝天科技和上海空间电源研究所，在中国市场占据领先地位，共同占据了市场 15% 的份额。

目前 GaAs 薄膜太阳能电池产品主要有单结、双结、三结和四结太阳能电池，其中三结太阳能电池占据市场主导地位，市场份额超过 90%。航天业是最主要的应用领域，市场份额超过 90%，军事和民用应用占比较小。但随着中国商业卫星及航天领域逐步向民营企业开放，预计将有更多的民营企业加入这一市场，并推动行业的快速发展。这一趋势可能会进一步激发市场活力，促进技术创新和成本降低，从而推动 GaAs 太阳能电池技术在更广泛的应用领域得到应用。

**拓展阅读** 天宫“充电宝”

在浩瀚的宇宙中，中国空间站如同一颗璀璨的明珠，承载着人类对太空的无限向往和探索梦想，是中国航天事业的重要组成部分，是中国在太空领域的又一伟大成就。而柔性砷化镓电池的运用，正是这一梦想得以实现的关键之一。电能是空间站运行的核心动力，整个空间站的技术架构和设计均依赖于其电源系统的发电与配电能力。面对中国天宫空间站这一重达 90 t 的庞然大物，人们自然会好奇，究竟是何种电池能够为其提供动力。答案就在于天宫空间站所采用的尖端技术——柔性砷化镓太阳能电池，这一技术的应用无疑是空间站的“黑科技”。

在中国空间站的能源系统中，采用的是三结砷化镓太阳能电池技术，构建了一套高效的太阳能光伏发电系统。这套系统由四对太阳翼帆板组成，被安置在实验舱末端的桁架上。值得一提的是，采用的三结砷化镓还是柔性电池，在全球范围内尚属首次应用。这种柔性三结砷化镓太阳能电池的重量比功率显著提高，其光电转换效率可达 30% 以上，供电功率甚至高达 100 kW 左右，为空间站的运行提供了强大的电力支持。

目前，中国空间站（见图4-11）共配备了两种规格六套大型柔性太阳翼。这一技术的应用不仅标志着中国在太阳能电池领域的技术进步，也预示着未来太空探索能源解决方案的新方向。柔性三结砷化镓太阳能电池的引入，不仅提升了空间站的能源利用效率，同时也为空间站的结构设计和功能扩展带来了更多可能性。随着技术的不断成熟和完善，我们有理由相信，这一创新技术将为人类探索宇宙的征程提供更加坚实的能源保障。

图 4-11　中国空间站

## 思考题

1. 简述砷化镓太阳能电池材料的基本性质及优缺点。
2. LPE 法制备砷化镓太阳能电池的基本原理有哪些优势？
3. MOCVD 法制备的砷化镓太阳能电池与 LPE 法制备的对比，有哪些优点？
4. 单结砷化镓太阳能电池主要存在哪两种分类？请分别画出这两类电池的基本结构。
5. 对于三结或是四结砷化镓太阳能电池，其中隧道结主要有什么作用？
6. 请简述未来砷化镓太阳能电池的主要研究方向和发展方向。

# 第5章

# 碲化镉薄膜太阳能电池原理和设计

碲化镉薄膜太阳能电池作为能源领域新质生产力的代表，属于最新一代光伏技术。这种光伏技术的核心在于在玻璃或柔性基板上精心沉积多层碲化镉薄膜，以此构建高效的光伏器件。本章深入探讨了碲化镉材料的物理和化学特性，全面介绍了碲化镉薄膜太阳能电池的构造、工作原理以及当前的产业发展趋势。

### 学习目标

（1）了解碲化镉薄膜太阳能电池的发展过程，掌握碲化镉材料的基本性质及碲化镉薄膜太阳能电池的基本结构。

（2）掌握不同的碲化镉薄膜太阳能电池的制备工艺及原理。

（3）掌握碲化镉薄膜太阳能电池的改进思路。

（4）了解碲化镉薄膜太阳能电池的产业发展现状及相关政策。

### 学习重点

（1）碲化镉材料的基本性质。

（2）碲化镉薄膜太阳能电池的基本结构。

（3）碲化镉薄膜太阳能电池的制备工艺。

### 学习难点

（1）碲化镉薄膜太阳能电池的制备工艺。

（2）高效碲化镉薄膜太阳能电池的设计思路。

## 5.1 碲化镉薄膜太阳能电池材料性能与特点

碲化镉（CdTe）薄膜太阳能电池的发展可以追溯到1959年，由RCA实验室在CdTe单晶上扩散In的合金制得，这种单晶同质结太阳能电池的光电转换效率为2.1%。几乎同时，苏联科学家也成功研制了效率超过4%的CdTe太阳能电池。1963年，库萨诺等制备了结构为P-$Cu_2Te$/N-CdTe的CdTe太阳能电池，效率达到了6%。1964年，穆勒等制备了首个CdS/CdTe单晶结构的薄膜太阳能电池。1969年，由阿迪罗维奇等设计了第一个上衬底结构的多晶CdS/CdTe薄膜太阳能电池。此后，基于 CdS/CdTe 薄膜太阳能电池体系，实现了 CdTe 薄膜太阳能电池制备技术的四次飞跃。此后的几年间，CdTe 薄膜太阳能电池的研究焦点主要集中在薄膜沉积和薄膜质量提升上。如 1979 年法国国家研究中心利用近空间气相输运法在 n 型的 CdTe 单晶上沉积 As 掺杂的 p 型 CdTe 薄膜，制备了效率达 7% 的 CdTe 薄膜太阳能电池。此后研究人员通过调节近空间升华 CdTe 过程中氧气（$O_2$）的含量，以及直到现在仍被广泛采用的 $CdCl_2$热处理工艺，证明了 Cl 和 O 对制备高质量 CdTe 具有重要作用，这一发现使电池效率在 20 世纪 80 年代提高到了 10%。1982 年，Kodak（柯达）实验室又利用化学沉积法在 p 型的 CdTe 上制备一层超薄的 CdS，制备了效率超过 10% 的异质结薄膜太阳能电池。1992 年，研究人员将含铜材料引入 CdTe 太阳能电池中，降低了电池的背接触势垒，使电池获得了良好的欧姆接触。1993 年，布里特等制备的 CdTe 薄膜太阳能电池效率达到了 15% 以上。2001 年，吴选之等使用 $Cd_2SnO_4/Zn_2SnO_4$复合前电极取代 ITO 电极，并改进 $CdCl_2$热处理工艺，最终 CdTe 薄膜太阳能电池获得了 16.7% 的转换效率。此后，美国 First Solar（第一太阳能公司）和通用电气公司相继报道了转换效率高达 17.3% 和 18.3% 的 CdTe 薄膜太阳能电池，并在此基础上不断刷新世界纪录，最终得到最高转换效率为 22.6% 的 CdTe 薄膜太阳能电池。图 5-1 为实验室小面积 CdTe 薄膜太阳能电池转换效率发展图。

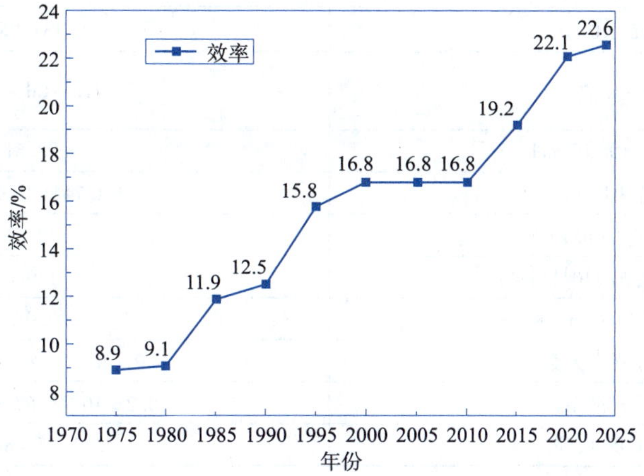


图 5-1　实验室小面积 CdTe 薄膜太阳能电池效率发展图

目前，全球范围内有两家著名的 CdTe 薄膜太阳能电池组件制造商，美国的 First Solar 和德国的 Antec Solar Energy。First Solar 公司大面积组件效率已高达 19%，成为全球 CdTe 薄膜太阳能电池的主要供应商。我国 CdTe 薄膜太阳能电池的研究及产业化起步都相对较晚，且处于初级阶段。在 2001 年，由四川大学太阳能组研制出的 CdTe 薄膜太阳能电池转换效率达到 11.6%，并建立了 0.3 MW 中试生产线。国内产业化生产 CdTe 薄膜太阳能电池的代表企业有：成都中建材光电材料有限公司（中国建材集团控股）、龙焱能源科技（杭州）有限公司。成都中建材光电材料有限公司实验室制备的 CdTe 薄膜太阳能电池转换效率已经达到 20.84%，生产转换效率突破 16.5%。龙焱能源科技有限公司制备的小面积 CdTe 薄膜太阳能电池转换效率已经达到 20.6%，新一代高效碲化镉光伏组件最高输出功率达到 123.73 W，全面积光电转换效率已达 17.19%。

CdTe 之所以能在 CdSe、ZnS 和 HgTe 等一系列的Ⅱ-Ⅵ族化合物中脱颖而出，主要是因为它具有独特的物理化学性质，包括平均原子序数、最低的熔融温度、最小的生成焓、最大的晶格参数和最高的电离势等特性。CdTe 的电学性质易呈现出两性半导体特性，可以进行 n 型和 p 型掺杂。这些因素使其易于以薄膜的形式沉积和控制。表 5-1 列出了 CdTe 的主要物理和化学性质。

**表 5-1　CdTe 的主要物理和化学性质**

| 参数名称 | 数　值 |
|---|---|
| 点阵类型 | 闪锌矿 |
| 空间群 | $T_d^2 - F\bar{4}3m$ |
| 晶格参数 $a/10^{-10}$ m | 6.481 |
| Cd—Te 键长/Å | 2.806 |
| 密度 $\rho/(kg/m^3)$ | $5.86 \times 10^3$ |
| 熔融温度 $T_m/K$ | 1 365 |
| 热膨胀系数（300 K） | $5.9 \times 10^{-6}/K$ |
| 比热容 $c^0_{p,298.15}/[J/(mol \cdot K)]$ | 50.2 |
| 生成热 $\Delta H^0_{f,298.15}/(10^3\ J/mol)$ | 100.5 |
| 熔化热 $\Delta H/(10^3\ J/mol)$ | 44.4 |
| 升华热 $\Delta H/(10^3\ J/mol)$ | 181.95 |
| 升华反应 | $CdTe \rightarrow Cd + \frac{1}{2}Te_2$ |
| 标准熵 $S^0_{298.15}/[10^3\ J/(mol \cdot K)]$ | 98.61 |
| 形成熵 $\Delta S^0_f/[J/(mol \cdot K)]$ | 361.74（$T = 874$ K） |
| 熔化熵 $\Delta S/[J/(mol \cdot K)]$ | 32.53 |
| 离解能上限 $E/(10^3 J/mol)$ | 129.8 |
| 热导率 $\chi/[W/(cm \cdot K)]$ | 0.075 |
| Cd 原子扩散系数 | $2 \times 10^{-8}$（$T = 1\ 273$ K） |
| Te 原子扩散系数 | $8.2 \times 10^{-11}$（$T = 1\ 073$ K） |
| 德拜温度 $T_\theta/K$ | 200（$T = 80$ K） |

CdTe 是最早一批用于制备太阳能电池的材料之一。CdTe 是一种Ⅱ-Ⅵ族化合物半导体材料，呈黑色晶体颗粒或粉末，熔点达 1 092 ℃，相对分子量为 240，晶体结构为闪锌矿型，具体结构如图 5-2 所示，具有直接带隙，禁带宽度约为 1.45 eV，这一禁带宽度接近理想太阳能转换材料最优禁带宽度值。CdTe 薄膜太阳能电池是目前产业化最为成功的薄膜太阳能电池，相较于传统晶体硅太阳能电池，具有明显优势：

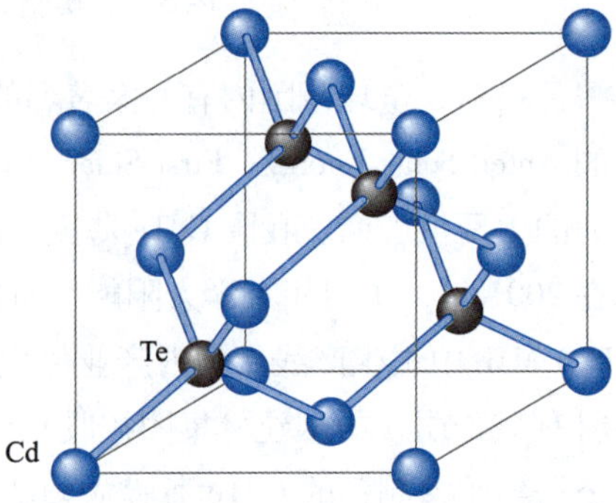

图 5-2　CdTe 晶体结构

（1）CdTe 具有较高的吸收系数，弱光效应好。在可见光范围内吸收系数在 $10^4 \sim 10^5\ cm^{-1}$ 之间，1 μm 厚的 CdTe 可以吸收高达 95% 的可见光。

（2）较低的温度系数。CdTe 薄膜太阳能电池的温度系数为 0.20%/℃，低于晶体硅太阳能电池（0.45%/℃），因此其组件输出功率不易受气温影响，更适合于严苛的应用环境。

（3）生产成本较低。由于 CdTe 薄膜太阳能电池制备工艺简单，原材料与设备成本较低，其组件成本低于晶体硅太阳能电池。

（4）热斑效应小。热斑效应会直接影响电站的发电能力及电站运行的安全性。CdTe 薄膜组件的子电池是一个长达 60 cm 的细长条，而且工作电流较小，因此其热斑效应远小于晶体硅组件。

当然，CdTe 薄膜太阳能电池也存在一些缺点，例如与晶体硅太阳能电池板相比，生产成本高，对紫外线辐射的抵抗能力较弱。

### 5.1.1 碲化镉的光学和电学性质

CdTe 的光学和电学性质取决于价带顶和导带底附近电子带的结构，其价带顶和导带底恰好位于第一布里渊区中的同一点 $\Gamma$，使其在 300 K 时直接带隙宽度为 1.5 eV。CdTe 的带隙宽度的温度系数约为 −0.4 meV/K，这也使 CdTe 太阳能电池在不同温度下性能的变化小。能带极值周围的形状决定了价带顶中的空穴浓度和导带底中的电子浓度，同时也决定了载流子传输特性和带间态密度。表 5-2 列出了 CdTe 的主要光学和电学性质。

表 5-2 CdTe 的主要光学和电学性质

| 参数名称 | | 数值 |
|---|---|---|
| CdTe($E_{g300K}$)的光学范围/eV | | 1.50 ± 0.01 |
| $CdTe_{0.95}S_{0.05}$的光学范围/eV | | 1.47 ± 0.01 |
| 温度系数 $dE_g/dT$/(meV/K) | | −0.4 |
| 电子亲和力/eV | | 4.28 |
| 光吸收系数（600 nm） | | $>5\times10^5$/cm |
| 折射率（600 nm） | | 约3 |
| 高频介电常数 $\varepsilon(\infty)$ | | 7.1 |
| 低频（静态）介电常数 $\varepsilon_s$ | | 9.65 |
| 禁带宽度 $E_g$/eV | | 1.606（$T$=4.2 K）<br>1.5（$T$=300 K） |
| $m_e$ | | $0.096m_0$ |
| $m_h$ | | $0.35m_0$ |
| $\mu_e$/[$cm^2$/(V·s)] | | 500～1 000 |
| $\mu_h$/[$cm^2$/(V·s)] | | 50～80 |
| 本征载流子浓度 $n/cm^{-3}$ | | $2.0\times10^6\sim1.5\times10^{14}$<br>（$T$ = 300～700 K） |
| 霍尔迁移率 | 电子 $\mu_n$/[$10^{-3}$ $m^2$/(V·s)] | 105 |
| | 空穴 $\mu_p$/[$10^{-3}$ $m^2$/(V·s)] | 7 |

与硅和其他半导体相比，CdTe 在红外和可见光区域具有更高的介电常数，使其能够透过更多的光，使得电池具有更高的效率。CdTe 在红外和可见光区域具有良好的吸收，CdTe 表面的光反射取决于其结构和光的波长，CdTe 中的光散射取决于其缺陷和杂质，而这些因素的存在可能

会显著降低 CdTe 太阳能电池的效率。当材料吸收光子并辐射相应光波的同时也发生 CdTe 光致发光。

CdTe 材料的电荷浓度、载流子迁移率、电导率、辐射跃迁能以及其他的电学和光学性质在很大程度上取决于其化学成分和晶格缺陷。其晶体结构可以通过高温后处理生长过程进行有效控制。研究表明，在室温和较低温度下，其内部主要的散射机制是电离杂质散射，而在较高温度下主要以光学声子散射为主。

CdTe 的能带结构主要由 Cd 和 Te 的原子轨道构成，其导带底能级由第一个未被占据的阳离子能级组成，即 Cd 的 5s 能级。最高价带由阴离子的最高占据能级组成，即 Te 的 5p 能级。但缺陷的存在扰乱了 CdTe 的周期性结构，导致带隙内形成局域电子态，并改变其电学和光学性质。缺陷的类型主要包括本征缺陷、化学杂质及其复合物，并以间隙缺陷和置换缺陷的形式出现。如 Cd 空位（$V_{Cd}$）和 Te 位（$Cd_{Te}$）上的 Cd 取代均会形成浅能级受主。间隙 Cd（$Cd_i$）的存在会形成浅施主能级，而间隙 Te（$Te_i$）的存在则会形成深施主能级，总的掺杂效应取决于各种缺陷形成的概率和电离程度。深能级杂质易成为缺陷能级，导致载流子寿命降低，载流子复合概率增加。因此需要降低 CdTe 中的深能级杂质浓度。因此为了实现太阳能电池所需的电性能，通常会在 CdTe 沉积后，利用 $CdCl_2$、$O_2$ 和 Cu 等进行活化处理，从而钝化本征缺陷。

### 5.1.2 碲化镉薄膜太阳能电池的特点

美国能源部布鲁克文国家实验室的研究人员就 Cd 排放的问题，系统地研究了晶体 Si 太阳能电池、CdTe 薄膜太阳能电池与煤、石油、天然气等常规能源和核能的单位发电量的重金属排放量。在分析中，考虑了将原始矿石加工得到制备太阳能电池所需材料、太阳能电池制备和使用等全寿命周期过程。由图 5-3 可以看到，结果表明石油的镉排放量是最高的，达到 44.3 g/(GW · h)，煤次之，为 3.7 g/(GW · h)。而太阳能电池的排放量均小于 1 g/GW · h，其中又以 CdTe 的 Cd 排放量最低，为 0.3 g/(GW · h)，与天然气相同。Si 太阳能电池的镉排放量大约是 CdTe 太阳能电池的 2 倍。

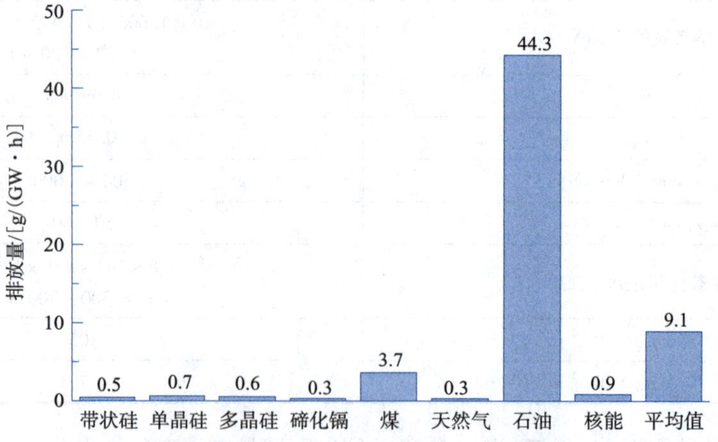


图 5-3　太阳能电池组件与其他能源的镉排放量的比较图

欧盟的科学家还研究了 Si 太阳能电池和 CdTe 太阳能电池生产与使用中其他重金属的排放。

研究结果表明 CdTe 太阳能电池的砷、铬、铅、汞、镍等其他重金属的排放量也比 Si 太阳能电池的低。该研究结果的科学性、公正性得到了国内外的认可。也正是基于大量的实验数据证明了 CdTe 产品是环保友好的产品。

## 5.2　碲化镉薄膜太阳能电池结构与原理

CdTe 薄膜太阳能电池是在玻璃或者其他柔性衬底上依次沉积多层薄膜而构成的。CdTe 薄膜太阳能电池的结构有两种，即上衬底结构（superstrate structure）和下衬底结构（substrate structure），具体结构如图 5-4 所示。高光电转换效率的 CdTe 薄膜太阳能电池常用的结构为上衬底结构，因为 CdTe 薄膜太阳能电池背电极处通常需要沉积特定的缓冲层，该结构有利于缓冲层的制备，以及 CdTe 薄膜的表面修饰。下衬底结构的 CdTe 薄膜太阳能电池衬底不需要透光，因此可选用的材料范围更广泛，如不锈钢或者高分子聚合物作为衬底，这有利于生产柔性太阳能电池。下面逐一对各层薄膜进行介绍。

（a）上衬底结构　　（b）下衬底结构

图 5-4　CdTe 薄膜太阳能电池上衬底和下衬底结构

### 1. 衬底

衬底主要对整个电池起支架、防止污染的作用，而对于上衬底结构的 CdTe 薄膜太阳能电池，衬底还具有提供采光角度的作用。超白钢化处理的钢化玻璃，透光率必须高于 91% 以上，CdTe 太阳能电池发展的趋势是薄膜化和柔性化，柔性衬底的材料主要有金属箔（不锈钢、钼、钛、铝、铜等）和塑料（PI、PEN、PET 等）。

### 2. 前电极

前电极是 CdTe 薄膜太阳能电池中重要组成部分之一，作为电池的负极，主要用于收集并导出光生电子，又因为入射光需要从该层穿过，因此主要由透明导电膜（TCO 膜）构成。这就要求前电极必须具备以下条件：

（1）薄膜必须同时具有较高的透射率和较低的电阻率。

（2）薄膜材料应具有较大的禁带宽度，使能量低于禁带宽度的入射光不被吸收，直接到达光吸收层从而最大化地利用可见光谱。

（3）材料应具有良好的耐磨性和化学稳定性，保证后续界面层加工过程中材料性质不变。

目前，前电极常用的 TCO 材料主要有氟掺杂的二氧化锡（fluorine-doped tin oxide，$SnO_2$: F，FTO）、铟锡氧化物（indium tin oxide，ITO）、铝掺杂的氧化锌（aluminium-doped zinc oxide，

ZnO: Al，AZO）等。一般商用 TCO 电阻率在 $10^{-4}\sim10^{-3}\ \Omega\cdot cm$ 范围内，可见光谱区域透射率最高可大于 90%。虽然 ITO 薄膜具有更优异的电学性能，但是在高温处理过程中 In 可能会扩散进入 CdTe 层形成 n 型掺杂，此外 ITO 价格高昂，这两点使得 ITO 薄膜不适于作为 CdTe 薄膜太阳能电池的 TCO 层。因此在工业化生产中一般选用稳定性更好、性价比更高的 FTO 作为前电极材料。

在 CdTe 薄膜太阳能电池中，窗口层薄膜厚度一般很薄，在薄膜制备过程中容易出现针孔、不连续等缺陷。为了避免 CdTe 吸收层与 TCO 薄膜直接接触形成漏电通道，通常会在 TCO 薄膜与窗口层薄膜之间加入一层超薄的透明高阻层（high-resistance transparent layer，HRT layer）。高阻层的引入可以有效减少 CdTe 和 TCO 之间的直接接触，从而减少 CdTe 薄膜太阳能电池中的漏电通道，提高电池的开路电压和填充因子。

### 3. n 型窗口层

CdTe 薄膜太阳能电池中的 CdTe 吸收层为 p 型半导体，因此需要制备合适的 n 型层与之形成优异的 p-n 结。同时，n 型薄膜层材料的禁带宽度要足够大，使得尽可能多的光子能被 CdTe 吸收层吸收。在很长一段时间内，CdTe 薄膜太阳能电池的窗口层都是选用与之同为Ⅱ-Ⅵ族化合物的 CdS。选用 CdS 的主要原因可以归结为以下几点：

（1）CdS 是直接带隙结构，室温下禁带宽度约为 2.42 eV。较高的带隙宽度使得大部分可见光可以透过 CdS 窗口层。

（2）CdS 薄膜的缺陷主要为 S 空位，是天然的 n 型半导体材料可以与 CdTe 形成良好的 p-n 结。

（3）CdS 导带底与 CdTe 导带底的能量接近，不会引起 CdS/CdTe 接触界面载流子的严重复合。

（4）CdS 与 CdTe 同为Ⅱ-Ⅵ族化合物，二者的接触界面在后续热处理工艺中，会发生互扩散，从而降低界面缺陷，减少界面复合。

（5）CdS 制备容易，化学水浴沉积、磁控溅射和近空间升华等方法都可以制备 CdS 薄膜，且在高温下比较稳定。

### 4. 吸收层

CdTe 的性质非常适合用于制备薄膜太阳能电池的吸收层，薄膜厚度一般控制在 4 ~ 7 μm。在高温生长下或后续热处理过程中，CdS/CdTe 界面处会发生互扩散形成 $CdS_xTe_{1-x}$ 过渡层。该过渡层可以有效降低两者间的晶格失配，从而减少缺陷密度，实现载流子复合概率的减小。

CdTe 的禁带宽度约为 1.45 eV，是光伏材料理想的禁带宽度，但理论计算表明，若将 CdTe 材料的禁带宽度降低至 1.38 eV 时，CdTe 太阳能电池短路电流密度的提升对电池性能的积极影响将大于开路电压及填充因子下降对电池性能的负面影响，可以提升电池整体的转换效率。因此，在 CdTe 吸收层与窗口层之间引入了低禁带宽度的 $CdSe_xTe_{1-x}$（CdSeTe）吸收层。CdSe 的禁带宽度约为 1.7 eV，当 CdSeTe 三元化合物中 Se 元素含量较少时，弓形效应（bowing effect）会使 CdSeTe 的禁带宽度低于 CdTe 禁带宽度。以 FTO/MZO/CdSeTe/CdTe/背电极缓冲层/金属背电极为结构的 CdTe 薄膜太阳能电池，其转换效率最高可达 19.1%。使用 MZO 作为窗口层和 CdSeTe 吸收层，电池对太阳光的响应在短波段和长波段处均有明显的改善，短路电流密度在不加减反射膜的情况下可达28.4 mA/cm²。

### 5. 背接触缓冲层

CdTe太阳能电池中的背接触缓冲层通常是沉积在金属层与吸收层之间，主要起到三方面的作用：

（1）收集和传输光生空穴。

（2）充当光子的反射层，将未被吸收的光子反射回吸收层，避免光转换过程中能量的浪费。

（3）充当电子阻挡层，背接触层有助于降低半导体/金属界面处的复合损耗。

p型CdTe的功函数约为5.7 eV，高于绝大部分的金属功函数，金属和CdTe直接接触会在界面处形成肖特基势垒（Schottky barrier），阻碍空穴的输运，进而降低电池性能。

图5-5为CdS/CdTe薄膜太阳能电池能带结构示意图。为了解决这一问题，最初的方法是将CdTe进行p型重掺杂，即使用硝酸-磷酸、溴甲醇、铬酸盐和盐酸等溶液刻蚀CdTe薄膜表面并沉积一层Cu，通过隧道效应将空穴传输到金属电极，这虽然有效提高了电池的开路电压，但Cu在CdTe内部具有很高的扩散系数，它会扩散到电池p-n结处进而影响电池性能及长期稳定性，且刻蚀过程会对CdTe吸收层造成损伤，在内部产生空洞以及增加晶界面积，对载流子扩散造成负面影响。

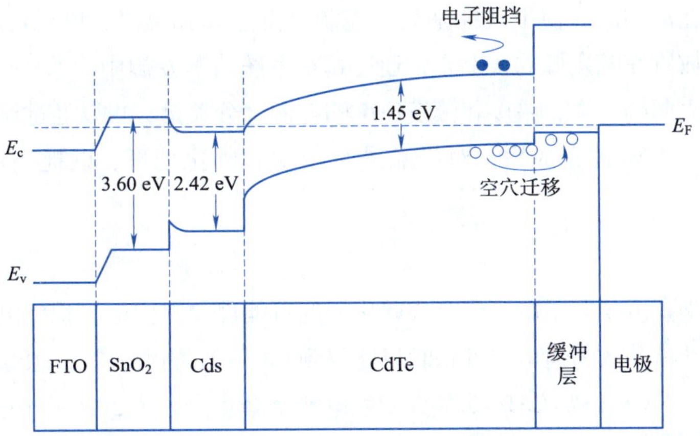


图5-5 CdS/CdTe薄膜太阳能电池能带结构示意图

另一种方法则是在CdTe吸光层与金属背电极之间加入一层高功函数的缓冲层形成低阻背接触，一些高功函数材料（如$Sb_2Te_3$、$NiFeS_2$、$MoO_x$、$V_2O_5$、CuSCN、碳纳米材料等）作为缓冲层材料已经被用在CdTe薄膜太阳能电池中并取得了一定的成功。此外，缓冲层还需具备与CdTe相匹配的能带结构，不仅能促进空穴的传输，还可以在背电极处充当电子反射层，阻止光生电子向背电极传输，减少载流子复合，进而提升转换效率。因此，具有较高禁带宽度的p型半导体ZnTe: Cu、CuI近年来被广泛研究。First Solar公司通过使用Cu掺杂的ZnTe作为缓冲层大大提高了组件的稳定性，并成功将该技术应用于工业化生产。

### 6. 金属背电极

电池内部的光生电流需要从内部传输至外电路对外做功，需要在背接触缓冲层沉积金属背电极来更好地收集空穴并输出电流。在大规模工业化生产中，金属背电极材料要综合考虑材料的性能及成本因素，通常使用镍作为金属背电极。

## 5.3 碲化镉薄膜太阳能电池制备技术

CdTe 是一种对沉积技术和制备条件“容忍度”较高的材料，各种不同的技术都可以制备器件级的 CdTe 层。这主要是由于 CdTe 材料的性质更多地决定于后续 $CdCl_2$ 的后处理，而不是沉积工艺本身，这就使得 CdTe 吸收层薄膜有很多种方法制备，按照沉积 CdTe 薄膜沉积时基底温度的高低，大体上可分为低温沉积法和高温沉积法两大类。低温沉积法的基底加热温度一般不超过 450 ℃，主要包括真空蒸发法、电沉积法、磁控溅射法、丝网印刷、原子层沉积法等工艺。由于加热温度较低，因此具有能耗低、基板热应力小、基底材料选择范围广等优势，且可使用聚合物替代玻璃基板用于柔性电池的开发。高温沉积法的基底加热温度通常达到 600 ℃以上，主要包括近空间升华、金属有机物化学气相沉积法和喷雾热解法。前两种方法的本质都是将 CdTe 源加热使其蒸发，随后在低温基底表面凝结成膜。目前工业化大规模生产均采用这两种工艺。

### 1. 真空蒸发法

真空蒸发法镀膜是在真空中将 CdTe 材料进行高温加热，使其蒸发成为蒸发源，此时 CdTe 的气态原子或者分子在动力的驱使下飞往基底，控制蒸发速率和温度，以保证沉积镀层的均匀性和致密性。将基底放置在蒸发源的正上方，通过真空系统将蒸发源中的 CdTe 物质蒸发到基底表面。蒸发源和基底之间的距离、温度和蒸发速率的控制十分关键，可以通过调节这些参数来控制镀层的厚度和性能。在蒸镀完成后，对样品进行冷却和固化处理，以提高镀层的结晶度和致密性。

### 2. 电沉积法

帕尼克从热力学角度阐明了电沉积合成碲化镉的可能性，提出电沉积析出的 Cd 与 Te 在电极上化合而成的。丹纳赫则认为恒电流沉积时只能得到 Cd 与 Te 的混合物，须经适当的热处理才生成 CdTe。BPsolar 公司成功开发 CdTe 薄膜太阳能电池全套生产技术，并采用电沉积法进行镀膜。这种技术可以在低温下沉积 CdS 和 CdTe 薄膜。

### 3. 磁控溅射法

磁控溅射法也是另一种制备 CdTe 薄膜常用的方法。该方法利用离子束轰击靶材，将靶材中的 CdTe 原子释放出来并沉积在基底表面上。溅射法可以控制 CdTe 薄膜的成分和结构，从而得到高质量的 CdTe 薄膜。该技术比较适合大规模生产，已经成功应用于 CdS 层、CdTe 层和背接触结构。

### 4. 丝网印刷工艺

该技术是在 CdTe 粉末制备而成的浆料中，混合一定比例的 $CdCl_2$ 粉末稀释。利用丝网印刷在基材上得到一层均匀的 CdTe 膜，经过干燥处理之后在一定温度下（380～600 ℃）烧结，烧结的气氛为氮气。这种工艺制备出来的薄膜较厚，为 10～30 μm，晶粒尺寸也比较大，最后制备的 CdTe 薄膜太阳能电池的转换效率最高可以达到 12%。

### 5. 近空间升华法

目前全球大部分企业都采用近空间升华（close spaced sublimation，CSS）技术沉积CdTe吸光层和CdS缓冲层来制备完整的CdTe薄膜太阳能电池。CSS技术通过先后沉积0.1～0.2 μm厚的CdS层和5～10 μm厚的CdTe层，其中沉积源和衬底之间的相互作用间隔距离较短，依赖于衬底尺寸。图5-6为近空间升华法设备示意图，沉积时沉积源和衬底需加热至500 ℃左右的温度，由上方的热电偶原位监测温度，而沉积源的温度需要略高于衬底温度。可以采用片状CdTe化合物作为沉积源，也可以采用Cd与Te的颗粒或粉末作为源，混合比例需要对应化学计量。CSS沉积的驱动力是沉积源和衬底间的温差以及衬底的表面能（主要依赖自身成分、结晶状态和形貌），沉积速率约为1 μm/min。

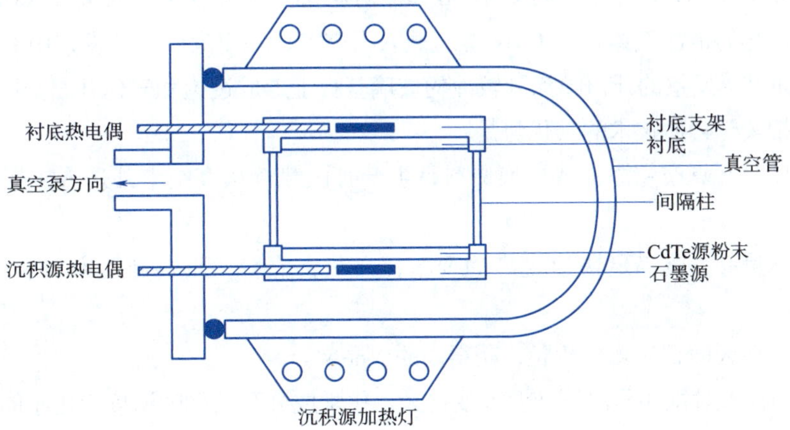


图5-6　近空间升华法设备示意图

虽然CdTe的熔点为1 041 ℃，但是在超过460 ℃时会发生升华现象，具体如下：

$$\mathrm{CdTe(s)} \rightarrow \mathrm{Cd(g)} + \frac{1}{2}\mathrm{Te_2(g)} \tag{5-1}$$

升华分解产生的Cd和$Te_2$，经过适当物理过程后到达比沉积源温度稍低的衬底表面，凝结化合成CdTe薄膜

$$\mathrm{Cd(g)} + \frac{1}{2}\mathrm{Te_2(g)} \rightarrow \mathrm{CdTe(s)} \tag{5-2}$$

虽然升华后生成Cd和$Te_2$的蒸汽，但衬底上不会沉积Cd和Te单质，这是因为在一定温度下Cd和$Te_2$的蒸汽压比CdTe的高。

### 6. 金属有机物化学气相沉积法

金属有机物化学气相沉积（MOCVD）法采用金属有机化合物作为前驱物，如$Cd(CH_3)_2$和$(CH_3)_2CHTe$，将这两种气体源通入高温腔室内分解并发生化学反应成膜，CdTe的薄膜特性主要由气体温度、气体流速、前驱物浓度、衬底温度等工艺调节控制。

### 7. 原子层沉积法

原子层沉积技术（ALD）的沉积参数具有高度可控性，能够实现几个原子层的厚度控制，

并且成分和结构也能够精确调控。沉积 Cd 与 Te 单原子层的方式是周期性地变换含 Cd 与含 Te 惰性气的气体流量，反复沉积 Cd 与 Te 的单原子层。ALD 技术能够完美控制 CdS/CdTe 的混合区域，并且保证沉积均匀性和一致性。利用这种技术制备的 CdTe 薄膜太阳能电池转换效率已突破 14%。

### 8. 喷雾热解法

喷雾热解法制备 CdTe 薄膜是使用包含 Cd 前驱物（如 $CdCl_2$）和 Te 前驱物（如 $TeO_2$或含 Te 的有机化合物）的水性溶液喷涂在加热的衬底上，衬底上形成 CdTe 化合物，残留物挥发，这就是喷雾热解法制备 CdTe 工艺。该工艺是由美国的 Photo Energy 开发的。

### 9. 气相输运沉积技术

气相输运沉积（VTD）技术是将 CdTe 固体原材料加热至 450 ℃以挥发出 CdTe 蒸气，再利用传输气体（预热的惰性气体）将 CdTe 蒸气载入真空室，并在滚筒式蒸发室中充分汽化成为饱和气体，然后通过蒸发室的开口喷涂到较冷的玻璃基板上形成过饱和气体并凝结成薄膜。

VTD 技术相较于其他技术的其优势是：

（1）不需要打开真空室添加或更换原料，生产时由载气从真空室外送入，生产维护的时间和成本少。

（2）沉积速度高，既满足快速生产的要求，又节省原料，原料利用率目前已达到 90% 的水平。

（3）容易实现大面积的均匀生长，获得高的成品率。

缺点是这种技术对饱和蒸汽压随温度变化大、化学成分和结构随温度变化小的材料才适用。

# 5.4　高效碲化镉薄膜太阳能电池的设计及产业发展

CdTe 薄膜太阳能电池的肖特基-奎塞尔极限效率约为 32%，但受限于多晶结构和工业化生产造成的损失，使得极限效率几乎难以达到。为进一步提高效率，研究人员致力于优化电池结构、开发新的制备工艺、改善材料质量以及减少生产成本。通过这些努力，CdTe 太阳能电池的性能和商业应用前景有望得到进一步提升。

## 5.4.1　高效碲化镉薄膜太阳能电池的设计

目前 CdTe 薄膜太阳能电池技术主要研究思路为以下四点：

（1）宽禁带前电极缓冲层结构取代传统 CdS 窗口层；

（2）梯度带隙 CdTeSe 替代 CdTe 吸收层；

（3）ZnTe 基复合低阻背接触结构；

（4）高透光玻璃基底及减反射层的应用。

另一种相对简单且高效的方式是在器件结构上突破，将不同带隙宽度的材料与 CdTe 结合起来，从而制备高效 CdTe 叠层太阳能电池，由 GaAs、InGaP 和其他材料制成的多结太阳能电池已经具有非常高的能量转换效率，但这类电池的生产成本高，导致效率/成本比并不理想。因此，为了同时获得高效率和低成本，可以通过引入能级匹配的钙钛矿薄膜或硅电池与 CdTe 制备叠层太阳能电池，如图 5-7 所示。

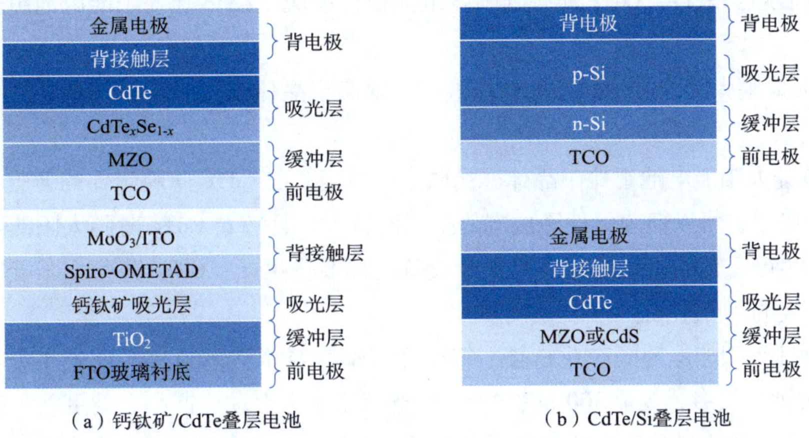


图 5-7 钙钛矿/CdTe 叠层电池和 CdTe/Si 叠层电池结构示意图

钙钛矿材料的带隙宽度可以在 1.5 eV 到 2.4 eV 之间调节，与 CdTe 或 CdSeTe 材料的能级具有很好的适配性。研究表明，将带隙宽度为 1.42 eV 的 CdSeTe 材料与带隙宽度介于 2 eV 到 2.3 eV 的钙钛矿材料制备的叠层电池，可以得到最高的器件性能。类似地，可以通过硅基晶体太阳能电池来实现 CdTe 的串联器件。在这种情况下，硅是具有较低带隙的材料，需要作为底电池。对于这种结构，需要更宽带隙的 CdTe 电池与之匹配，此时需要使用 CdTe 吸光层作为顶电池。目前，仅使用软件进行了计算和模拟，证明使用这种配置可以达到略低于 30% 的效率。

## 5.4.2 碲化镉薄膜太阳能电池产业发展

目前 CdTe 薄膜太阳能电池商业化效率只有 16%~19%，远低于实验室效率。导致这个现象的主要原因就是在生产工艺上。最初大批量生产的 CdS/CdTe 薄膜太阳能电池采用的是丝网印刷工艺，具体的工艺过程为：首先在 CdS 原料粉末中加入 $CdCl_2$ 后再加入丙烯乙二醇，混合后制成 CdS 浆料。利用丝网印刷机将 CdS 浆料涂覆在 ITO/玻璃基底上，然后分别在 120 ℃ 和 700 ℃ 下热处理制备得到 n-CdS 膜。接着利用相同的方法在 CdS 膜上制备 CdTe 膜，然后在 CuCl 水溶液中浸数秒后，在 CdTe 膜上形成 $Cu_2Te$ 层，最后在 CdS 和 $Cu_2Te$ 层上分别制作电极，从而得到 CdS/CdTe 薄膜太阳能电池。

由于丝网印刷工艺对设备的要求不高，工艺相对简单，控制容易，其成本相对低廉，易于实现批量生产，因此从一开始就受到人们的普遍重视。但丝网印刷工艺无法将 CdS 层的厚度做得很薄，同时丝网印刷烧结后得到的膜，其缺陷、空洞较多，导致电池的性能变差，效率难以做得很高。

因此，制备 CdTe 薄膜太阳能电池的关键工艺是控制沉积薄膜时的均匀性和稳定性。目前工业生产主要采用 CSS 法和气相传输沉淀 VTD 两种方法制备。全球碲化镉薄膜电池制造商中，美国 First Solar 公司是全球唯一一家采用气相 VTD 技术的企业，VTD 技术是 First Solar 公司的专利技术，并严格禁止其他企业采用。大部分企业都采用 CSS 技术，成都中建材和龙焱能源均采用 CSS 技术，并已开发了部分自主知识产权技术，实现部分核心设备国产化。与其他薄膜太阳能电池工艺类似，都是通过三条激光划线来实现单元电池的串联集成。

从未来发展趋势来看，CdTe 薄膜太阳能电池组件相较于晶体硅太阳能电池组件的优势主要在于以下几点：

（1）CdTe 薄膜太阳能电池组件的转换效率上限高于晶体硅太阳能电池组件，未来的进步空间很大。

（2）晶体硅太阳能电池组件中晶体硅是微米级厚度，而 CdTe 薄膜组件的薄膜是纳米级，完全不在一个量级上，所以薄膜组件降成本的空间比较大，且随着 CdTe 薄膜太阳能电池组件产业规模的增加、生产工艺的不断提升以及生产设备的标准化生产，CdTe 薄膜太阳能电池组件的生产成本还有很大的下降空间。

（3）晶体硅太阳能电池的产业链长，每个环节都需要非常多的生产设备和资金的投入。而 CdTe 的产业链则短很多，仅需 300 m 长的 CdTe 光伏组件全自动生产线，就可以实现从 TCO 玻璃的磨边清洗到化合物半导体薄膜的制备，再到最后光伏组件成品封装测试的完整生产流程。

CdTe 薄膜太阳能电池还有一个非常重要的应用方向是光伏建筑一体化（building integrated photovoltaics，BIPV），开发薄膜太阳能电池是助力实现发电建筑的重要途径，用于 BIPV 的 CdTe 薄膜太阳能电池组件（发电建材、发电玻璃）与常规光伏发电站中的 CdTe 薄膜太阳能电池组件，是完全不同的两类产品。按照建筑行业安全规范要求，建筑立面、幕墙或者采光顶用的玻璃，一般都要求是夹胶钢化玻璃或者是带中空的夹胶钢化玻璃，而光伏电站用的电池组件都是单玻或者双玻的结构。这也导致发电建材的成本相较于传统电池组件高出一截，但传统玻璃幕墙无法发电，而通过个性化定制的发电玻璃，可通过发电玻璃的日常发电收益弥补成本，同时还能降低建筑能耗，助力“双碳”目标。

图 5-8 是成都中建材生产的第二代 CdTe 发电玻璃，可以看到发电玻璃已经实现了多种颜色可选，其第三代 CdTe 发电玻璃及第四代 CdTe 发电玻璃又分别实现了釉彩质感和仿石材木纹质感，如图 5-9、图 5-10 所示。表 5-3 ~ 表 5-5 分别是其具体参数。表 5-6 是该公司目前研发的最新一代碲化镉发电玻璃参数，其优点是超大尺寸、高透光率，还可定制图案，装饰性强，可以满足个性化需求。

图片

第二代CdTe
发电玻璃

图 5-8　成都中建材生产的第二代 CdTe 发电玻璃

图片

第三代CdTe发电玻璃

图 5-9　成都中建材生产的第三代 CdTe 发电玻璃

图片

第四代CdTe发电玻璃

图 5-10　成都中建材生产的第四代 CdTe 发电玻璃

**表 5-3　成都中建材第二代 CdTe 发电玻璃参数**

| 产品参数 | | | |
|---|---|---|---|
| 产品型号 | COM-CA2-T30 | COM-CA2-T40 | COM-CA2-T50 |
| 除膜率/% | 30 | 40 | 50 |
| 额定功率 $P_{max}$/W | 180 | 160 | 130 |
| 工作电压 $U_{mpp}$/V | 129. 3 | 129. 3 | 129. 3 |
| 工作电流 $I_{mpp}$/A | 1. 46 | 1. 25 | 1. 04 |
| 开路电压 $V_{OC}$/V | 173. 8 | 173. 8 | 173. 8 |
| 短路电流 $I_{SC}$/A | 1. 66 | 1. 42 | 1. 15 |
| 功率公差/% | ±3 | | |
| 可选颜色 | 宝石红、活力橙、水晶黄、翡翠绿、天空蓝等，支持定制 | | |
| 尺寸/mm | 1 600（长）×1 200（宽）×27（厚）（含接线盒） | 1 600（长）×1 200（宽）×30. 5（厚）（含接线盒） | |
| 玻璃厚度/mm | 7 | 10. 5 | |
| 质量/kg | 30 | 45 | |
| 封装 | PVB | PVB | |
| 最大功率温度系数/(%/℃) | -0. 189 | | |
| 开路电压温度系数/(%/℃) | -0. 396 | | |
| 短路电流温度系数/(%/℃) | +0. 061 | | |
| STC（标准测试条件）：辐照度 1 000 W/m$^2$，电池温度 25 ℃，大气质量 AM1. 5 | | | |

**表 5-4　成都中建材第三代 CdTe 发电玻璃参数**

| 产品参数 | | | |
|---|---|---|---|
| 产品型号 | COM-CBS1-天空蓝 | COM-CBS1-香芋紫 | COM-CBS1-中国红 |
| 额定功率 $P_{max}$/W | 220 | 230 | 150 |
| 工作电压 $U_{mpp}$/V | 129.3 | 129.3 | 129.1 |
| 工作电流 $I_{mpp}$/A | 1.58 | 1.51 | 1.12 |
| 开路电压 $V_{OC}$/V | 179.6 | 178.1 | 177.8 |
| 短路电流 $I_{SC}$/A | 1.70 | 1.68 | 1.30 |
| 功率公差/% | ±3 | | |
| 可选颜色 | 中国红、阳光橙、雪花银、帝皇金、天空蓝、恒星绿、香芋紫等，支持定制，实际功率与彩色玻璃透过率相关，透过率越高，功率越高 | | |
| 尺寸/mm | 1 600（长）×1 200（宽）×31（厚）（含接线盒） | 1 600（长）×1 200（宽）×37（厚）（含接线盒） | |
| 玻璃厚度/mm | 11 | 17 | |
| 质量/kg | 50 | 74 | |
| 封装 | PVB/POE | PVB/POE | |
| 最大功率温度系数/(%/℃) | −0.189 | | |
| 开路电压温度系数/(%/℃) | −0.396 | | |
| 短路电流温度系数/(%/℃) | +0.061 | | |
| STC（标准测试条件）：辐照度 1 000 W/m²，电池温度 25 ℃，大气质量 AM1.5 | | | |

**表 5-5　成都中建材第四代 CdTe 发电玻璃参数**

| 产品参数 | | | |
|---|---|---|---|
| 产品型号 | COM-S1-270W | COM-S1-260W | COM-S1-250W |
| 额定功率 $P_{max}$/W | 270 | 260 | 250 |
| 工作电压 $U_{mpp}$/V | 137.2 | 133.1 | 129.3 |
| 工作电流 $I_{mpp}$/A | 2.01 | 2.00 | 1.98 |
| 开路电压 $V_{OC}$/V | 179.0 | 178.0 | 170.2 |
| 短路电流 $I_{SC}$/A | 2.26 | 2.26 | 2.26 |
| 功率公差/% | ±3 | | |
| 尺寸/mm | 1 600（长）×1 200（宽）×37（厚）（含接线盒） | | |
| 玻璃厚度/mm | 17 | | |
| 质量/kg | 74 | | |
| 封装 | PVB | | |
| 最大功率温度系数/(%/℃) | −0.189 | | |
| 开路电压温度系数/(%/℃) | −0.396 | | |
| 短路电流温度系数/(%/℃) | +0.061 | | |
| STC（标准测试条件）：辐照度 1 000 W/m²，电池温度 25 ℃，大气质量 AM1.5 | | | |

表 5-6 成都中建材第五代 CdTe 发电玻璃参数

| 产品参数 | | | |
|---|---|---|---|
| 产品型号 | COM-Z3-T20 | COM-Z3-T30 | COM-Z3-T40 |
| 除膜率/% | 20 | 30 | 40 |
| 额定功率 $P_{max}$/W | 210 | 180 | 160 |
| 工作电压 $U_{mpp}$/V | 129.3 | 129.3 | 129.3 |
| 工作电流 $I_{mpp}$/A | 1.67 | 1.46 | 1.25 |
| 开路电压 $V_{OC}$/V | 173.8 | 173.8 | 173.8 |
| 短路电流 $I_{SC}$/A | 1.9 | 1.66 | 1.42 |
| 功率公差/% | 3 | 3 | 3 |
| 尺寸/mm | 1 600（长）×1 200（宽）×45.3（厚）（含接线盒） | | |
| 质量/kg | 75 | | |
| 空气层厚度/mm | 12（12A） | | |
| 封装 | PVB/POE | | |
| 开路电压温度系数/(%/℃) | -0.396 | | |
| 耐紫外线辐照性能 | 通过 | | |
| 露点测点（-60 ℃，5 min） | 通过 | | |
| 传热系数（$U$ 值） | 不超过 1.7 W/（$m^2$·K），可定制 | | |
| 玻璃厚度/mm | 28 | | |
| 前板玻璃 | 10 mm 夹胶发电玻璃 | | |
| 背板玻璃 | 6 mm 低辐射（Low-E）钢化玻璃 | | |
| 最大功率温度系数/(%/℃) | -0.189 | | |
| 短路电流温度系数/(%/℃) | +0.061 | | |
| 水汽密封耐久性 | 通过 | | |
| 太阳能总透射比（阳光因子） | 可定制 | | |
| 遮阳系数 | 可定制 | | |
| 隔音性能/dB | >40 | | |
| STC（标准测试条件）：辐照度 1 000 W/$m^2$，电池温度 25 ℃，大气质量 AM1.5 | | | |

通过 CdTe 发电玻璃的具体参数可以发现，即使不同建筑的设计差异，对发电玻璃的要求也各不相同，但 CdTe 发电玻璃的多元化定制使其能够满足绝大多数建筑的需求。并且 CdTe 发电玻璃单元板块之间插接式连接，内层采用隔热条，可以满足超低能耗建筑要求。建筑幕墙与 CdTe 薄膜光伏玻璃集成，除了节能外还具备发电功能。它与光电玻璃集成，可实现显示屏幕墙。CdTe 发电玻璃可综合应用于多种场景中，如采光顶、幕墙及围墙、采光廊道、护栏等，实现多场景、全方位低碳应用。

碲化镉发电玻璃成功应用于北京冬奥会配套设施中。在 2022 年冬奥会张家口赛区，碲化镉发电玻璃绿色低碳引导牌十分醒目。张家口市民中心应用 CdTe 发电玻璃进行绿色改造，如图 5-11 所示。亚洲最大 CdTe 发电玻璃地面电站位于张家口“奥运走廊”，项目建成后，每年可节约标准煤 5 703.3 t，减排二氧化碳 14 942.66 t。

图 5-11　张家口市民中心应用 CdTe 发电玻璃

大同市未来能源馆是一座集能源战略规划馆、能源文明传播馆、能源革命示范馆、能源科普教育馆、能源生活体验馆、能源技术展示馆“六馆合一”的综合展览馆，也是目前国内最大规模的超低能耗被动式建筑。其外立面创新使用了 1 300 多片白色仿铝材型 CdTe 薄膜组件，通过建筑一体化光伏技术实现建筑本体光伏发电装机容量近 1 MW。

海南博鳌零碳示范区的建设，旨在向全球展示中国绿色低碳发展理念、技术和实践，进一步打造中国样板和世界品牌。在博鳌亚洲论坛会议中心“零能耗”建筑改造中，采用 CdTe 发电玻璃打造发电围栏、发电地砖、发电透光走廊等设施，全方位探索零碳应用场景。

碲化镉太阳能电池作为能源领域新质生产力的代表，属于最新一代光伏技术。中国在这一领域的研发和生产已达到国际先进水平。目前，国内产品线丰富多样，包括仿大理石、彩色透光、彩色不透光、中空透光、光伏瓦等系列，预示着其在城市景观和建筑领域的广泛应用潜力。未来更多地将这些发电建材融入城市广场、公园、道路、围墙、楼宇等公共基础设施，不仅能够减少能源消耗，还能将这些设施转变为自给自足的微型发电站。这样的转变将促进分布式城市微电网的构建，为社会提供清洁、可持续的绿色能源，推动生产和生活方式的绿色转型。

## 拓展阅读　智能光伏——让建筑成为绿色“发电厂”

随着我国提出实现“碳达峰碳中和”的宏伟目标，各行各业正积极推进绿色低碳转型。建筑行业，作为碳排放的主要来源之一，肩负着推动“双碳”目标实现的重任。在这一转型的大背景下，建筑行业正面临着绿色转型的重要发展机遇，特别是在太阳能建筑一体化领域，迎来了新的发展契机。通过整合太阳能技术与建筑设计，不仅能够有效降低建筑能耗，还能为实现可持续发展贡献力量，推动建筑行业向环境友好型、资源节约型方向迈进。

碲化镉发电玻璃的应用，不仅是一项技术创新，更是一场建筑领域的革命。这种材料的出现，使得建筑物不再仅仅是遮风挡雨的空间，而是能够主动产生能源的发电站。通过将碲化镉薄膜集成到建筑玻璃中，建筑物的立面和屋顶转变成了高效的太阳能收集器，实现了对太阳能的高效利用和对环境的积极贡献。在 2022 年北京冬奥会的项目建设中，中建材总工程师彭寿院士带领的团队自主研发的碲化镉发电玻璃发挥了重要作用。这种发电玻璃不仅在技术上达到了国际先进水平，更在实际应用中展现了其独特的价值。国家速滑馆和张家口冬奥会场馆的 BIPV 项目，以及赤城奥运走廊项目，都采用了这种创新材料。

碲化镉发电玻璃的使用，不仅提高了建筑的能源自给能力，还有助于减少对传统能源的依赖，降低碳排放，符合绿色、环保的发展理念。同时，这种材料的设计灵活性也使得它能够与建筑美学完美融合，成为现代建筑设计中的亮点。无论是作为建筑的立面材料，还是作为屋顶覆盖层，碲化镉发电玻璃都能够提供独特的视觉效果，增添建筑的艺术魅力。此外，碲化镉发电玻璃的耐久性和稳定性也使其成为长期可靠的能源解决方案。它能够在各种气候条件下稳定运行，为建筑提供持续的电力支持。在冬奥会这样的国际盛事中，碲化镉发电玻璃的应用不仅展示了中国的科技创新实力，也为全球的绿色建筑发展提供了新的思路和方案。

碲化镉发电玻璃的应用是科技与绿色理念相结合的典范，它不仅推动了建筑行业向可持续发展转型，也为未来的城市建设和能源利用提供了新的可能性。随着技术的不断进步和应用的不断推广，碲化镉发电玻璃有望在全球范围内得到更广泛的应用，为实现全球碳中和目标做出更大的贡献。

## 思考题

1. 简述碲化镉材料的结构及其主要性质。
2. 画出碲化镉薄膜太阳能电池的主要结构并比较不同结构的优劣势。
3. 简述碲化镉薄膜层的主要制备方式及工艺，并描述不同工艺的优劣势。
4. 简述碲化镉薄膜太阳能电池的主要应用领域。

# 第6章 铜铟镓硒薄膜太阳能电池原理和设计

铜铟镓硒（CIGS）薄膜太阳能电池因效率高、稳定性好、带隙可调、弱光性能好、耐辐射能力强、可在柔性衬底上制备等一系列优点受到广泛关注，经过多年的研究积累，现已逐步进入产业化阶段。本章先从CIGS薄膜太阳能电池发展史出发，介绍CIGS薄膜太阳能电池的基本特点及其物理化学性能，进一步阐述CIGS薄膜太阳能电池的基本结构及其各部分的制备原理与方法，并延伸至高效CIGS薄膜太阳能电池技术。

## 学习目标

（1）了解CIGS薄膜太阳能电池的发展历程，CIGS薄膜太阳能电池物理化学性能、结构特点及性能特点。

（2）掌握CIGS薄膜太阳能电池工作原理、CIGS薄膜太阳能电池（衬底、背电极板、吸收层、缓冲层、减反射层及顶电极）的制备方法。

（3）掌握高效CIGS薄膜太阳能电池的三种技术：碱金属掺杂技术、低温沉积技术和建筑一体化技术。

## 学习重点

（1）CIGS薄膜太阳能电池物理化学性能、结构特点及工作原理。

（2）CIGS薄膜太阳能电池中衬底、吸收层和缓冲层的制备方法。

（3）CIGS薄膜太阳能电池碱金属掺杂技术和低温沉积技术。

## 学习难点

（1）CIGS薄膜太阳能电池结构特点及工作原理。

（2）CIGS薄膜太阳能电池中吸收层的制备方法。

（3）CIGS薄膜太阳能电池碱金属掺杂技术及其原理。

## 6.1 铜铟镓硒薄膜太阳能电池的发展史

作为第二代太阳能电池，CIGS（铜铟镓硒）薄膜太阳能电池已有70多年的研究历史。CIGS

材料最早是由哈恩等人研究发现的，1953 年他们首次人工合成出 $CuInSe_2$（CISe）晶体，发现该材料为直接带隙半导体且带隙宽度为 1.01 eV，为后续的 CIGS 薄膜太阳能电池奠定了理论基础。CIGS 太阳能电池的发展主要分为以下三个阶段：

### 6.1.1 实验萌芽开发阶段

1974 年，CISe 单晶/CdS 异质结薄膜太阳能电池第一次被发表出刊，文章中首次提出的黄铜矿类 p 型半导体作为吸收层与带隙大的 n 型半导体进行组合制备 CIS 薄膜太阳能电池，实验验证其转换效率达 12.0%。1976 年，卡斯梅尔斯基等人在过量的 Se 蒸气条件下共蒸发 $CuInSe_2$粉末，制备出了第一个 $CuInSe_2$/CdS 薄膜太阳能电池，其转换效率达到了 4.5%。几年后，波音公司采用共蒸发技术，制备出转换效率为 11.2% 的 CIS 薄膜太阳能电池。与此同时，卡斯梅尔斯基和桑伯恩报道了转换效率为 3.6% 的铜铟硒（$CuInSe_2$）同质结太阳能电池。1981 年，米克尔森等采用各个元素的共蒸发制备出转换效率为 9.4% 的 CIS 太阳能电池。从这时开始，CIS 薄膜太阳能电池开始受到关注。

### 6.1.2 小面积效率提升阶段

1986 年，美国太阳能公司波特等人采用厚度小于 50 nm 的致密 CdS 和 1～2 μm 的 ZnO 透明导电层代替厚度为 6 μm 的（$Cd_{1-x}In$）S 层，提出了经典的 ZnO/CdS/$CuInSe_2$太阳能电池结构，这种结构被广大研究者们认可，并被广泛应用。由于 CIS 材料的带隙宽度与太阳光谱的匹配度较差，制约 CIS 材料的发展。波音公司的米克尔森等人通过在 CIS 薄膜中掺入 Ga 替代一部分 In 得到铜铟镓硒（CIGS）薄膜，使得禁带宽度由 1.02 eV 提高至 1.6 eV，大大提高了太阳能电池的开路电压和转换效率。研究中发现通过调节薄膜中 Ga 的含量可以控制 CIGS 薄膜的禁带宽度，最终实现禁带宽度在 1.04～1.7 eV 范围内可调，自此铜铟镓硒太阳能电池转换效率不断提升。

1994 年，波音公司实现了 CIGS 电池 15.9% 转化效率的突破。随后 2008 年美国可再生能源实验室（NREL）又进一步将 CIGS 电池的转换效率提高到了 19.9%。2010 年，德国太阳能和氢能源研究中心（ZSW）使 CIGS 电池达到了 20.3% 的转换效率，这大大缩短了 CIGS 薄膜太阳能电池与多晶硅太阳能电池之间的差距。2013 年瑞士联邦材料科学与技术实验室（EMPA）采用重碱金属掺杂处理后，将柔性 CIGS 薄膜太阳能电池的转换效率提升到了 20.4%，这次转换效率的提高对 CIGS 薄膜太阳能电池的发展有着里程碑的意义。此后几年，由于碱金属掺杂技术引入，2019 年中村修二采用无 Cd 缓冲层（$Zn_{0.8}Mg_{0.2}$）O/Zn（O，S，OH）制备出了小面积 CIGS 电池，其转换效率达到 23.35%。2024 年，瑞典乌普萨拉大学和第一太阳能欧洲技术中心的科学家携手，研制出一款新型铜铟镓硒（CIGS）太阳能电池，在 CIGS 吸收层内添加了银和钠，其转换效率高达 23.64%，创下 CIGS 太阳能电池能效新纪录。

国内高校和研究所对 CIGS 薄膜及其太阳能电池的制备也进行了大量的研究，并取得一定成果。2006 年，南开大学孙云等人采用溅射后硒化的方法制备得到转换效率为 9.5% 的 CIGS 太阳能电池。2011 年，清华大学庄大明课题组采用四元单靶溅射沉积 CIGS 薄膜，获得的电池效率为 7.95%。2014 年，他们采用先溅射沉积 CuGa/$In_2Se_3$叠层前驱体，再在管式炉中进行硒化退火的方法制备 CIGS 吸收层，制得转换效率超过 10% 的电池，并在 2015 年将电池效率提升至 13.5% 和 16.7%。中科院深圳先进技术研究院在 2011 年报道了采用共蒸发法制备的转换效率为 17% 的 CIGS

太阳能电池。2021 年，我国玻璃基 CIGS 小电池片（面积为 1 $cm^2$）实验室最高转换效率为 22.92%。

### 6.1.3 大面积组件试产阶段

在 CIGS 薄膜太阳能电池领域不仅小面积电池的效率在不断突破，大面积的 CIGS 薄膜太阳能电池也一直在进步。CIGS 薄膜光伏组件发展始于小面积电池效率超过 10%。很多公司一直致力于 CIGS 薄膜电池的产业化发展，并在组件的研制方面取得了很大的进展。

德国太阳能和氢能源研究中心（ZSW）与斯图加特大学合作研究，采用共蒸发工艺制备吸收层 CIGS 薄膜，电池组件效率逐年提高。1995 年，100 $cm^2$组件效率达到 10%。到 1998 年，面积为 1 000 $cm^2$的组件效率达到 12%。2000 年，ZSW 与德国伍尔特公司合作建立了 60 cm × 120 cm 大面积组件中试线，年产量达到 1 MWp。到 2005 年，该公司 60 cm × 120 cm 大面积组件的最高效率达到 13%，平均转换效率为 11.5%，是大面积玻璃衬底 CIGS 薄膜太阳能电池的最高水平。

2005 年是 CIGS 薄膜电池产业化快速发展的一年。日本的昭和壳牌石油公司和本田公司分别建立了 20 MW/a 和 27.5 MW/a 的生产线。德国伍尔特公司的 15 MW/a 生产线也宣布投产，到 2007 年 CIGS 电池全球产能达到了 70 MW。然而，与其他材料太阳能电池相比，CIGS 薄膜电池的发展是处于中试向产业化开发阶段。

2010 年美国公司（Miasolé）制备的大面积（0.97 $m^2$）CIGS 电池效率达到了 15.7%，该效率经过了 NREL 认证，在很长时间内保持了世界纪录。直到 2012 年，才由该公司再次突破，效率达到了 17.3%，并且大规模生产的组件也达到 14%(1 $m^2$）的光电转换效率。

2021 年，我国量产的玻璃基 CIGS 组件（面积为 0.72 $m^2$）最高转换效率约 17.6%，平均转换效率（面积为 0.72 $m^2$）已提升至 16.5%。柔性 CIGS 小电池片（面积为 1 $cm^2$）实验室最高转换效率为 21%，柔性 CIGS 组件（面积为 0.5 $m^2$）最高转换效率为 18.6%，量产平均转换效率 16.3%。以上研究结果均表明 CIGS 薄膜太阳能电池组件发展也十分迅速。

## 6.2 铜铟镓硒薄膜太阳能电池的特点

CIGS 薄膜太阳能电池是以化合物薄膜 Cu（In，Ga）$Se_2$ 作为吸收层的太阳能电池，具有光吸收系数高、稳定不易衰退等优点。据美国 NREL 的效率统计，小面积 CIGS 太阳能电池最高转换效率已经达到 23.35%，是一种十分有潜力的薄膜太阳能电池。目前国内外多家企业比较看好，也已经投入众多人力、物力资源发展该类电池，以实现其大规模商用。下面介绍 CIGS 薄膜太阳能电池的基本特征。

### 6.2.1 铜铟镓硒的物理化学性能

CIGS 是在 $CuInSe_2$(CIS) 的基础上发展起来的，CIS 是 Ⅰ-Ⅲ-Ⅵ 族化合物，属于四方晶系的黄铜矿结构。在黄铜矿晶体结构中，每个 Cu 原子或 In 原子都与四个 Se 原子键合，而每个 Se 原子都与两个 Cu 原子和两个 In 原子键合。当 Ga 原子取代 CIS 中的部分 In 原子时，形成 CIGS，因此 CIGS 也属于黄铜矿结构。图 6-1 是 CIS/CIGS 黄铜矿晶胞结构图。

如果将 Cu/In 原子看作体心立方四面体的中心，则 Se 原子位于体心立方四面体四个不相邻的顶角处。同样地，若将 Se 原子看作体心立方四面体的中心，则 Cu/In 原子位于体心立方四面体的四个不相邻的顶角处。由于Cu和In原子具有不同的价电子数，导致两者具有不同的电子亲和势，所以Cu—Se键与In—S键的长度有所差别。不同的键长导致Se原子位置发生偏移，因此Se并不位于体心立方四面体的中心，由若干个体心立方四面体组成的CIS晶体与标准的立方体也略有不同。CIS晶体的晶格常数分别为$a=5.789$ Å，$c=11.62$ Å，其晶格常数比值$c/a$为2.005 9，略大于标准值2。如果使用同族的Ga原子替换CIS晶体中的部分In原子即可得到CIGS晶体，晶体会发生晶格收缩，使得晶格常数比值$c/a$略小于标准值。晶格常数$c/a$偏离标准值均会导致晶格畸变，使晶体内部产生点缺陷。对于CIGS晶胞结构，$2-c/a$的取值区间是$-0.01$和$+0.04$之间，CIS结构中其值约为$-0.01$，$CuGaSe_2$结构中其值约为$+0.04$。

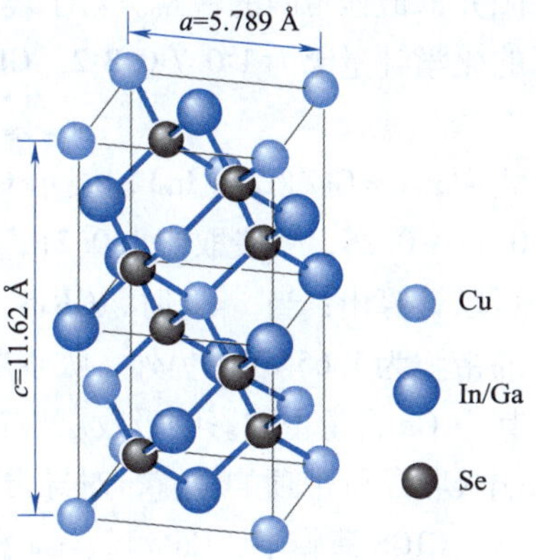


图6-1　CIS/CIGS黄铜矿晶胞结构图

图6-2是$In_2Se_3-Cu_2Se$伪二元平衡相图。图6-2中α是CIS黄铜矿相，β是诸如$CuIn_3Se_5$和$CuIn_5Se_8$等的有序缺陷化合物相（ODC），δ是高温下的闪锌矿相。由图6-2可知，当温度较低（100~200 ℃）时，α+β混合相占据了大部分的区域，且α单相的区域很小。当Cu含量在24%~25%范围内时，呈现α单相区域，且当温度逐渐升高，α单相区域也随之变大。当温度升高到520 ℃时，α+β混合相向α+δ混合相发生转变。当Cu含量在25%~30%范围时，α+$Cu_2Se$混合相为主要相。这表明，当CIS处于富Cu态时，体系易生成$Cu_2Se$相。

图6-3是室温下$Cu_2Se-In_2Se_3-Ga_2Se_3$三元相图。由图6-3可知，当Ga替代部分In时，随着Ga含量的增多，相图中α单相区域变宽。CIGS生成α单相所需要的Ⅰ/Ⅲ族原子比例范围比CIS的更宽。当Ga含量为10%~25%范围时，α+β+δ混合相的区域相对较小，通常此类的CIGS太阳能电池具有很高的转换效率。

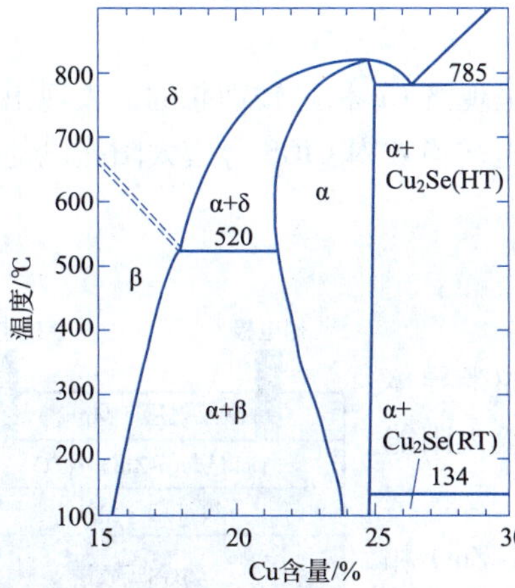


图6-2　$In_2Se_3-Cu_2Se$伪二元平衡相图

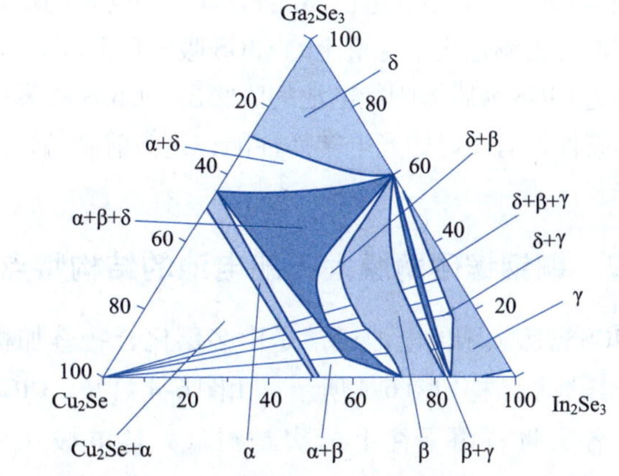


α—黄铜矿CIGS；β—ODC相；δ—闪锌矿CIGS；γ—层状结构。

图6-3　室温下$Cu_2Se-In_2Se_3-Ga_2Se_3$三元相图

CIGS薄膜主要利用Ga元素取代In元素后形成$Cu(In_{1-x}Ga_x)Se_2$晶体作为电池的吸光层，且CIGS吸收层的禁带宽度会随着晶体内Ga/(Ga+In)比值的变化，其禁带宽度一般在1.02~1.68 eV范围内。通过改变Ga元素含量的浓度来改变CIGS吸收层薄膜层的带隙宽度，从而获得吸收太阳光谱最佳带隙的薄膜。对于理想的高吸光系数的 CIGS 薄膜，其中 Cu、In、Ga 和 Se 四种元素的化学计量比为 1:0.7:0.3:2。CIGS 禁带宽度依赖于 Ga 元素含量的经验公式如下：

$$E_{gCIGS}(x) = (1-x)E_{gCIS} + xE_{gCGS} - bx(1-x) \tag{6-1}$$

式中，$x = Ga/(Ga+In)$，表示 Ga 元素在Ⅲ族元素的含量比例；$b$ 为弯曲系数，其取值范围为 0.11～0.26，一般取值为 0.21；$E_{gCIS}$ 和 $E_{gCGS}$ 分别表示 $CuInSe_2$ 和 $CuGaSe_2$ 的禁带宽度。由式（6-1）可以计算出：当 $x=0$ 时，CIGS 薄膜（CIS）的带隙为 1.04 eV；当 $x=1$ 时，CIGS 薄膜（CGS）的带隙为 1.65 eV。另外，吸收层中 Ga 和 Cu 的含量也会对吸收层导带和价带的位置产生影响，其中 Ga 含量主要影响吸收层导带底的位置，对价带顶的位置基本没有影响。而 Cu 含量主要影响吸收层价带顶的位置，对导带底的位置基本没有影响。

CIGS 薄膜中，Cu、In、Ga 和 Se 四种元素的含量分布对 CIGS 薄膜电池的制备工艺和导电特性有直接影响，化合物中元素化学计量比的偏离程度常用以下两个公式来表示。

$$\Delta x = \frac{[Cu]}{[Ga+In]} - 1 \tag{6-2}$$

$$\Delta y = \frac{2[Se]}{[Cu]+3[In+Ga]} - 1 \tag{6-3}$$

当 $\Delta x<0$，$\Delta y=0$ 时，即 CIGS 薄膜处在贫 Cu 富 In(Ga) 时，CIGS 晶体结构可能存在两种缺陷结构：Cu 原子在晶体结构内缺失并产生空位缺陷 $V_{Cu}$；Cu 原子在晶体结构内的位置被 In 原子所替代，此时晶体内形成空位缺陷 $In_{Cu}$。当薄膜内部存在 $2V_{Cu}+In_{Cu}$ 复合缺陷，即两个 Cu 空位和一个 In 代 Cu 位反型缺陷。这种复合缺陷的形成能很低，电性质稳定，使 CIGS 薄膜呈现 p 型导电类型，有利于电池的光伏性能。当 $\Delta y<0$ 时，即 CIGS 薄膜处于富 Cu 贫 Se 状态时，此时晶体结构中的 Se 元素成分较少，Cu 原子占据 Se 空位，提供施主能级，使薄膜呈现 n 型导电类型，且靠近 Se 原子的 Cu 和 In 原子的外部晶格失去共享的电子，从而会引起结构不稳定。CIGS 晶体结构中一部分 Ga 原子的电子亲和势能大，可以取代 In 原子与 Cu 的外层电子相互形成电子对，从而使得 CIGS 的 n 型导电性能随着 Ga 原子含量的增加而变差，因此可以通过调整靶材原子组分配比来制备出满足化学计量比的 CIGS 吸收层薄膜。

作为 CIGS 薄膜太阳能电池的吸收层，CIGS 薄膜材料呈现贫 Cu 相是较理想的，表现出 p 型半导体特性，有良好的光电转换性能，是当前制备较高光电转换效率 CIGS 薄膜太阳能电池的最优选择。

### 6.2.2 铜铟镓硒薄膜太阳能电池的结构特点

CIGS 薄膜太阳能电池通常是由多层化合物叠加构成的半导体电池，其基本结构如图 6-4 所示。由图 6-4 可知，CIGS 薄膜太阳能电池的各层材料由下往上依次是衬底、背电极（Mo）、吸收层（CIGS）、缓冲层（CdS、ZnS、ZnSe 等材料）、窗口层（i-ZnO 和 ZnO、AZO、ITO）、减反射层以及栅电极。

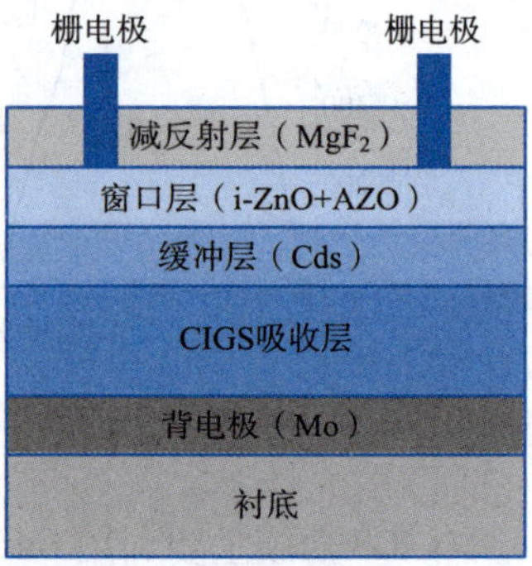


图 6-4　CIGS 薄膜太阳能电池结构示意图

在上述电池结构中，CIGS 吸收层薄膜作为 CIGS 薄膜太阳能电池的主要吸光层，呈现出弱掺杂的 p 型半导体特性，CIGS 材料不仅具有光吸收率强与光学带隙可变的特点，在弱光条件下也具有较高的转换效率，而且不存在光致衰退效应。硫化镉（CdS）缓冲层位于吸收层和窗口层之间，一方面能够有效地减少过渡晶格失配与界面复合的现象，另一方面缓冲层附着在吸收层表面可以有效地防止窗口层溅射带来的溅射损伤，起到保护吸收层的作用，CdS 缓冲层呈 n 型半导体特性。窗口层主要特征是高电阻，可保护缓冲层并防止电流泄漏，另外 ITO 透明导电氧化层能起到透光作用，也可以作为电极层使用；减反射层主要是为了提高进入电池的光子数量。

CIGS 薄膜太阳能电池的工作原理主要是 n 型 CdS 缓冲层（$E_g<2.4$ eV）透过小于 2.4 eV 的光子到吸收层，从而在吸收层中产生电子-空穴对。而对于 $E_g\geqslant2.4$ eV 的高能光子则被 CdS 薄膜吸收，对光电流没有贡献，即异质结的“窗口效应”。当缓冲层和窗口层很薄时，仍会有部分高能光子穿过窗口层和缓冲层后进入 CIGS 吸收层中，在 CIGS 太阳能电池中起到窗口作用。由于 p-n 结界面（在 CIGS/CdS 之间）贯穿内置电场中，扩散长度区域内的电子从 p 型吸收层漂移到 n 型缓冲层，并被 n 型电极收集。同样地，空穴从 n 型层漂移到 p 型层，并被 p 型电极收集。通过调节 Ga 梯度（靠近 Mo 背电极）在 CIGS 层中产生的背表电场是一种额外的机制，它将电子漂移向 p-n 结处，最终由 n 型电极收集。背表电场降低了电池器件背面的少数载流子复合。

### 6.2.3 铜铟镓硒薄膜太阳能电池的性能特点

与非晶硅、碲化镉（CdTe）等其他类型的薄膜太阳能电池相比，CIGS 薄膜太阳能电池具有以下特点：

#### 1. 光吸收能力强，光电转换效率高

CIGS 薄膜是一种光吸收系数能达到 $10^5$ $cm^{-1}$的直接带隙半导体材料，厚度在 1 ~ 3 μm，可以吸收 90% 的可见光，所以 CIGS 非常适合作为制备薄膜太阳能电池的材料。CIGS 薄膜太阳能电池是现在推行的薄膜电池中光电转换效率最高的，其实验室的光电转化效率能够达到 23.35%。吸收层厚度非常薄，制备过程中对原材料的使用量大幅降低，减少了 In 等稀有金属的使用，极大地降低了生产成本。而且合适的掺镓能够增大它的禁带宽度，让它和太阳光谱有更好的匹配，更为有益于转换效率的最大化。

#### 2. 性能稳定，无光致衰减效应

太阳能电池的稳定性是衡量器件性能的重要指标，也是衡量其是否具有使用价值的关键因素，同时稳定性也会直接影响电池能量回收水平以及使用寿命的长短。CIGS 材料自身存在的铜迁移和点缺陷反应之间的动态协同效应，使 CIGS 薄膜太阳能电池在辐照下具有自愈特性。另外，室外实验也证明了 CIS(CIGS) 系薄膜电池有着极其良好的稳定性。西门子公司利用 CIS 薄膜电池开展了长达八年的室外实验，最后发现除了 1989—1990 年由于模拟器的更换而引发电池效率的一点变化，其他时期电池的效率基本平稳，有些电池效率甚至增高。2006 年，日本 Showa Shell 集团对 11 kW 的薄膜 CIGS 电池阵列开展了室外检测，检测时间维持了三年，研究发现除了 CIGS 电池组件的变更以外并未发生别的效率减少的现象，再一次印证了 CIGS 电池有着良好的稳定性。

#### 3. 光学带隙可调控，弱光性能好

在铜铟硒（$CuInSe_2$，CIS）中加入 Ga 元素可以部分地替代 In 元素，从而使 CIGS 薄膜的带

隙在 1.04 ~ 1.67 eV 范围内调控。与硅太阳能电池和 CdTe 薄膜太阳能电池相比，CIGS 薄膜太阳能电池的带隙可调整性使其占有相对优势。同时，由于 CIS/CIGS 薄膜电池具有弱光效应，即在弱光环境下也依然保持较高的光伏性能，让 CIGS 电池的工作时间比硅电池的工作时间更长，也能够提供更多的电能，且在高纬度地区以及多异常气候条件的地区更能凸显 CIGS 薄膜太阳能电池的优越性。

#### 4. 可在柔性基底上制备，最适合光伏组件用

CIGS 薄膜太阳能电池不仅可以在钠钙玻璃、FTO 玻璃等刚性基底上制备，而且还能在如不锈钢、金属箔和聚合物等柔性材料基底上，制备出晶粒较大、结晶度较高、缺陷较少的多晶薄膜，目前已经被应用于在线连续（in-line process）沉积或卷对卷（roll-to-roll）沉积等工艺中。CIS/CIGS 薄膜电池更适用于建造光伏组件，CIGS 薄膜的柔性衬底也特别适合于建造需求不一样的房顶，如果把 CIGS 薄膜电池用在城市众多的房屋外层及房顶，不但防止了现在的由于玻璃幕墙引发的光危害弊端，而且又能发电。

#### 5. 能源回收周期短

太阳能电池是很好的可再生能源技术，可以解决人类的能源需求问题又不污染环境，但是生产太阳能电池本身也需要消耗一定的能源。评估一个可再生能源装置是否真正环保，除了转换效率，更重要的是能源回收周期，即需要多长时间才能相当于当初生产时所消耗的能源总量。根据美国能源总署研究，以 30 年寿命的太阳能装置为例，晶体硅太阳能电池的回收期间为 2 ~ 4 年，而薄膜太阳能电池为 1 ~ 2 年。换而言之，每一个太阳能发电系统，可享有 26 ~ 29 年真正无污染的期间，而采用 CIGS 薄膜太阳能电池无污染期更长，回收周期更短。

## 6.3 铜铟镓硒薄膜太阳能电池的制备方法

CIGS 薄膜太阳能电池主要由衬底、背电极、吸收层、缓冲层、窗口层、减反射层及栅电极等构成。CIGS 薄膜太阳能电池的制备通常先制备电池各层材料，最后再将各层材料进行组合整装。电池的衬底材料作为整个电池制备工艺的第一步，对整个电池的后续工艺以及整个器件的性能都有着至关重要的影响，因此选择合适的衬底材料是制备薄膜太阳能电池的基础。

### 6.3.1 衬底的选择

CIGS 薄膜太阳能电池的衬底材料通常分为刚性衬底和柔性衬底两类。刚性衬底一般选择钠钙玻璃和 FTO 玻璃等不可弯曲的材料，柔性衬底一般选择聚合物和金属材料，金属材料包括不锈钢箔、铜箔、钼箔和铝合金等具有可弯曲性的金属箔。

#### 1. 玻璃衬底

20 世纪 80 年代的 CIGS 薄膜太阳能电池主要以氧化铝陶瓷为衬底，氧化铝陶瓷硬度高、稳定性好、耐高温、热膨胀系数与 CIS 和 CIGS 相近，但在当时价格较高且存在供应不足的问题，因此学者们开始研究用成本低廉的钠钙玻璃（SLG）取代氧化铝陶瓷为衬底。SLG 热膨胀系数与 Mo 和 CIGS 热膨胀系数相近且价格低廉，SLG 中的 $Na^+$ 在加热时会穿过上层的 Mo 扩散到 CIGS 吸

光层中，促进 CIGS 晶体生长，且 Na 掺杂还能提高 CIGS 的 p 型掺杂浓度，钝化晶界缺陷态、修饰晶界的电场性质，从而提高 CIGS 的电学性质。1991 年，朔克等以 SLG 为基底制备了效率为 12.4% 的 CIS 薄膜太阳能电池。随后在 1993 年，朔克等以 SLG 为基底制备的 CIS 和 CIGS 薄膜太阳能电池效率分别达到了 15.4% 和 16.9%，而同年波音公司以氧化铝陶瓷为基底制备的 CIGS 薄膜太阳能电池的认证效率为 13.7%。从 20 世纪 90 年代开始，Na 掺杂（从基底扩散或刻意掺入）成为制备高效率 CIGS 薄膜太阳能电池必不可少的环节。

### 2. 聚合物衬底

聚酰亚胺（PI）是 CIGS 薄膜太阳能电池最重要的衬底材料之一。相比于金属衬底，PI 具有轻便、无杂质离子扩散、耐较高温度等优点，且其更适合用于内联式 CIGS 电池组件的卷对卷生产，常被作为 CIGS 的柔性衬底材料。

作为柔性衬底，PI 在制备与应用过程中常存在以下两个问题：一是 PI 的耐高温极限为 450 ℃，CIGS 吸收层在这一温度下的结晶性不够好，且当 PI 处在高温时，其热膨胀系数较高，与 Mo 及 CIGS 的热膨胀系数不匹配，会导致 PI 衬底 CIGS 薄膜附着性比玻璃衬底差，易出现 CIGS 的开裂与脱落。二是 PI 衬底自身不含 Na 元素，因此需要对 CIGS 吸收层进行碱金属掺杂，而含 Na 预制层的加入会影响 CIGS 与 Mo 层的浸润，进一步降低 CIGS 的附着性；且如果 Na 预制层过厚将导致 CIGS 薄膜脱落。1999 年，瑞士联邦理工学院（ETH）科学家提瓦瑞等在有 NaCl 覆盖的玻璃上旋涂一层 PI，然后用共蒸发方法在其上生长 CIGS 吸收层，之后将 PI 连同 CIGS 电池器件从玻璃上剥离，最终获得了 12.8% 的电池转换效率。2004 年，瑞士联邦理工学院鲁德曼博士在 450 ℃下采用共蒸发技术并配合 NaF 后处理技术使电池效率提高到 13.2%，并在次年进一步提高到 14.1%。2008 年，日本 AIST 的科学家在 PI 衬底上沉积一层 200 nm 厚的碱硅酸盐玻璃层作为钠源，并在 400 ℃的衬底温度下获得了 14.7% 的电池效率。

### 3. 不锈钢衬底

不锈钢衬底是柔性金属衬底材料研究最多的材料。它不但具有质量小、可弯曲、不怕摔碰、重量比功率高、显著降低发射成本等优点，而且在空间高能粒子的辐照下具有很好的稳定性。作为柔性衬底，后续可进行绕带式沉积，有利于实现大规模生产，并显著降低生产成本。不锈钢衬底材料的热膨胀系数较高。与 300 系列不锈钢相比，400 系列不锈钢具有与 CIGS 薄膜较好的热膨胀系数匹配度（CIGS 的热膨胀系数为 $11.5\times10^{-6}\ K^{-1}$，430 不锈钢的热膨胀系数为 $11\times10^{-4}\ K^{-1}$，316L 不锈钢的热膨胀系数为 $17\times10^{-4}\ K^{-1}$），因而更适合作为 CIGS 电池的衬底。

相对于玻璃及聚酰亚胺衬底，不锈钢衬底制备的 CIGS 薄膜太阳能电池效率较低。这主要是由于：

（1）不锈钢表面粗糙度较大。玻璃衬底的表面粗糙度一般在 10 nm 以下，而不锈钢衬底的表面粗糙度一般在 40 nm 以上，粗糙的衬底会影响 CIGS 吸收层质量。

（2）不锈钢衬底中含有大量的 Fe、少量的 Cr 和微量的 Ni 等杂质元素。在制备 CIGS 吸收层时，衬底中杂质元素向 CIGS 薄膜的扩散，导致电池整体性能下降，开路电压、填充因子和短路电流均受明显影响。所以通常要用阻隔层来阻挡不锈钢衬底中的有害离子进入吸收层，常用的阻隔层材料有金属（Cr）、非金属（$SiO_x$、$Al_2O_3$等）。

（3）不锈钢衬底不含 Na 元素，需掺入适量 Na 来提高器件性能。

除了不锈钢衬底以外，还有其他金属柔性衬底材料，例如，钼箔、钛箔、铜箔和铝箔等。

## 6.3.2 背电极板的制备

作为 CIGS 薄膜太阳能电池的正极，背电极主要负责收集空穴，最常用的背电极材料为金属 Mo。Mo 是一种化学性质比较稳定的金属，在高温下也能保持较高的稳定性，在 CIGS 吸收层沉积过程中，不会与 CIGS 吸收层发生反应，也不会扩散进入 CIGS 吸收层中。金属 Mo 具有良好的导电性，且与 CIGS 吸收层之间的热膨胀系数较为匹配。此外，硒化后形成的 $MoSe_2$ 层可使 Mo 和 CIGS 之间形成准欧姆接触。Mo 与 CIGS 吸收层的接触电阻很低，即使在 CIGS 电池制备过程中，Mo 的导电能力也不会降低。因此，金属 Mo 十分适合作为背电极材料。

实验室及工业化生产线上，一般使用溅射法制备 Mo 电极。为满足实际需求，Mo 电极一般会采用多层或者双层的结构。制备过程中气压及功率对 Mo 电极性能有明显的影响，在高气压低功率条件下制备的 Mo 的结晶较差，虽然这类薄膜结合力较强，但是电阻率较高；而在高功率低气压条件下制备的薄膜虽电阻率较低，但结合力较差。因此，工业化生产中制备的 Mo 通常第一层采用高气压低功率工艺，第二层采用高功率低气压工艺，既能够有较好的结合力又可以满足电导率的要求。Mo 背电极制备流程图如图 6-5 所示，此方法可制备厚度约为 1 μm，电阻率为 0.6～1.0 Ω · m 的 Mo 背电极板。

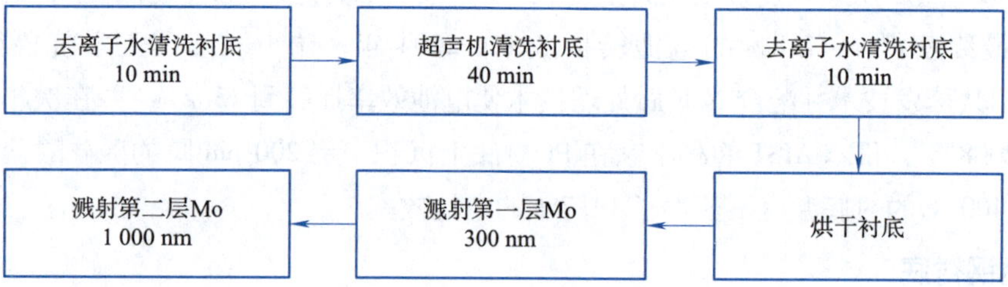


图 6-5　Mo 背电极制备流程图

由于 Mo 膜较厚，导致薄膜应力大，与基板玻璃附着强度较低，且 Mo 膜制备成本较高，因此，仍有学者们致力于寻找替代 Mo 的新型背电极材料。新的背电极材料要求必须可以降低电极的制造成本，即新的低成本导电层来取代 Mo，同时提高 CIGS 薄膜太阳能电池模块的性能。经过长时间的研究，研究者把目光集中在采用 Al、Ti、CuZn 等金属薄膜或合金薄膜来替代 Mo，并进行了大量实验并参考不同金属的导电机理研究。与 Al 或其他金属薄膜相比，CuZn 合金薄膜是更合适的导电层，因为 CuZn 薄膜熔点高（967 ℃），具有高的热稳定性和化学稳定性；Cu 和 Zn 的体电阻分别为 1.68 Ω 和 5.9 Ω，Mo 的体电阻为 5.34 Ω，可满足薄膜太阳能电池导电层将电流引出电极的要求；且 CuZn 薄膜与 CIGS 吸收层形成良好的欧姆接触（Cu 功函数约为 4.65 eV，Zn 功函数约为 4.3 eV，Mo 功函数约为 4.37 eV），减少载流子界面复合。

CuZn 薄膜一般可采用磁控溅射技术进行制备，可实现连续沉积 Mo、CuZn 薄膜，可得到不同膜厚且具有低电阻率的 Mo、CuZn 薄膜。X 射线衍射仪、扫描电子显微镜及电学性能等测试结果表明，当 CuZn 薄膜的膜厚逐渐增加时，结晶特性逐渐变好．并且 CuZn 薄膜表现出较高的载流子浓度，形成背电极后，电流传输性能依然较好。CuZn 薄膜可用于部分替代 Mo 薄膜，增强背电极导电性能，并减小背电极内部应力，同时节约成本。

### 6.3.3 吸收层的制备

吸收层的制备方法有很多种，主要可以分为真空法和非真空法。真空法主要包括真空蒸发法和磁控溅射法；非真空法主要包括电沉积法、喷涂热分解法和溶液法。其中，真空法是目前实现规模生产的主要方法，其优点在于其生产的薄膜均匀性好，制成的器件光能转换率高，但相对于非真空法而言，其制造成本较高。下面分别介绍真空法和非真空法的方法与原理。

#### 1. 真空蒸发法

真空蒸发法是在真空条件下，通过加热源对金属源物质（Cu、In、Ga、Se）进行加热，使得其原子或分子蒸发，后经气相传输到衬底表面沉积。此方法所用的装置如图6-6所示。

根据制备工艺的阶段数，真空蒸发法可分为一步法、二步法和三步法。

一步法是将金属源物质Cu、In、Ga、Se四种元素按照一定比例同步沉积到衬底上。此方法操作简单，但薄膜中元素成分可控性差，薄膜表面易呈富Cu状态，内部缺陷较多。薄膜晶体质量相对较差。

二步法是波音公司首次提出的，具体工艺为在衬底温度400～450 ℃条件下，第一阶段先蒸发沉积Cu、In、Ga、Se四种元素的CIGS预制层，此阶段保持薄膜富Cu状态，第二阶段提高In、Ga、Se三种混合元素的沉积速率，降低Cu的蒸发速率，最终得到贫Cu成分的薄膜。与一步法相比，该方法可以调节薄膜的成分，可改善一步法制备的薄膜表面富Cu的缺点，有利于得到晶粒尺寸较大的薄膜，但是薄膜中Cu含量的差异，容易引起薄膜的体积变化，导致薄膜吸附力降低，易从衬底脱落，且在薄膜底部易形成Cu-Se杂相。

三步法的制备过程是在Se或$H_2Se$氛围中，衬底温度在300～400 ℃时，第一阶段先蒸发In、Ga、Se元素制备$(In, Ga)_xSe_y$预制层，第二阶段提高衬底温度为500～600 ℃时，蒸发沉积Cu、Se制备稍微富Cu的薄膜，第三阶段继续蒸发In、Ga、Se，最终得到贫Cu成分的CIGS薄膜，形成夹心结构，使薄膜贫Cu，最后通过硒化处理使其满足理想CIGS薄膜的化学计量比，从而制出CIGS吸收层薄膜。此方法制备的薄膜成分可控、晶粒尺寸大且不会减弱薄膜与衬底吸附力。目前，大多数高质量的CIGS薄膜是由三步法制备得到的，其工艺示意图如图6-7所示。

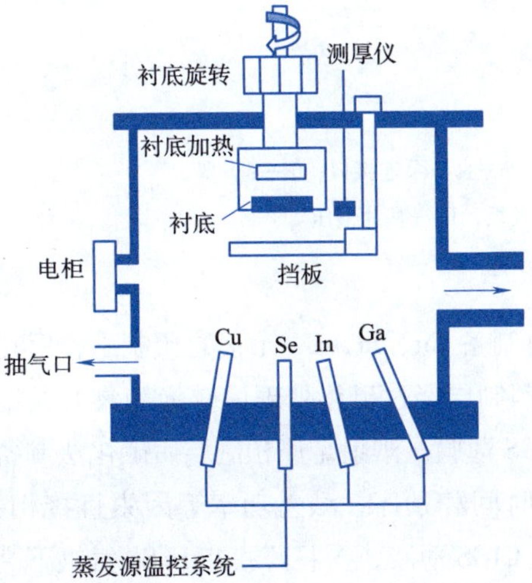


图6-6 真空蒸发法装置

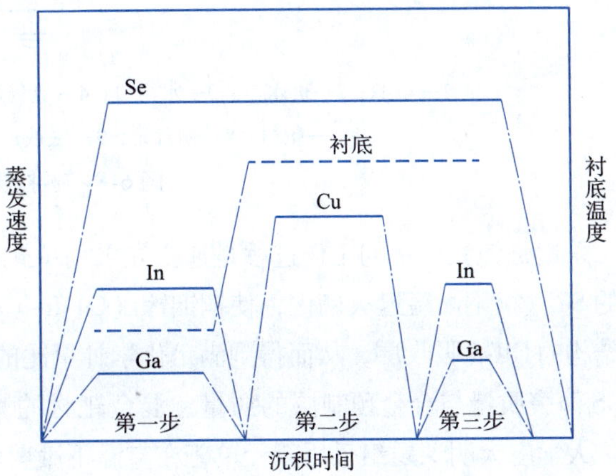


图6-7 三步法制备CIGS薄膜的工艺示意图

真空蒸发法的主要优点是制备操作步骤较少、成膜速度较快、可获得清晰结构的薄膜，但也存在以下缺点：

（1）对设备的要求比较高；

（2）同时控制 Cu、In、Ga 多种蒸发源增大实验难度，且会导致薄膜化学计量比差异；

（3）Se 蒸气回收难度大，因为在制备过程中由于 Se 相对不活泼，必须过量供应，以避免 CIGS 薄膜贫 Se，这会导致 Se 蒸气在腔室侧壁凝结，而冷凝 Se 蒸气的回收也是一个主要问题；

（4）很难实现面积大的薄膜成分的重复性和均匀性。

### 2. 磁控溅射法

磁控溅射法是在真空条件下，在阴极和阳极之间加入电场，氩原子被电离产生高能粒子 Ar 离子和电子 e，在电场作用下，高能粒子 Ar 离子轰击靶材表面，使靶材发生溅射逸出靶材原子或分子，靶材原子或分子沉积到基片上形成薄膜。电子 e 在电场和磁场的作用下，在两极板间做螺旋运动，提高了电子与氩原子碰撞的概率，从而增加氩原子的电离，最终提高薄膜的沉积速率。磁控溅射装置如图 6-8 所示。磁控溅射仪器根据所配备的电源种类又可分成直流磁控溅射与射频磁控溅射两种类型。直流磁控溅射主要是在阳极基片和阴极靶的之间加一个直流电压，一般只能用于溅射导电材料靶材而不适用于溅射绝缘材料靶材；射频溅射技术采用交变电压的脉冲电源，可适用于溅射绝缘体靶和一些导电性较差的化合物靶。

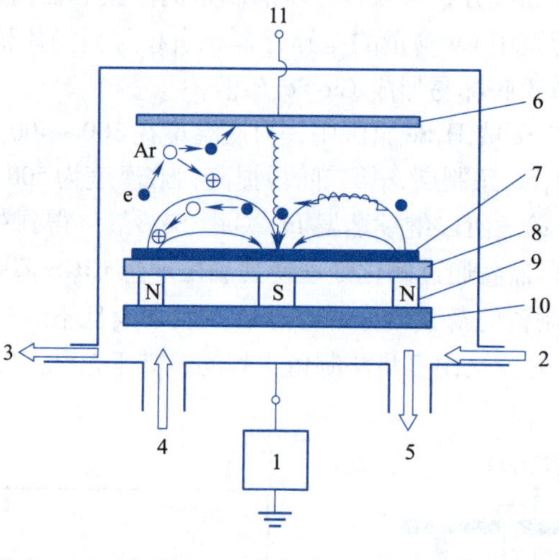


1—电源；2—进水口；3—水出口；4—氩气进口；5—真空泵连接口；6—基片架；7—靶材；8—铜背靶；9—磁铁；10—极板；11—基片偏压。

图 6-8　磁控溅射装置

采用磁控溅射法的工作过程是通常先采用单靶溅射制备 Cu、In、Ga 元素的预制层，后在高温的 Se 气氛下高温退火硒化，使铜铟镓（Cu-In-Ga）预制层经过硒化处理后转换为具有黄铜矿相结构的 CIGS 吸收层，从而得到满足化学计量比的 CIGS 薄膜。溅射金属预制层后硒化法制备的 CIGS 薄膜质量与合金预制层的质量、混合靶材的溅射时间和顺序、溅射功率等因素直接相关。清华大学庄大明课题组采用四元单靶在室温下溅射沉积 CIGS 薄膜，再将薄膜在 $H_2Se$ 气氛下高温退火，最后制备得到转换效率为 16.7% 的 CIGS 太阳能电池。程毅等人采用 CuGa 和 CuIn 靶共溅射制备前驱体层，再将前驱体层在石墨盒中硒化退火的方法制备 CIGS 薄膜，最后制备得到转换效率为 11.2% 的 CIGS 太阳能电池。罗米欧等人通过溅射沉积 InSe、GaSe、Cu 叠层制备吸收层，制得的电池效率达到 16.2%。

此方法的优点在于沉积速率高，薄膜成分均匀，结晶质量较好，可实现大面积生产。缺点是生产成本高，材料利用率不高，粒子的轰击容易在薄膜表面造成缺陷，硒化过程中的 $H_2Se$ 气体毒性很高，对环境不友好。

### 3. 电沉积法

电沉积法是电解液中金属离子，在电场作用下，向阴极移动，并在阴极附近得到电子发生还原反应生成金属单质，最终在阴极表面上沉积得到薄膜。电沉积法包括一步法和分步法。一步法是在一个电解槽内，使用同步沉积方法，使 Cu、In、Ga 和 Se 元素同步沉积，得到 CIGS 薄膜。分步法是按照 Cu、In、Ga 和 Se 元素的顺序，先后沉积得到 Cu、In、Ga 预制层，精准控制每一层的厚度和元素含量，后经过高温硒化退火工艺制备出 CIGS 薄膜。

早在 20 世纪 80 年代就有研究人员提出采用低成本且适合工业化生产的电沉积法替代真空法制备 CIS 薄膜。巴达查里亚在 1983 年采用含 Cu、In 和 Ga 的前驱体溶液直接合成 CIS 薄膜。甘切夫等人采用先电沉积 Cu-In-Ga 合金前驱体，再硒化退火的方法制备 CIGS 吸收层，制得的电池效率为 4.3%。布鲁西洛等人在电沉积吸收层时引入硫化退火工艺，制备的 CIGS 电池效率为 17.3%。

电沉积法是常用的一种非真空方法。其优点在于生长成本低、高沉积速率、适用于大规模生产，但是由于沉积过程中难以控制元素比例，导致基薄膜质量均匀性差，重复率低。

### 4. 溶液法

溶液法也称液相法，主要是通过将原料（金属盐、金属氧化物、金属单质、硫族化合物）溶解于溶剂（有机、无机溶剂）中，形成前驱体溶液或溶胶，再通过刮涂、丝网印刷、旋涂等手段制备成膜，经退火硫化等处理得到 CIGS 吸收层。此法主要包括油墨法、联氨法（肼溶液）、喷雾热解法、印刷法等。溶液法因工艺简单、成本少且可灵活调节不同前驱体的比例从而得到不同配比的 CIGS 晶体等优点而被广泛研究。

油墨法制备 CIGS 薄膜材料，一般先将 Cu、In、Ga、Se 源通过溶剂以及络合剂混合，经初步热处理除去溶剂，在不同退火温度下烧结形成 CIGS 结晶相，结晶体经碱洗去碳杂质、KOH 刻蚀处理、离心水洗、超声洗涤后得到 CIGS 晶体粉末，然后将粉末进行球磨后洗涤，加入溶剂 N-甲基吡咯烷酮（NMP）等不同溶剂，按 CIGS 粉末和黏结剂聚偏氟乙烯（PVDF）质量比为 8:1 的比例加入 PVDF，充分混合后，得到 CIGS 油墨，最后将制备好的 CIGS 油墨经刮刀涂布法、滴涂法、丝网印刷等方法涂覆在不同的衬底表面（铝箔、PI 薄膜、ITO、FTO）表面，经简单热干燥即可得到 CIGS 吸收层。其主要流程图如图 6-9 所示。

联氨法的主要流程如图 6-10 所示。通常先将 $CuCl_2$、$In_2(SO_4)_3$、$SeO_2$ 溶解在乙二醇甲醚溶剂中，充分搅拌后加入 $GaCl_3$-乙二醇甲醚浓缩液，继续搅拌后再加入三乙醇胺试剂和乙二醇甲醚，然后经 60 ℃水浴加热搅拌后得到黏度适中的溶胶，接着取部分前驱体溶胶加入溶剂，用刮刀涂覆在 FTO 导电玻璃上，经 138 ℃干燥去除溶剂，2 h 后变为黑色薄膜。黑色薄膜通过不同温度退火处理，最终得到 CIGS 薄膜。

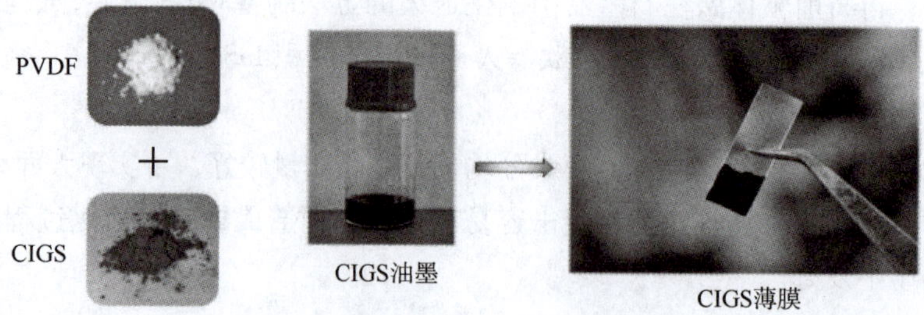


图 6-9　油墨法制备 CIGS 薄膜的主要步骤

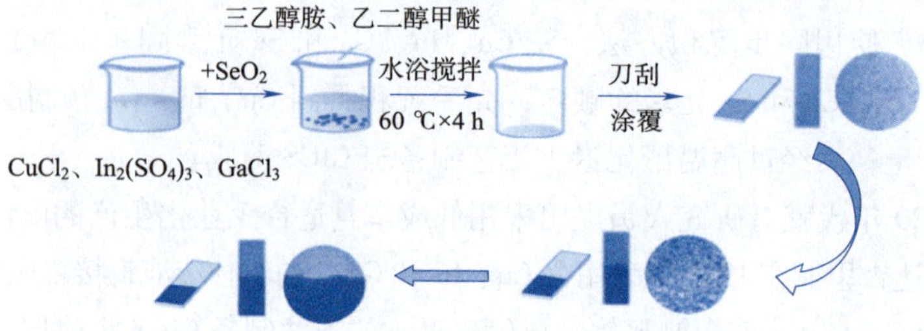


图 6-10　联氨法制备 CIGS 薄膜的流程图

溶液法制备薄膜的优点是材料损耗小、成本低、方法灵活、易于操作等。但是此方法不能有效调节 CIGS 薄膜中的 Ga 分布梯度，且在薄膜干燥过程中存在相的偏析和不均匀现象，容易在薄膜中引进有害杂质，制备的电池转换效率较低。

## 5. 其他方法

制备 CIGS 薄膜的方法还有喷涂热解法、分子束外延法。喷涂热解法是将含有预沉积的金属 Cu、In、Ga 元素的金属盐加热熔化，之后用高速喷枪将溶液喷涂到基片上，得到预制层，之后再进行硒化退火，最终制备出 CIGS 薄膜。此方法优点是不需要使用大型真空设备，可以有效降低成本，缺点是制备过程中，薄膜会引入少量杂质，影响成膜质量。分子束外延法是在真空条件下，通过分子激光器轰击靶材，使靶材中的原子、分子激发出来，在等离子余辉的作用下在衬底上沉积成膜。此方法可得到符合化学计量比的薄膜，且含杂质少，但难以实现大面积沉积。表 6-1 为 CIGS 薄膜制备方法及其优缺点。

表 6-1　CIGS 薄膜制备方法及其优缺点

| 方法 | 优　点 | 缺　点 |
|---|---|---|
| 共蒸发 | 对于实验室小电池是一种良好的制备技术 | 同时控制不同蒸发源困难、化学计量变化大、重现性低、大面积均匀性差 |
| 磁控溅射 | 较好地控制沉积速度和获得较好结晶性，有利于工业化生产 | 运行成本较高、容易产生多相、带隙梯度调控困难 |
| 电沉积 | 低成本、室温沉积 | 工艺优化困难 |
| 丝网印刷术 | 材料损耗低、堆积密度大、高产能 | 在喷涂过程中原材料损耗大 |

续表

| 方法 | 优　点 | 缺　点 |
|---|---|---|
| 旋涂法 | 实验室制备薄膜均匀性好，设备成本低、操作方便 | 大面积不均匀、卷对卷工艺不兼容 |
| 刮涂法 | 材料浪费少、卷对卷工艺兼容、更好的化学计量控制 | 溶剂蒸发速度慢、容易堆积 |
| 分子束外延 | 超高真空沉积造成污染最小，该方法有利于基础研究，如缺陷和相分离研究 | 不适合工业化生产，大面积沉积尚未报道，高效率尚未报道 |
| 气相外延生长 | 对基础研究有用，生长速度比分子束外延快 | 不适合工业化生产，大面积外延生长器件尚未报道 |
| 电子束沉积 | 良好的化学计量比和高纯相薄膜 | 大面积沉积未见报道，工业生产不兼容 |
| 脉冲激光淀积 | 靶材组分可以直接转移到薄膜上，可产良率的化学计量，可以避免 CuSe 二元相 | 不适合大面积应用，大面积薄膜尚未报道 |
| 喷墨印刷 | 简化了工艺生产步骤，卷对卷技术兼容 | 转换效率低 |

### 6.3.4 缓冲层的作用与制备

CIGS 薄膜太阳能电池核心部分是以 n 型窗口层和 p 型 CIGS 吸收层共同构成的 p-n 结。窗口材料常采用 ZnO 材料，其晶格常数 $a$ 约为 0.325 nm，而黄铜矿结构 CIGS 的晶格常数 $a$ 约为 0.577 nm，两者晶格失配达到44%。若直接在 CIGS 表面生长 ZnO 薄膜，会在严重的应力下产生界面缺陷，导致电池性能恶化。同时，由于 CIGS 和 ZnO 的禁带宽度差异巨大，直接形成 p-n 结时能带扭曲过度，使载流子在界面处的复合较大，也不利于形成性能良好的异质结。因此，通常需要在 CIGS 和 ZnO 之间加入缓冲层，即一层晶格常数合适、禁带宽度适中的 n 型半导体材料。其作用在于调节带隙，充分释放 CIGS/ZnO 的界面应力，保护 CIGS 薄膜表层的微观结构，钝化界面缺陷。

#### 1. CdS 缓冲层

CdS 是缓冲层备选材料中最受瞩目的材料之一，主要是因为立方相 CdS 的晶格常数 $a$ 约为 0.583 nm，与 CIGS 的晶格失配约1%。硫化镉的导带能级 $E_c=-0.52$ eV，价带能级 $E_v=1.88$ eV，禁带宽度为2.40 eV，能很好缓冲 CIGS 吸收层和 ZnO 窗口层的能带差异。不同材料形成异质 p-n 结时，当结区的扩散和漂移电流达到动态热平衡后，p-n 结任何位置都具有相同的费米能级。由于不同材料的介电常数不同，引起异质结界面电场不连续。在能带图上，导带出现“尖峰”和“尖谷”，称为导带底失调；价带出现“断续”，称为价带顶失调。理论上，任何导带底失调，势垒都不利于电子在结区迁移，异质结的导带底失调值应越小越好。但是，研究表明，适当的“尖峰”（导带底失调值 $\Delta E_c>0$）对于改善太阳能电池性能是有利的，其原因是该势垒降低了电子在界面复合的概率，可以提高电池的效率。CIGS 电池合适的 $\Delta E_c$ 为 0.2 ~ 0.3 eV。由于 CIGS 电池的禁带宽度可以通过 Ga 的含量变化调节，当与 CdS 形成异质结时，$\Delta E_c$ 也可以相应调节，这为进一步提高 CIGS 电池效率提供了可能。对于禁带宽度约 1.2 eV 的 CIGS 而言，CdS 带来的导带底失调值 $\Delta E_c=0.3$ eV，有利于改善 CIGS 电池性能。

CdS 缓冲层通常首选化学水浴法进行制备。化学水浴法制备 CdS 缓冲层具有以下优点：

（1）它可以刻蚀掉吸收层表面的氧化物；

（2）化学水浴法得到的薄膜包覆性很好，并且不会在制备过程中损害吸收层；

（3）Cd 扩散到吸收层中会占据 Cu 位置产生 n 型掺杂，从而导致吸收层表面形成浅埋结，降低了界面复合。

化学水浴法制备 CdS 缓冲层工艺流程如图 6-11 所示。

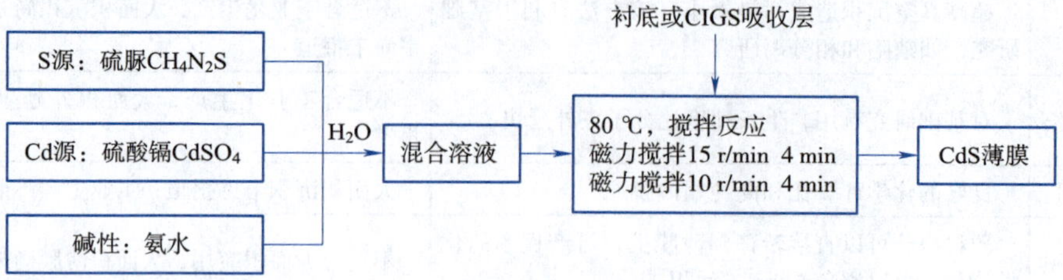


图 6-11　化学水浴法制备 CdS 缓冲层工艺流程

化学水浴法制备 CdS 缓冲层主要是先配制不同浓度的硫脲和 $CdSO_4$ 溶液作为 S 源和 Cd 源，然后再加入氨水和去离子水配制反应混合溶液，随后将待沉积的衬底或 CIGS 吸收层垂直置于混合溶液中，在合适温度（80 ℃）下进行搅拌反应，沉积得到一定厚度的 CdS 薄膜，最后将得到的 CdS 薄膜加热烘干。

虽然 CdS 是非常优良的缓冲层材料，但是由于 CdS 薄膜在短波区域的吸收较大，限制了 CIGS 薄膜太阳能电池器件的性能提升，同时 CdS 中 Cd 具有毒性，对生态和环境并不友好。所以无镉或低镉缓冲层成为 CIGS 太阳能电池研究的热门领域。

## 2. 无镉缓冲层

对无镉缓冲层材料的研究早在 1992 年就开启了。可替代 CdS 的缓冲层材料主要有与 Cd 同族的 Zn，立方 ZnS 的晶格常数 $a=0.541$ nm，与 CIGS 的晶格失配约 6%，与 CIGS 晶格较好匹配。ZnS 禁带宽度为 3.65 eV，作为 CIGS/ZnO 电池的缓冲层，其 $E_g$ 略高，且其 $E_c=-0.104$ eV，与 CIGS 形成异质结时导带底失调值 $\Delta E_c\approx0.8$ eV，对于获取高性能的 CIGS 太阳能电池难度较大。综合考虑电池性能，缓冲层材料应尽量选择与其本身元素相同或接近的元素组成的化合物，对控制引入杂质缺陷是有利的。因此，$In_2S_3$ 也逐渐成为缓冲层材料备选之一。面心立方 $In_2S_3$ 的晶格常数 $a=0.536$ nm，与 CIGS 晶格失配约 7%，适配度相对较好。且其 $E_g=2.0$ eV，大小适中；$E_c=-0.8$ eV，与 CIGS/$In_2S_3$ 异质结导带底失调值 $\Delta E_c\approx0.58$ eV，比理想 $\Delta E_c$ 稍高。这种情况通常可以通过微调电池中 Ga 的含量来提高 CIGS 吸收层的 $E_c$，继而将 $\Delta E_c$ 修复到合适水平。综上所述，$In_2S_3$ 材料的晶体结构和能带性能可以基本满足高性能 CIGS 电池缓冲层的要求，且 $In_2S_3$ 对环境完全友好。所以，$In_2S_3$ 是一种较理想的缓冲层半导体材料。表 6-2 是几种基于 CIGS 吸收层的缓冲层晶体结构及电学性质对比。

**表 6-2　几种基于 CIGS 吸收层的缓冲层晶体结构及电学性质对比**

| 材料 | 功能 | $a$/nm | 带隙/eV | 晶格失配 | $\Delta E_c$/eV |
|---|---|---|---|---|---|
| CIGS | 吸收层 | 0.577 | 1.20 | | |
| ZnO | 窗口层 | 0.325 | 3.20 | 44% | 0.09 |

续表

| 材料 | 功能 | $a$/nm | 带隙/eV | 晶格失配 | $\Delta E_c$/eV |
|---|---|---|---|---|---|
| CdS | 缓冲层 | 0.583 | 2.40 | 1% | 0.3 |
| ZnS | 缓冲层 | 0.541 | 3.65 | 6% | 0.8 |
| $In_2S_3$ | 缓冲层 | 0.536 | 2.0 | 7% | 0.58 |

ZnS 和 $In_2S_3$ 薄膜的制备方法主要有脉冲激光沉积法、射频磁控溅射法、化学气相沉积法、化学水浴沉积法。在这些沉积方法中，化学水浴沉积法的制备工艺简单、成本低、重复性好，适合于大规模工业生产。

## 6.3.5 窗口层的制备

窗口层主要由宽带隙 n 型半导体和透明导电氧化物（TCO）组成，作用在于最大限度地使完整的太阳光谱透过后到达 CIGS 吸引层，即收集电流。宽带隙 N 型半导体材料一般为本征 ZnO，它的禁带宽度达 3.2 eV，具有良好的透光、耐高温和化学稳定性，且其电阻率高，能防止缓冲层中短路通道的形成。以 Mg 取代 ZnO 中的部分 Zn 可提高导带，从而拓宽带隙，因此，为了与宽带隙 CIGS 能带匹配或者增加窗口层对短波段光的透光性，也可用（Zn，Mg）O 取代 ZnO。TCO 一般为重掺杂的非简并 n 型半导体，起传输电子的作用，要求其具有好的导电性和透光性。CIGS 电池中用作 TCO 的材料一般为 Al 掺杂 ZnO(AZO)、B 掺杂 ZnO(BZO) 或铟锡氧化物（ITO）。

i-ZnO/ITO 窗口层常采用射频溅射沉积法进行制备。制备工艺如下：沉积 i-ZnO 薄膜时，靶材选用 ZnO 靶，将系统抽至 $6\times10^{-4}$ Pa 或更高的真空度，衬底温度保持室温（约 25 ℃），然后通入 45 mL/min 流量的 Ar 气作保护性气氛，生长气压为 0.5 Pa，溅射功率为 150 W，最终得到厚度约 50 nm 的 i-ZnO 薄膜。沉积 ITO 薄膜时，靶材选用 ITO 靶。将系统抽至 $6\times10^{-4}$ Pa 或更高的真空度，加热衬底温度约为 160 ℃，通入 40 mL/min 流量的 Ar 气，生长气压约 0.01 Pa，溅射功率为 30 W，最终沉积得到厚度约 200 nm 的 ITO 薄膜。

## 6.3.6 减反射层及顶电极的制备

为了减少电池的反光率，增加电流密度，在电池上面通常还会用蒸发或溅射的方法蒸镀一层减反射层。对于减反射层材料要求具有宽带隙，在要求的光谱范围内消光系数接近 0，折射率应为上下膜层材料折射率的平方根。在 CIGS 薄膜电池中，ZnO 窗口层的折射率为 1.9 左右，所以减反射层折射率约为 1.4，$MgF_2$ 材料的折射率为 1.39，CIGS 薄膜电池常采用 $MgF_2$ 材料作为其减反射层。

顶电极是电池的负极，起收集电子的作用，一般为金属 Ni-Al 栅状电极。通常采用真空热蒸镀法制备，Ni 的厚度约为 50 nm，Al 的厚度约为 300 nm。Ni 可以提高 Al 与窗口层之间的欧姆接触如图 6-12 所示，并抑制 Al 进入窗口层。

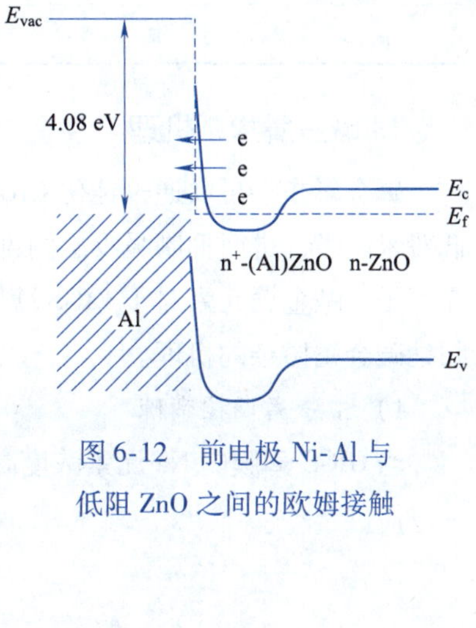


图 6-12 前电极 Ni-Al 与低阻 ZnO 之间的欧姆接触

# 6.4 高效铜铟镓硒薄膜太阳能电池技术

作为第二代薄膜电池的代表，CIGS 薄膜太阳能电池因效率高、稳定性好、带隙可调、弱光性能好、耐辐射能力强、可在柔性衬底上制备等一系列优点受到广泛关注。经过多年的研究积累，现已逐步进入产业化阶段。探究 CIGS 的光电转换机制和器件性能的提升方法对推动光伏产业的发展具有重要意义。下面分别介绍 CIGS 太阳能电池碱金属掺杂技术、低温沉积技术和建筑一体化光伏技术。

## 6.4.1 铜铟镓硒太阳能电池碱金属掺杂技术

碱金属掺杂被认为是一种可以有效提升 CIGS 电池效率的手段。1993 年，赫德斯特伦等人发现，使用钠钙玻璃做衬底制备出的 CIGS 太阳能电池，由于 Na 元素的引入，导致其开路电压 $V_{OC}$、填充因子 $FF$、电池效率 $\eta$ 均有明显提升，同时也改变了 CIGS 吸收层的形貌。1997 年美国可再生能源实验室（NREL）的孔特雷拉斯等人分别向 CIGS 吸收层中掺入了 Na、K、Cs，发现三种元素的掺入都可以提升器件电学性能，主要表现为开路电压提升，且 Na 对于电池开路电压的提升最为明显，结果见表 6-3。2005 年，瑞士联邦材料测试与研究实验室（EMPA）的鲁德曼等采用 NaF 沉积后处理工艺，将以聚酰亚胺树脂（PI）为衬底的电池效率提升到 14. 1%。2013 年，EMPA 的奇里尔等采用沉积后处理工艺在 CIGS 吸收层中掺入 K，使 PI 柔性衬底的太阳能电池效率达到 20. 4%。2016 年，德国太阳能和氢能研究中心的杰克逊等通过采用重碱金属沉积后处理工艺，制备出 CIGS 电池效率达到 22. 6%，再次创造了世界纪录。

表 6-3 不同碱金属掺杂对器件性能的影响

| 掺杂试样 | $V_{OC}$/mV | $J_{SC}$/(mA/cm$^2$) | $FF$/% | $\eta$/% |
|---|---|---|---|---|
| — | 520 | 31. 2 | 67. 2 | 10. 9 |
| NaF | 602 | 30. 8 | 72. 7 | 13. 5 |
| KF | 551 | 32. 6 | 66. 0 | 11. 9 |
| CsF | 537 | 32. 3 | 65. 7 | 11. 6 |

### 1. 碱金属掺杂机理

碱金属掺杂可以通过钝化 CIGS 吸收层内部或表面的施主缺陷，提高薄膜中空穴的浓度，降低费米能级，进而抑制吸收层内部和界面的载流子复合，最终提升太阳能电池的开路电压和填充因子。碱金属元素对于 CIGS 薄膜的作用机理已经得到广泛研究，下面以 Na 元素为例，简单归纳碱金属掺杂的机理。

1）相分离调控带隙

当 GIGS 薄膜内 Na 元素浓度高时，Na 将取代 $CuInSe_2$中的 Cu 而形成新的 $NaInSe_2$相，发生如下反应：

$$Na + CuInSe_2 \rightarrow NaInSe_2 + Cu \tag{6-4}$$

新形成的$NaInSe_2$相的带隙大于$CuInSe_2$。经计算，当$CuInSe_2$相中1/8的Cu替换为Na，则带隙将增加0.11 eV，带隙的增大有利于开路电压的提升。有研究表明，$NaInSe_2$的存在会使薄膜具有（112）的择优取向。$NaInSe_2$和$CuInSe_2$的相互固溶度是有限的，当Na浓度过量时，系统内还会发生以下反应：

$$x NaInSe_2 + (1-x) CuInSe_2 \rightarrow Na_x Cu_{1-x} InSe_2 \tag{6-5}$$

2）浅能级掺杂调控载流子

GIGS薄膜内引入低浓度Na元素后，Na会取代CIGS中Cu和In形成$Na_{Cu}$和$Na_{In}$替位缺陷，$Na_{Cu}$缺陷在电学上不活泼，对薄膜性能影响较小。而$Na_{In}$形成的受主能级要比$Cu_{In}$形成的能级浅，$Na_{In}$缺陷的引入可以提高CIGS的空穴密度。另外，Na的存在可以减少$In_{Cu}$施主缺陷的形成，在一定程度上可以钝化铜空位$V_{Cu}^-$，有效抑制薄膜中的有序缺陷化合物ODC，即周期性重复的$(2V_{Cu}^- + In_{Cu}^{2+})$缺陷对，提高CIGS中的有效空穴密度。

3）掺杂钝化硒空位缺陷$V_{Se}$

空位缺陷$V_{Se}$属于施主缺陷，会降低CIGS吸收层的有效受主掺杂，且作为光生电子与空穴的复合中心，$V_{Se}$缺陷会损耗器件中的光生载流子，降低电池效率。因此CIGS电池要尽量减少$V_{Se}$。Na元素的掺杂可以有效减少$V_{Se}$。主要是因为，Na元素的掺杂能够降低薄膜表面功，从而减弱氧分子键力，进一步形成能进入CIGS薄膜晶格的活性氧原子。这些活性氧原子能够与$V_{Se}$发生如下反应：

$$O + Cu_n In_n Se_{2n-1} V_{Se} \rightarrow Cu_n In_n Se_{2n-1} O \tag{6-6}$$

从而消除部分$V_{Se}$，抑制$V_{Se}$导致的光生电子和空穴的复合，提高电池效率。

## 2. 碱金属掺杂方法

根据薄膜制备的不同阶段，碱金属掺杂方法可分为前掺法、中掺法和后掺法三种，如图6-13所示。前掺法是指在沉积CIGS吸收层之前沉积一层碱金属预制层来实现掺杂；中掺法是指碱金属与Cu、In、Ga、Se元素共同沉积从而制备CIGS吸收层的方法；后掺法是指在CIGS层沉积后，再在吸收层上沉积碱金属的方法。

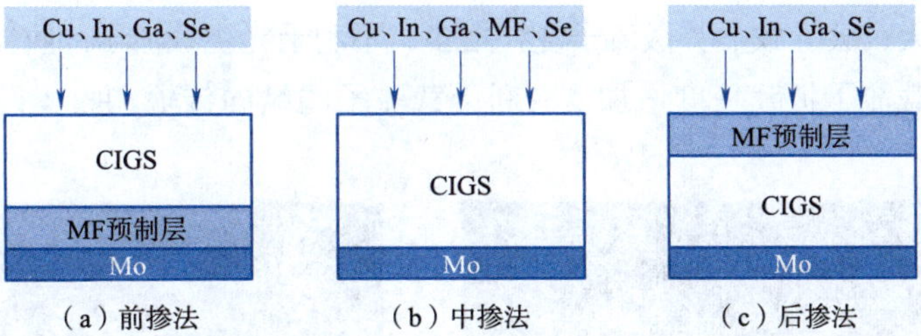


图6-13 CIGS吸收层的碱金属掺杂方法（MF为碱金属氟化物）

前掺法是最早使用的碱金属掺杂工艺。在使用钠钙玻璃（SLG）作为衬底时，衬底中的碱金属Na自发向CIGS吸收层扩散，实现掺杂。该方法比较简单，但是无法控制碱金属元素分布的均匀性，因此往往只适合小尺寸器件制备。还有另一类前掺法是在Mo背电极上先沉积一层碱金属氟化物（MF），然后再沉积一层CIGS吸收层，在此过程中$F^-$离子与Se原子发生反应生成

$SeF_6$气体，后离开吸收层薄膜。因此该方法可以通过控制 MF 层的厚度来控制碱金属元素的掺杂量。

中掺法一般采用碱金属氟化物与 GIGS 薄膜共同蒸发，制备出碱金属掺杂的 CIGS 吸收层。因此，碱金属的中掺法可以选择在真空蒸发法的三步的某一步或几步中掺入，对于薄膜的影响也有所不同。甘特勒等在三步中分别掺入 Na，并对薄膜结构进行分析发现，在第一步和第二步中掺入 Na，会导致靠近 Mo 背电极的区域和 CIGS 表面区域产生大量小尺寸晶粒，而在第三步掺入 Na，薄膜中只有 CIGS 表面存在少量小尺寸晶粒，最终制备出的电池效率也最高。

后掺法是指在 CIGS 吸收层沉积完成后，在吸收层表面沉积一层碱金属氟化物，接下来采用退火方式实现碱金属原子的扩散和掺杂。由于掺杂是在 CIGS 薄膜制备之后进行的，所以后掺法只是对薄膜中元素的扩散有影响，并不会改变薄膜生长。此外，张林锐等人通过器件模拟得到，与前掺法和中掺法相比，后掺法改善 CIGS/CdS 界面电学性质的效果最佳。目前后掺法制备出的器件效率也最高，制备出的高效 CIGS 太阳能电池能量转换效率也普遍突破了 20%。

### 6.4.2 铜铟镓硒太阳能电池低温沉积技术

CIGS 太阳能电池常采用钠钙玻璃做衬底材料，当吸收层沉积温度超过 500 ℃时，钠钙玻璃容易发生软化，对于小面积电池不会有很大的影响，一旦进行工业化生产大面积电池时，衬底的软化会导致电池发生变形。另外，对于绝大多数柔性 CIGS 太阳能电池而言，常采用塑料/金属箔片作为衬底，塑料无法承受 500 ℃以上的高温，金属箔片可以有效阻隔衬底中杂质元素向吸收层扩散，但是随着吸收层沉积温度的升高，杂质的扩散会相应提高，进而影响电池性能。因此发展 CIGS 低温沉积技术是十分必要的。

高质量 CIGS 吸收层的制备温度通常为 500 ~ 600 ℃。对于金属衬底，综合考虑衬底的热膨胀系数以及降低有害元素扩散等因素，CIGS 的制备温度常低于 500 ℃。但是通常低温生长的 CIGS 薄膜晶粒尺寸普遍较小，内部缺陷较多。图 6-14 是不同沉积温度下 CIGS 吸收层的 SEM 断面图。由图 6-14 可以看出，低温沉积的 CIGS 薄膜底部存在大量的小尺寸晶粒［见图 6-14（a）］，而高温生长的 CIGS 薄膜，晶粒呈柱状生长且尺寸较大［见图 6-14（b）］。CIGS 吸收层晶粒尺寸减小，晶界密度会增大，会导致晶界载流子复合增多，不利于光生载流子的收集。因此晶粒尺寸大的高质量薄膜使得载流子扩散长度增加，有利于载流子的纵向传输和收集，也有利于电池性能的提升。

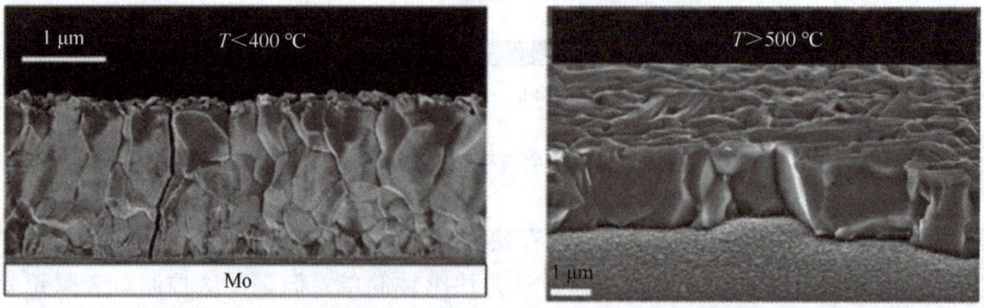


（a）PI上低温生长的CIGS　　（b）玻璃衬底上高温生长的CIGS

图 6-14　不同沉积温度下 CIGS 吸收层的 SEM 断面图

为了提高吸收层低温生长工艺下 CIGS 电池的性能，主要从以下几方面进行优化：

（1）研究碱金属元素（Na、K、Rb）影响 CIGS 太阳能电池效率的机制，缩短碱金属后处理过程的工艺时间，使之更加适合在柔性衬底上 450 ℃以下的共蒸发过程。

（2）通过辅助方法，例如激光、离子化、高温、射频（RF）裂解 Se 工艺，提高各元素的活性以降低工艺温度。相关研究人员开发了一种 RF 等离子体裂解技术应用到 MBE 系统上，在 450 ℃共蒸发工艺下得到效率为 15.0% 的 CIGS 太阳能电池。用此方法制备的 CIGS 薄膜不仅表面平整且晶粒尺寸大，Na 向吸收层内的扩散明显，Ga 元素向 Mo 方向的扩散明显，这些都是获得高性能 CIGS 电池器件的有利因素，因此 RF 等离子体裂解 Se 源被视作一种较有潜力的低温制备方法。

（3）调节 In 源及 Ga 源的蒸发顺序以控制 CIGS 吸收层内深度方向上的能带梯度形状，延长三步法生长 CIGS 过程中第二步 Cu 的过量时间等措施，也可以在一定程度上改善 CIGS 低温下生长的结晶性。

## 6.4.3 铜铟镓硒建筑一体化光伏技术

建筑一体化光伏（BIPV）技术是将太阳能发电（光伏）产品集成到建筑上的技术。光伏建筑一体化是太阳能发电应用的一种新概念，是在建筑上安装光伏系统，并通过专门设计，实现光伏系统与建筑的良好结合。一个完整的光伏建筑一体化系统通常由光伏组件或由光伏组件构成的光伏阵列（电池板）、光伏接线箱、储能装置及其充电控制装置、并网逆变装置、电能表及相关仪表、滤波保护装置等构成。一个并网的光伏建筑一体化系统不需要储能装置，但需要有并网设备。并网系统是太阳能光伏发电进入大规模商业化发电阶段的标志，也是当今世界太阳能光伏发电技术发展的主流趋势。

CIGS 光伏玻璃组件色彩、质感丰富，符合建筑美学要求，且其耐候性和耐久性符合建筑安全要求，是一种能发电发热的新型建筑围护材料，应用于建筑立面，可以形成全覆盖式光伏建筑。CIGS 薄膜光伏组件一方面可作为建筑不可缺少的围护体系，另一方面其光伏技术与装配式技术、光热回收技术、多能互补技术、微电网直供电技术、智能控制技术结合，使建筑的太阳能利用率达到 50% 以上，为光伏与建筑的本体化融合打开了前景广阔的价值空间、应用空间和创新空间。

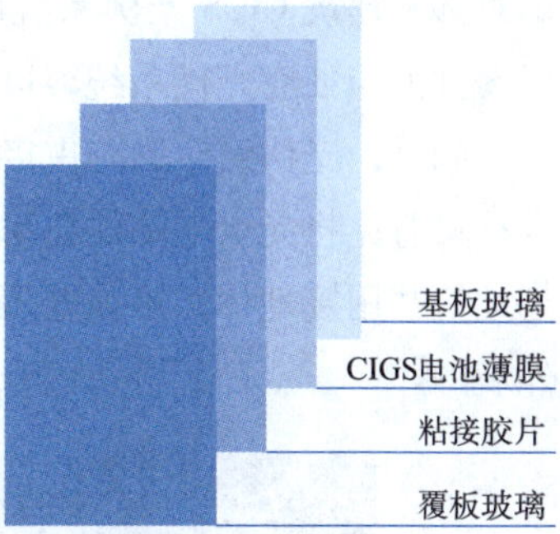


图 6-15　光伏建筑一体化的 CIGS 光伏组件

用于光伏建筑一体化的 CIGS 薄膜电池组件使用玻璃封装，其基本构造如图 6-15 所示，主要包括起保护作用的覆板玻璃、起黏接作用的胶片和附着电池的基板玻璃。

由于 CIGS 光伏材料具有不透光性，为了保证建筑节能和设备散热的要求，CIGS 光伏幕墙体系通常做成类似于双层呼吸式幕墙系统，其结构如图 6-16 所示，主要由建筑的围护墙体、保温层、空气通风层、CIGS 光伏外墙层和光伏电气系统等组成。围护墙体作为内侧墙体主要起到防护、隔声、内装饰的作用。保温层起到保温隔热作用，保证建筑的热工环境。空气通风层通过进、出风口控制，可以实现光伏系统的通风散热和光伏余热利用。CIGS 光伏外墙层既是建筑的外饰面层，为建筑提供安全保护和艺术外观，也是分布式电站，为建筑提供光伏电能。立面

CIGS 光伏幕墙外层结构图如图 6-17 所示，竖向龙骨通过预制埋件稳固在墙体上，起到空间分隔和承重的作用，横向龙骨通过连接件与竖向龙骨连接。光伏组件的尺寸和排布图决定了组件的安装间隔。CIGS 光伏组件通过铝合金扣条压接在龙骨上，调整位置后，扣条与龙骨间涂结构胶固定。电气系统主要包括组件的接线器、汇流器、逆变器等电子器件，是保证光伏系统高效发电运行的重要部分。

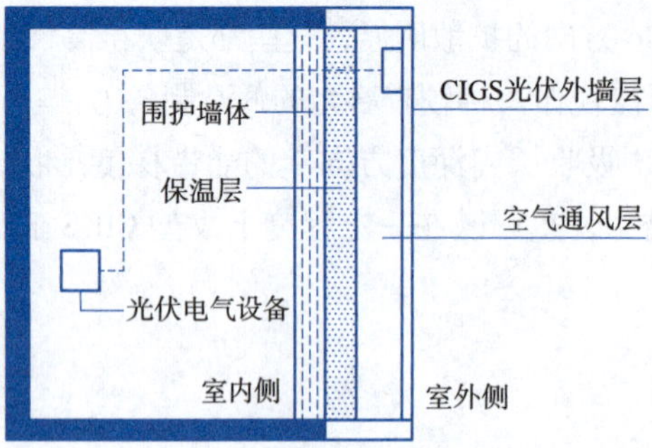


图 6-16　CIGS 光伏幕墙结构图

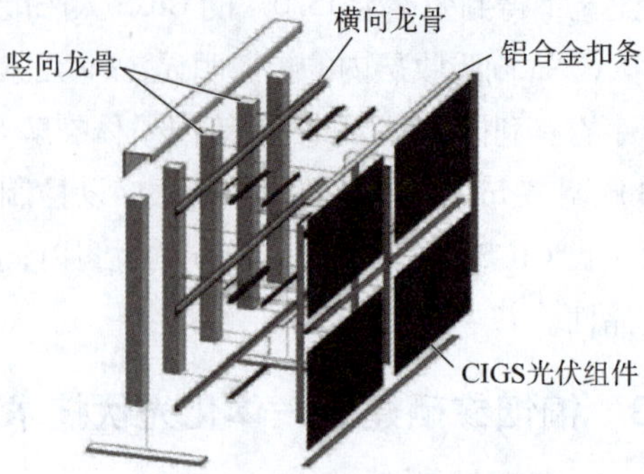


图 6-17　立面 CIGS 光伏幕墙外层结构图

光伏幕墙一般参考普通建筑幕墙的相关标准，如 JGJ 102—2003《玻璃幕墙工程技术规范》、GB 50009—2012《建筑结构荷载规范》等。针对 CIGS 的应用特点，19CJ92—1《建筑铜铟镓硒薄膜光伏系统设计与安装（一）》设计参考图集详细描述了光伏幕墙应用中系统、楼层节点、阳角节点、窗边节点、通风等的设计，以及光伏幕墙竖向龙骨、变形缝节点，不同材质交接节点的处理方式、要求等。19CD202—5《建筑铜铟镓硒薄膜光伏系统电气设计与安装（一）》参考图集对涉及建筑 CIGS 光伏系统电气设计与施工的相关内容进行了统一，重点描述了电气设计流程、并网与独立光伏系统容量设计、光伏发电系统效率系数、对地绝缘等方面的要求。

同时，光伏组件的防雷接地要求应满足 GB 50057—2010《建筑物防雷设计规范》相关要求。应尽量避免将光伏电站建在易遭雷击部位，避免避雷针的投影落于光伏组件上。太阳能的接地与建筑共用接地体，接地电阻值应满足其中最小值要求。图 6-18 是建筑一体化光伏发电系统的外观图。

（a）光伏屋面

（b）光伏幕墙

图 6-18　建筑一体化光伏发电系统

## 拓展阅读 我国首座建筑一体化光伏示范建筑——惠州潼湖科技创新小镇

2018 年 11 月 5 日，由国家能源集团和碧桂园集团合作建设的惠州潼湖科技创新小镇建筑一体化光伏（BIPV，业内通称光电建筑）科技示范项目正式投用发电。

惠州潼湖科技创新小镇建筑一体化光伏科技示范项目是国内首座铜铟镓硒（以下简称 CIGS)-BIPV 示范建筑，也是国家能源集团承担国家住建部“CIGS 太阳能薄膜发电技术在光伏一体化建筑的应用研究”总课题中的组成部分，如图 6-19 所示。该项目首次在国内实现了 CIGS-BIPV 的统一设计、统一施工、统一验收，并采用光伏光热太阳能综合利用技术、光伏幕墙快装配技术、大数据和云平台等多项技术，让建筑由能源消费者向能源生产者转变。项目的建成标志着潼湖科技创新小镇将实现清洁、绿色电力的自主供给，也标志着国家能源集团 CIGS 光伏技术开启了 BIPV 产业发展的破冰之旅。

碧桂园潼湖科技小镇 CIGS-BIPV 示范建筑位于广东省惠州市仲恺高新技术开发区潼湖科技小镇内，总建筑面积 5 500 $m^2$，采用国家能源集团拥有核心技术、自主生产的 CIGS 薄膜光伏组件作为建筑外装饰幕墙。项目总计使用 CIGS 光伏组件 2 037 块，总装机容量近 200 kW，采用“自发自用、余电上网、就近高效利用”分布式发电模式，年发电量为 12.3 万 kW·h，可以满足建筑 10% 以上的用电需求，进一步提升了建筑的绿色发展水平。

图 6-19 惠州潼湖科技创新小镇

## 思考题

1. 简述 CIGS 太阳能电池的内部结构及其工作原理。
2. 简述 CIGS 太阳能电池常见衬底分类及其选择原则。
3. 简述用真空蒸发法制备 CIGS 太阳能电池吸收层的原理。
4. 简述 CIGS 太阳能电池缓冲层的作用及其制备方法。
5. 简述 CIGS 太阳能电池碱金属掺杂机理及其常见方法。

# 第7章 新型太阳能电池原理和设计

在探索太阳能电池技术的新前沿时，聚焦于三种创新的太阳能电池：染料敏化太阳能电池、钙钛矿太阳能电池和有机太阳能电池。染料敏化太阳能电池以其独特的光吸收机制和高效率而受到关注，它们利用染料敏化剂来捕获太阳光并将其转化为电能。钙钛矿太阳能电池则因其优异的光电转换效率和成本效益而成为研究的热点，其结构和材料的制备技术是实现高性能电池的关键。有机太阳能电池以其轻质、可弯曲的特性，以及可大规模生产的潜力，为太阳能电池的应用提供了新的方向。

这些新型太阳能电池的设计和制备技术是实现高效率和低成本太阳能转换的关键。通过深入理解每种电池的工作原理和材料特性，研究人员能够优化电池结构，提高光吸收效率，并改善电荷传输性能。此外，有机太阳能电池的给体、受体和界面材料的选择对于提高电池的整体性能至关重要。

总体而言，这些新型太阳能电池技术的发展不仅推动了太阳能转换效率的提高，也为太阳能技术的商业化和普及化铺平了道路。

## 学习目标

(1) 掌握染料敏化太阳能电池的结构与原理、制备技术和高效设计。

(2) 掌握钙钛矿太阳能电池的结构与原理、制备技术和钙钛矿叠层太阳能电池设计原理。

(3) 了解有机太阳能电池发展历程，掌握有机太阳能电池的基本结构及工作原理。

## 学习重点

(1) 染料敏化太阳能电池的工作原理、制备技术和高效设计。

(2) 钙钛矿太阳能电池的结构与原理、制备技术。

(3) 有机太阳能电池的基本结构以及工作原理。

(4) 不同有机太阳能电池材料的发展和设计。

## 学习难点

(1) 染料敏化太阳能电池的高效设计。

(2) 钙钛矿叠层太阳能电池设计原理。

(3) 有机太阳能电池的器件参数以及工作原理。

(4) 不同有机太阳能电池材料的发展和设计。

# 7.1 染料敏化太阳能电池原理和设计

染料敏化太阳能电池（DSC）由瑞士洛桑高等理工学院米夏埃尔·格雷策尔教授于1991年取得突破性进展，立即受到国际上广泛的关注。自此，DSC一直是国际研究的热点，被认为是新型太阳能电池中最有力的竞争者之一。DCS以其潜在的低成本、相对简单的制作工艺技术和电池制备的低能耗等优势赢得了人们的广泛重视。传统的硅太阳能电池依靠的是光物理效应，而DSC则是通过光化学-物理过程来实现光电转换，从而使太阳能电池的光电转换材料不再局限于制备过程复杂、价格昂贵的高纯无机半导体材料，具有广阔的应用前景。

## 7.1.1 染料敏化太阳能电池技术特点

1991年，研究人员对一种新的太阳能电池——染料敏化太阳能电池进行了广泛研究。它被认为是经典无机p-n结太阳能电池的一个非常有前途的替代品，因为它结合了分子系统和纳米粒子来创造一种模拟光合作用的器件，其目标是将太阳光转化为一种可再生的、可靠的、低成本的能源。1966年，格里舍尔首次展示了将染料注入单晶半导体中，但Grätzel将染料引入介孔半导体层，导致了DSC技术的突破。在DSC中，染料负责光吸收和电荷分离，实现光子到电子的转换。染料与介孔半导体结合，介孔半导体只用于收集产生的自由电子，并将其作为电流传输到电极上。电子通过电荷传输材料流回系统，使染料分子再生，从而闭合电路。DSC基于廉价的起始材料和简单的生产技术，在全太阳照射下表现出超过13%的能量转换效率。有些人对太阳能电池的密封提出了关注，密封策略的改进或用固体电荷转移材料替代液体电解质将对商业化产生重大影响。

目前没有明确的第三代太阳能电池技术在大规模生产中占主导地位，并且所有技术都存在一定问题，预计DSC将在高效户外应用方面取得蓬勃发展。此外，DSC在特定应用方面是第三代太阳能电池技术中的佼佼者，其可以在形状、颜色和大小方面具有高度的灵活性，并适合于独特的部署场景。DSC仍然是具有竞争力的第三代替代光伏技术，原因包括：

（1）简单的制备方法，这将有助于以可持续的方式转换太阳能。

（2）不使用有毒材料制造。

（3）设计灵活性，使得DSC可以在许多不同的环境中实施。从透明的智能窗户到消费电子产品和室内应用，使得广泛分布的传感器形成物联网的下一个数字革命动力。

在过去的十年中，DSC领域的研究取得了重大突破，朝着可持续发展的未来发展。不懈的努力使DSC在室外和室内环境中实现高效率成为可能。这些重大进展是通过开发新的全色刚性结构染料体系、新的氧化还原对和空穴传输材料，以及获得关于染料和氧化还原对的新知识而取得的。在全日光照射下（标准AM1.5），共敏有机染料的功率转换效率达到13%（认证值）和14%（未认证值）。在人工光源下，效率超过34%。新的氧化还原对和基于钴和铜配位配合物的电解质能够以低于0.2 V的驱动力再生染料，这使得制造具有更低热损失的系统成为可能。其他应用和结构，如p型DSC、串联DSC和染料敏化太阳能燃料系统，也在研究和开发中。

基于上述讨论，DSC 具有以下特性：

（1）单位时间高发电量。DSC 的转换效率（13%），在太阳能电池技术中较低，但因为 DSC 不受日照角度的影响，加上吸收光线时间长，在相同时间的发电量甚至优于硅晶电池。

（2）低制造成本。制造 DSC 技术简单，且使用的材料价格都不高。加上运用印刷技术的简单制作工艺设备，预计未来可望降低发电成本至 1.5 元以下。

（3）原料取得容易。DSC 的材料大多数容易取得。

（4）能够制造富有色彩的商业化产品。使用不同种类的染料，可以制造出透明或有颜色的太阳能电池。例如，透明 DSC 可以取代建筑物的玻璃。

（5）环境污染少。$TiO_2$、染料、碘等都不具有毒性，不会对环境造成污染。唯一的潜在污染可能是电解质中所使用的有机溶剂，所以开发固态或胶质的电解质是发展方向。

（6）回收性佳。吸附在电极上的有机染料，可以利用碱性溶液从电极上洗掉，这点提供了回收再利用的可能性。

## 7.1.2 染料敏化太阳能电池结构与原理

DSC 主要由纳米多孔半导体薄膜、染料敏化剂、氧化还原电解质、对电极和导电基底等几部分组成，其工作原理如图 7-1 所示。染料分子吸收太阳光后从基态跃迁到激发态①；激发态染料的电子迅速注入纳米半导体的导带中②；随后扩散至导电基底③；经外回路转移至对电极，氧化态的电解质在对电极接受电子被还原④；处于氧化态的染料被还原态的电解质还原再生⑤，从而完成了电子输运的一个循环过程。在这些过程中，伴随着两个背反应：注入 $TiO_2$ 导带中的电子与电解质中的电子受体⑥或氧化态染料⑦的复合反应。如何强化电子输运循环过程的各步反应，同时抑制电荷复合背反应，是当前 DSC 研究工作的一个重点。一般认为，电池的开路电压取决于纳米半导体的费米能级和电解质氧化还原电对的能级差。具体的反应步骤如下：

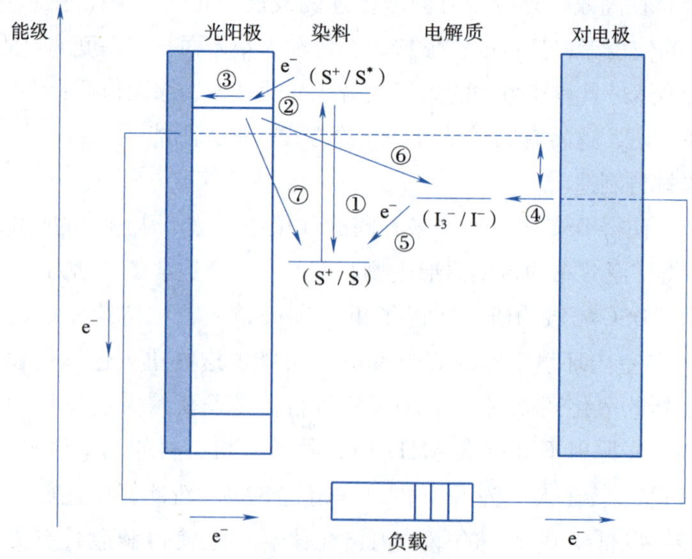


图 7-1 染料敏化太阳能电池的基本工作原理

（1）在光照下，锚定在光阳极颗粒表面的染料分子（S）受激发后跃迁到激发态（$S^*$）：

$$S + h\nu \rightarrow S^*$$

（2）处于激发态的染料分子向低能级的二氧化钛半导体的导带（CB）内注入电子（电子注入的速度为飞秒到皮秒的时间尺度），染料分子自身转化成为氧化态的正离子（$S^+$），借以电荷分离，实现了光诱导电子转移：

$$S^* \rightarrow S^+ + e^-(CB)$$

（3）注入导带中的电子从导电电极（BC）流出，经外电路时对外做功，产生工作电流，流回到电极：

$$e^-(CB) \rightarrow e^-(BC)$$

（4）$I_3^-$ 扩散到对电极（CE）上得到电子再生：

$$2I_3^- + e^-(CE) \rightarrow 3I^-$$

（5）处于氧化态的染料正离子（$S^+$）与电解液中的氧化还原电子对（$I_3^-/I^-$）反应，获得电子被还原回到基态（S）：

$$2S^+ + 3I^- \rightarrow 2S + I_3^-$$

（6）半导体导带上的一部分光生电子被电解质中的 $I_3^-$ 还原：

$$I_3^- + 2e^-(CB) \rightarrow 3I^-$$

（7）半导体导带上的一部分光生电子被氧化态染料还原：

$$S^+ + e^-(CB) \rightarrow S$$

染料激发态的寿命越长，越有利于电子的注入，而激发态的寿命越短，激发态分子可能来不及将电子注入半导体的导带中就已经通过非辐射衰减而回到基态。步骤（2）、（7）为决定电子注入到半导体效率的关键步骤。电子注入效率常数与逆反应速率常数之比越大，电荷复合的机会越小，电子注入的效率就越高。$I^-$ 还原氧化态染料的速率常数越大，电子回传［步骤（7）］被抑制的程度越大，这相当于 $I^-$ 对电子回传进行了拦截。步骤（6）是造成电流损失的一个主要原因，因此只有当电子在纳米半导体网络中的传输速度［步骤（3）］越大，电子与 $I_3^-$ 复合的速率常数越小时，电流损失才会越小，从而光生电流越大。步骤（5）生成的 $I_3^-$ 扩散到对电极得到电子变成 $I^-$［步骤（4）］，从而使 $I^-$ 再生并完成电流循环。与传统 p-n 结太阳能电池相比，DSC 的最大特点是其光吸收和电荷分离传输是分别由不同的物质完成的，光吸收是靠吸附在纳米半导体表面的染料来完成，半导体仅起电荷分离和传输载体的作用。DSC 的最大优势是电荷传输是靠多数载流子来实现电荷传导，不存在传统 p-n 结太阳能电池中少数载流子和电荷传输材料表面复合等问题，因而其制备过程简单，对环境要求不高。

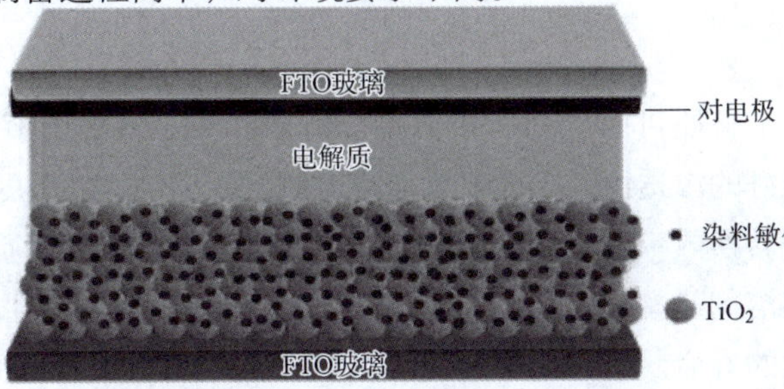


图 7-2　染料敏化太阳能电池的典型结构

下面简要介绍染料敏化太阳能电池的各部分组成和性能要求。

### 1. 光阳极

光阳极的性能直接影响染料敏化太阳能电池的光电转换效率。因此，研究和制备高效光阳极是一个需要在该领域进行迫切研究的重要问题。研究新的阳极材料及其高度有序的结构是染料敏化太阳能电池的重要目标之一。因为晶粒尺寸和孔隙率对电池的光电转换效率有重要影响。有序性的结构，如纳米管、纳米棒、纳米线和纳米阵列促进了电子-空穴对的分离和传输，并且易于控制，会使短路电流和开路电压进一步增加，并且使用合适的制备方法来获得高效的纳米晶半导体膜是提高光敏转换效率的关键方法之一。此外，为了扩大染料敏化太阳能电池的使用，基于柔性基板的光阳极制造技术是纳米半导体的另一个重要研究方面。如何在低温条件下制备稳定高效的半导体光阳极是一个亟待解决的问题。

### 2. 染料敏化剂

染料敏化太阳能电池的染料敏化剂根据结构中是否包含金属原子或离子而分为有机型和无机型。无机染料敏化剂主要集中在钌和锇的金属多吡啶配合物、金属卟啉、酞菁等中。有机染料包括有机合成染料和天然染料。

1）无机染料

基于无机金属配合物的染料比有机染料具有更高的热稳定性和化学稳定性。最有前景的是多吡啶钌配合物类染料敏化剂，它具有高化学稳定性、优异的氧化还原性质和可见光谱响应良好的特性，是最常用的染料敏化剂。

2）有机染料敏化剂

近年来，基于纯有机染料的染料敏化太阳能电池发展迅速，其光电转换效率与多吡啶染料相当。此外，还有卟啉、香豆素、二萘嵌苯等有机染料增敏剂。

3）多种染料协同敏化

单染料敏化受到染料吸收光谱的限制，难以与太阳的发射光谱相匹配。研究发现，某些染料的光谱响应范围具有互补的性质，可以配合在一起使用，这样能够相互弥补各自吸收光谱不够宽的缺点，效果比较显著。

### 3. 电解质

当使用染料敏化太阳能电池时，电解质是影响电池的光电转换效率和长期稳定性的重要因素之一。目前，用于染料敏化太阳能电池的电解质可分为液体电解质、准固体电解质和固体电解质。

1）液体电解质

根据溶剂不同，液体电解质可以分为有机溶剂电解质和离子液体电解质。由于有机溶剂电解质对纳米多孔膜具有良好的渗透性，因此氧化还原电对显示出快速扩散的特性，此外，染料敏化太阳能电池具有高光电转换效率，最高纪录是在高挥发性有机溶剂电解质中获得的。然而，有机电解质的问题在于有机溶剂是挥发性的，电解质易于泄漏，并且电池性能在长期操作期间降低，这缩短了太阳能电池的寿命。

离子液体电解质是近年来发展起来的一种新型液体电解质。其使用离子液体作为溶剂，它具有许多独特的优点，例如低挥发性、良好的稳定性和电位窗口较宽。在离子液体介质的太阳能电池中，电解质溶液的黏度高，氧化状态下的电解质会比较慢地扩散到对电极上，并且传质过程占主导地位，开发研究低黏度离子液体能够增强氧化还原电对的迁移速率以及电池的光伏性能。

2）准固体电解质

准固体电解质或固体电解质是染料敏化太阳能电池未来发展的另一个方向。根据目前的研究情况，准固体电解质基本上是将胶凝剂添加到有机溶剂或离子液体电解质中以形成凝胶体系，从而增强体系的稳定性。基于离子液体介质的太阳能电池，电解质溶液的凝胶化与有机溶剂电解质溶液的凝胶化相似，并且可以用小的有机分子和聚合物进行凝胶化。此外，无机纳米离子也用作离子液体介质中电解质溶液的胶凝剂。离子液体电解质的性能参数在凝胶化前后保持不变，可有效防止电解液泄漏和挥发。

3）固体电解质

研究固体电解质在染料敏化太阳能电池中的应用非常活跃，并且主要研究的是有机空穴传输材料和无机 p 型半导体材料。有机空穴传输材料主要是取代三苯胺类的衍生物和芳族杂环类衍生物（如噻吩或吡咯的聚合物）。有机空穴传输材料作为全固体电解质，尽管这项研究非常活跃，然而，由于纳米多孔膜有很多复杂的因素（如孔隙大小、分布和形态），如何提高有机空穴传输材料与纳米多孔膜之间的接触，如何提高空穴传输速度，减少有机空穴传输材料本身的问题，增强固体电解质太阳能电池的光电转换效率等很多问题需要深入研究。无机 p 型半导体材料作为染料敏化太阳能电池中的固体电解质，提高它的稳定性、空穴传输速率是可以增强这种固体电解质太阳能电池光电转换效率的。

### 4. 对电极

对电极的作用是收集外电路电子并催化还原电解质。因此，对电极必须具有良好的导电性和高催化活性。目前，铂依然是最佳的催化材料。但是，由于铂是贵金属，一方面需要努力减少铂对电极的载铂量；另一方面，具有丰富来源和低成本的铂替代材料正在积极发展。新型金属硒系催化剂具有效率高、成本低、稳定性好、制备方法简单、能耗低等优点，期望把非铂对电极用于染料敏化太阳能电池实现大规模生产。此外，对电极还包括 C60 富勒烯及其衍生物、导电聚合物等。

### 5. 导电基底材料

导电基底材料又称导电电极材料，分为光阳极材料和光阴极（或称反电极）材料。目前导电基底材料有透明导电玻璃、金属箔片、聚合物导电基底材料等。一般要求导电基底材料的方块电阻越小越好（如小于 20 Ω/□的导电玻璃），光阳极和光阴极基底中至少要有一种是透明的，透光率一般要在 85% 以上。用于制备光阳极和光阴极衬底的作用是，收集和传输从光阳极传输过来的电子，通过外回路将电子传输到光阴极并提供给电解质中的电子受体。

## 7.1.3 染料敏化太阳能电池制备技术

下面就染料敏化太阳能电池的几个组成部分，分别介绍其制备技术。

### 1. 光阳极制备方法

薄膜太阳能电池中起着接收和传输电子作用的纳米多孔薄膜，至少应满足以下三个条件：

（1）必须有足够大的比表面积，从而能够吸附大量的染料。

（2）纳米多孔薄膜吸附染料的方式必须保证电子有效地注入薄膜的导带。

（3）电子在薄膜中有较快的传输速率，从而减少薄膜中电子和电解质受主的复合。

当前，制备 TiO 和 ZnO 光电极薄膜的主要方法有溶胶-凝胶法、沉积法、溅射法、自组装装备法、水热法等，下面对这几种制备方法进行简要概述。

1）溶胶-凝胶法

溶胶-凝胶法制备纳米晶薄膜，一般先制备溶胶，然后用浸渍提拉、旋转涂层或喷涂法将溶胶施于经过清洁处理的机体表面，最后再经干燥焙烧，在载体表面形成一层薄膜。以溶胶-凝胶法制备纳米粒子有两种途径：一种以有机钛化合物为原料，如钛酸正丁酯、钛酸异丙酯、钛酸四乙酯；另一种以无机钛化合物为原料，如四氯化钛、硫酸钛。

溶胶-凝胶法制备纳米晶薄膜的优点是：设备简单，容易对薄膜的表面结构和性能进行修饰，涂层的均匀程度灵活，负载膜催化剂易回收利用及处理。

溶胶-凝胶法制备纳米晶薄膜的缺点主要有：薄膜容易龟裂，甚至脱落；薄膜的厚度有限；薄膜的质量易受影响；薄膜易产生厚度梯度；负载牢固性差。

2）沉积法

（1）电化学沉积法。因为电化学沉积是多相（固液相均为多相）交界面的物质基本粒子与物质颗粒的复合运动与交换，存在诸多影响因素。影响电沉积薄膜质量的主要因素包括电流、电位、电解质浓度配比、溶液的 pH 值及其沉积温度等。制备过程中，上述参量中的一种发生变化，将会对制备薄膜的性能及结构造成很大的影响，并会因此而改变沉积层的成分。

（2）化学气相沉积法。化学气相沉积法是在加热的基片或物体表面，通过一种或几种气态元素或化合物产生的化学反应，形成不挥发的固体膜层的过程。该法制备的薄膜纯度较高，容易形成结晶定向好的材料。反应中只要改变或调节化学反应的组分，即可控制沉积物的成分和特征，制得各种性质的薄膜。但该方法对设备要求高、成本昂贵、技术难度大、工艺复杂。

3）溅射法

溅射法是在真空环境下，用电弧、高频或等离子体等高温热源将原料加热，利用热蒸发或辉光放电等物理过程使之气化或形成等离子体，然后骤冷沉积在基片上。目前常用的物理气相沉积法主要有电弧离子溅射、直流溅射、射频溅射、磁控溅射等。该法制得的薄膜不易开裂，厚度均匀，易于控制薄膜结构与性质，但反应需在真空下进行，并且设备昂贵，操作较复杂。

4）自组装装备法

采用自组装装备法制备纳米晶薄膜，可在低温下进行，且能控制薄膜的形态和膜界面粒子的生长。单分子膜（LB）技术、软刻（lithography）技术、自组装（SA）技术、静电组装（ESA）技术和模板（TA）组装技术是构造纳米薄膜的有效方法。其中，LB 膜技术可以制备多层膜并方便地控制膜的厚度，但 LB 膜技术的设备复杂昂贵，且要求基底平整，在一定程度上限制了该方法的应用。相比于 LB 膜技术，模板组装技术对热、时间、压力和化学环境的稳定性较高，且成膜技术简单。

5）水热合成法

水热合成法是通过水解钛的醇盐或氯化物前驱体得到无定形沉淀，然后在酸性或碱性溶液中胶溶得到溶胶物质，采用某种溶剂（水或有机溶剂），以水作溶剂时称为水热法；以有机溶剂作溶剂时称为溶剂热法。作为反应介质，将溶胶在高压釜中进行水热熟化。通过对反应容器加热到水（溶剂）的沸点以上，创造高温、高压的液、气流体反应环境，使通常难溶或不溶的物质溶解，发生一系列反应（生成氢氧化物溶于水中，同时析出氧化）制备纳米晶。这种方法对设备要求不高、容易操作，其中的水热熟化过程还可以控制产物的结晶和长大，因而使半导体氧化物的颗粒尺寸和分布以及薄膜的孔隙率成为可以控制的因素，并且效果良好。

水热合成法的局限性是必须进行高温和高压处理，限制了基底材料的选用，如目前研究比较多的用柔性有机聚合物取代玻璃作基底材料就会受到高温处理过程的限制。此外，水热合成法需时较长，整个过程需要十几个小时，且能及时获得光电极。水热合成法需要耐温、耐压、耐酸腐蚀的反应釜，操作复杂，有机溶剂的毒性、可燃性存在潜在的环保和安全问题。目前，大多研究集中在粉体制备，但基本上都停留在实验室几十毫升至几升的小高压釜水平，难以产业化。

### 2. 染料敏化剂制备方法

染料敏化剂可分为金属配合物和无金属有机敏化剂两大类。金属配合物染料敏化剂研究最多的是钌（Ru）配合物染料敏化剂，其组成的DSC电池效率最高，但由于金属配合物染料敏化剂自然形成极为罕见，且具有毒性，因此不能被广泛生产。无金属有机敏化剂因具有制备成本低且对自然环境污染小、摩尔消光系数高等特点，成为DSC中的研究热点。

1）钌（Ru）配合物染料敏化剂

钌（Ru）配合物染料敏化剂具有较好的热稳定性、化学稳定性和光电转化效率，因此是目前应用最为广泛的染料敏化剂之一。1991年，Ru配合物染料敏化剂分子首次被合成出来。Grätzel等于1993年将Ru配合物光敏化染料进行性能改进，使羧基与半导体氧化物形成电子耦合，从而扩宽了吸收光谱范围；于1997年制备出N749染料敏化剂，其具有较为明显的红移，制备出的DSC光电转换效率为11.1%；于2001年，制备出了全吸收的黑染料N749，该染料敏化剂在整个可见光范围内都有较好的吸收。2005年，在基本的钌（Ru）配合物染料敏化剂（K3）基础上，添加烯键得到新型染料敏化剂K8，其制备的DSC光电转换效率为8.64%。2009年，制备出C106染料敏化剂，其光电转换效率为11.4%；吴春桂教授等研制出CYC-B11染料敏化剂，其最大光电转换效率为11.5%。

2）卟啉锌（Zn）配合物染料敏化剂

卟啉化合物广泛存在于自然界中，由亚甲基相互连接四个吡咯分子，形成具有芳香性的大环平面结构，其独特的结构使得其在全色区能有效地吸收太阳能并应用于DSC中。由于卟啉类染料敏化剂的光热稳定性、吸收光谱较宽、光电转换效率较高、化学稳定性和较高摩尔吸光系数，使之成为研究的热点和重点。

1993年，制备出的铜卟啉化合物具有2个羧基使电子的传输更加方便，该染料敏化剂制备出的DSC光电转换效率为2.6%。2004年，制备出含有不同官能团的锌卟啉化合物，该染料敏化剂制备的DSC光电转化效率为4.8%，该染料敏化剂的研究开启了卟啉染料研究的新方向。2008年，将不对称π桥延长制备出FusedZn-1，其光电转换效率为4.1%。2011年，合成了染料YD2-O-C8（10），其光电转换效率已达到12.3%。2014年，合成了新的卟啉光敏化染料SM315，其独特结构可以改善光谱吸收范围，其光电转换效率为13%。

3）三苯胺类染料敏化剂

三苯胺是非平面的螺旋式空间结构，因具有芳胺结构，所以其给电子能力较强，光电化学性能较优。2004 年，首次合成了三苯胺类有机染料敏化剂并应用于 DSC 中，其光电转换效率为 5.3%。2006 年，将以三苯胺、噻吩乙烯、氰基乙酸基合成了新的染料敏化剂——染料 2，在实验室条件下光电转换效率达到 5.1%。2007 年，为了进一步提高三苯胺类染料敏化剂的性能，将染料 2 中的噻吩换成苯环后其光电转换效率达到了 9.1%。2010 年，在三苯胺上加入烷基链后形成新的染料敏化剂——三苯胺染料 4，光电转换效率达到了 10.3%。2011 年，在三苯胺上将氟取代苯合成了染料 5。由于氟的引入，染料 5 与 $TiO_2$ 间的吸附力得到进一步加强，光电转换效率达到 8.22%。2015 年，将 ADEK-1 和 LEG4 共敏化后，效率提升到 14.3%。

4）吲哚类染料敏化剂

为了进一步提高 DSC 性能，科学家们研发出了吲哚类染料敏化剂，其给电子能力比三苯胺类染料敏化剂更强，且制备成本更低。2003 年，首次将吲哚类染料敏化剂应用于 DSC 中，其光电转换效率为 6.1%；2004 年，对三苯胺有机染料敏化剂进行优化，使优化后的染料敏化剂光捕获范围明显增宽，其制备出 DSC 光电转换效率达到 8.0%；2008 年，公开了一种高效有机染料敏化剂——吲哚类染料 D205，其制备 DSC 光电转化效率达到 9.52%；2014 年，花建丽教授引入（2，4-二己基）苯制备出新的吲哚染料敏化剂，其光电转换效率为 10.93%；2017 年，改变 π 桥单元合成了新型的染料敏化剂 SGT-137，其光电转换效率为 12.45%。

5）香豆素类染料敏化剂

香豆素染料最开始应用于 DSC 时性能较低，但经过改性，其吸收光谱不断扩宽，光电转换效率不断提高。2001 年，对香豆素（C343）的结构进行调整，使新形成的香豆素染料的光谱吸收范围得到扩宽，光电转换效率达到 5.6%。2003 年，在香豆素染料 1 基础上加入噻吩基团得到新的染料敏化剂，其光电性能非常稳定。2007 年，在香豆素染料敏化剂上引入氰基官能团，其光电转换效率达到 8.1%；2016 年，研究得到香豆素染料 3，光电转换效率约为 3.5%，但它的开路电压很高，超过了 1.4 V。

### 3. 电解质制备方法

电解质主要负责电极间的电荷传输以及染料的再生，对器件的光电转换效率和稳定性有很大影响。DSC 的参数，如开路电压受电解质氧化还原电位的影响，短路电流密度以及填充因子主要取决于电解质以及电极与电解质之间的界面接触。理想电解质须具备以下特性：能在光阳极和对电极间传输电荷；具有较高的电导率以确保电荷快速扩散，与电极间有良好的界面接触；具有长期的稳定性，包括热稳定性、光学稳定性、电化学稳定性以及界面稳定性，并有与染料分子能级匹配的氧化还原电势；对可见光无明显的吸收。

1）液态电解质

液态电解质由有机溶剂、氧化还原电对和添加剂组成。其黏度较低，离子扩散速度快，对 $TiO_2$ 光阳极的浸润和渗透较好，因此 DSC 电池效率通常较高。液体电解质虽然导电性和扩散系数较高，但是在蒸气压较低的情况下，由于其流动性，可能会出现泄漏或者密封剂被腐蚀等问题。为此，将三元熔体和纳米晶体二氧化钛膜运用于 DSC 中，获得了 8.2% 的能量转换效率。将由 1-丙基-3-甲基碘化咪唑鎓（PMII）和 1-丁基-3-甲基咪唑鎓硫氰酸盐（BMISCN）组成的二元离子液体以四种不同比例混合以研究其对 DSC 效率，通过降低离子液体的黏度，减少传输限制，为二元离子液体的发展提供了思路。2017 年，通过在离子电解质中添加沸石，使 DSC 的短路电流密度平均增加了 17%，其稳定性也得到了极大的提升。离子存在流动性和挥发等问题，因此，研究者们研发出了准固态电解质。

2）准固态电解质

准固态电解质具有稳定性好、电解液不易泄漏等特点。准固态电解质可使用低分子量凝胶剂，聚合物凝胶剂或添加纳米颗粒制得。一系列基于四种聚酯的碳链长度不同的单体和三维网络离子通道的新型高分子凝胶电解质，准连续相的最大效率为 5. 32%，表明聚酯的三维网络结构有利于提高 DSC 的性能。研究人员使用 N，N-1，4-亚丁基双十二酰胺作为准固态染料敏化太阳能电池的低分子量凝胶电解质，效率仅为 5. 88%，但具有较好的稳定性且耐 115. 8 ℃的高温，这对于 DSC 的长期使用是一个非常重要的优势。研究人员通过结合一种新的无金属有机染料和含有聚（偏二氟乙烯-六氟丙烯）基聚合物凝胶的准固态电解质，得到了能量转换效率高达 10. 37% 的 DSC。虽然准固态电解质可以预防液体的挥发和泄漏，但长期稳定性方面仍存在挑战，因此开发出高稳定性、高效率的 DSC 电解质仍然是研究者的目标。

3）固态电解质

固态电解质具有柔性好、电导率高和安全性高等特点，因此具有较好的研究前景。目前，研究较多的固态电解质主要有聚合物固态电解质、有机小分子空穴传输材料电解质、空穴导电聚合物材料电解质、无机 p 型半导体固态电解质、有机离子塑性固态电解质等。研究人员利用正己基侧臂双咪唑鎓碘化物的全固态电解质制造得到的 DSC 显示出 4. 93% 的能量转换效率。研究人员合成聚乙烯醇-聚甲基丙烯酸甲酯的共聚物，制备了介孔 $TiO_2$ 界面层，提高了光收集效率和电荷传输效率，得到的 DSC 能量转换效率为 5. 5%。研究人员通过原位低温聚合 N，N′-双（咪唑基）己烷和无引发剂的 1，6-二碘己烷得到固态电解质，其 DSC 具有 6. 55% 的能量转换效率。2013 年，研究人员提出一种全固态纤维电容器，具有较好的柔性，并可编织成可穿戴设备。2016 年，研究人员制备出一种全固态纤维状铝空气电池，表现出更好的能量转换效率和柔性，并且可以编织成各种纺织品用于大规模应用。固态电解质与电极接触能力差，增加了电荷复合过程发生的概率，所以能量转换效率低于液态电解质。若改进固态电解质的离子液体添加剂或制备出新的传输材料，全固态电池器件的性能还可以得到更好的应用。

### 4. 对电极制备方法

目前，DSC 中主要应用具有高催化活性和相对较低超电势的 Pt 对电极，但是其价格昂贵造成制备成本很高，给 DSC 的产业化应用带来一定的障碍。目前文献中关注的是减少 Pt 使用量的新思路，其他一些金属材料如 Au、Ni 的对电极也有报道。目前 Pt 对电极的制备方法有如下几种。

1）自组装法

自组装是制备纳米超薄膜的一种有效方法，利用该方法制备 Pt 超薄膜用于 DSC 的对电极也有许多报道。陈今茂等用自组装法制备了 Pt 纳米颗粒对电极，自组装后的对电极表面上可以清楚地看到吸附的 Pt 颗粒，粒径约为 15 nm，在掺氟氧化锡（FTO）导电面上形成了密集、不连续的排布，且分布均匀。自组装法所制备 Pt 修饰 FTO 对电极是光学透明的，表明所制备的对电极具有极低的载 Pt 量。原子吸收光谱测定结果显示该方法所制 Pt 修饰对电极的载 Pt 量为 5 $\mu g/cm^2$，如此低的载 Pt 量极大地降低了制作成本，有利于 DSC 实用化。采用自组装法制备单层 Pt 电极，采用这种方法可以在低温、大气中很简单地得到 Pt 薄膜，其电荷转移电阻为 1.24 $\Omega/cm^2$。催化剂的性能与其比表面积直接相关，自组装法制备的 Pt 对电极的表面上 Pt 催化剂为纳米颗粒，颗粒尺寸小，比表面积大，催化活性高，因而表现出比体相 Pt 片对电极高得多的催化性能。

2）溅射法

采用溅射法在导电玻璃上制备 Pt 薄膜。由于 Pt 与导电玻璃之间的结合力低，需要进行预处理，首先在玻璃上镀上一层 Ti 或者 Au，然后再溅射 Pt，控制溅射速率为 7 nm/s。由扫描隧道显微镜（STM）图得知其表面为纳米结构，Pt 原子之间为六边形的排列结构。电化学测试显示出其良好的催化活性，可以用来做 DSC 的对电极。研究人员采用溅射的方法在铟锡氧化物（ITO）表面制备了不同厚度的超薄 Pt 电极，这种 Pt 电极具有高的催化活性和很高的入射光透过率，因而不仅可以从光阳极进行太阳光照射，还可以从对电极进行入射光照射，拓宽了 DSC 的入射光范围。

3）电沉积法

溅射的方法制备薄膜需要较复杂昂贵的设备，电化学沉积是制备 Pt 薄膜相对简单的方法。研究人员用电沉积法制作了 Pt 薄膜电极，制得的 Pt 对电极与运用溅射方法制得的 Pt 对电极分别用原子力显微镜（AFM）、扫描电子显微镜（SEM）、循环伏安法（CV）测试其形貌和催化活性，并进行了比较，通过 CV 图测试可以得出脉冲电沉积法制作的 Pt 薄膜电极显示出较好的氧化还原活性。循环伏安测试发现，脉冲电沉积法制得的 Pt 电极催化活性要远大于溅射制得的 Pt 电极。

4）化学还原法

化学还原法制备的 Pt 对电极也用于 DSC 的研究中。首先将 $H_2PtCl_6 \cdot 6H_2O$ 以 0.4%、0.6%、0.8% 和 1.0% 的质量分数溶解在松油醇中，再用丝网印刷的方法将上述溶液印在 ITO-PEN 表面，然后在 80 ℃下烘干 2 h，并让 $H_2PtCl_6$/ITO-PEN 的有效接触面积为 1 cm × 1 cm。$H_2PtCl_6$/ITO-PEN 电极进入 10 mmol/L 的 $NaBH_4$ 水溶液中，在 40 ℃下还原 $Pt^{4+}$，2 h 后将 $H_2PtCl_6$/ITO-PEN 电极取出用去离子水漂洗，接下来分别用两种后续方法进行处理：第一种是常压下水热处理过程，将电极放入装有 100 ℃水的非密封容器中放置 4 h 去除有机残留物后，在 80 ℃下烘干 2 h 得到 Pt 对电极。另一种方法是在烘箱中用 100 ℃温度烧结电极 4 h 得到 Pt 电极。

5）浸渍沉积法

用两步浸渍沉积法在导电玻璃上沉积制备 DSC 用 Pt 对电极。首先将聚乙烯基吡咯烷酮（PVP，相对分子质量 8 000）溶于水，室温搅拌加速溶解，然后依次向溶液中加入 $H_2PtCl_6$ 前驱体，$NaBH_4$ 还原剂，溶液颜色迅速由黄色变成黑色，形成胶体状物质，说明反应生成了 PVP 负载的 Pt 纳米颗粒。将处理过的 ITO 导电玻璃浸入用于印制电路板的调节剂中，在 ITO 导电玻璃表面形成薄层，增大了 ITO 导电玻璃表面的粗糙度，加强了基底与 PVP 负载的 Pt 纳米颗粒之间的粘附力，使 Pt 不易脱落；然后将此 ITO 导电玻璃浸入刚刚制备的 Pt 胶体中并保持一段时间提出。随后对电极在 300 ℃的条件下焙烧 2 h 除去 PVP。透射电镜观测发现，对电极表面的 Pt 呈现出纳米簇状，直径约为 3 nm，负载量约为 5 $\mu g/cm^2$。相比于溅射法制得的 Pt 电极，这种电极在导电玻璃表面有较少的 Pt 含量。此种方法适合于低负载量的 Pt 颗粒对电极，有利于降低 DSC 成本。

## 7.1.4 高效染料敏化太阳能电池设计

下面从染料敏化太阳能电池结构与材料设计角度，探讨如何达到高效目标，并探究其产业化途径。

### 1. 电池结构设计

DSC 的标准器件是三明治结构，其中工作电极和对电极都基于面对面放置的导电玻璃基板，中间有一层薄薄的氧化还原电解质［见图 7-3（a）］。电极之间的距离通常由热塑性框架确定，该框架也起到密封作用，通常约为 25 mm。更窄的间距是有利的，因为这降低了由于氧化还原介质在电解质中扩散而产生的电阻。氟掺杂氧化锡（FTO）镀膜玻璃是 DSC 中最常用的导电玻璃。FTO 玻璃在高化学稳定性和热稳定性、低方阻和高太阳透光率之间提供了很好的折中。光电极由 FTO 玻璃和上面烧结的介孔 $TiO_2$薄膜组成。在 FTO 和介孔 $TiO_2$之间可选择一层薄而致密的 $TiO_2$层（即所谓的阻断层），其功能是减少 FTO 与氧化还原电解质之间的电子重组。在介孔层的顶部可以添加光散射 $TiO_2$层，以改善器件中的光捕获。对电极包括带有催化剂的 FTO 玻璃，如铂纳米颗粒、碳或沉积在其上的导电聚合物。夹心结构允许（半）透明的太阳能电池装置和从任何一侧照明的可能性，只要对电极是透明的。

从制造和成本的角度来看，单片 DSC 结构比三明治结构具有优势。只使用一个 FTO 玻璃基板，在其上丝网印刷不同的层：首先是介孔 $TiO_2$，然后是多孔绝缘层，最后是多孔碳层，作为对电极和电导体［见图 7-3（b）］。氧化还原电解质渗透在所有三层中，背封覆盖整个装置。这种器件结构非常适合扩展到具有串联或并联互连的模块。据报道，具有碳电极的单片 DSC 的最高效率为 7.6%。单片 DSC 中的碳电极可以用其他导体代替。例如，高掺杂 PEDOT 薄膜已与多孔聚乙烯隔膜结合使用，效率达到 7.7%，同时也允许柔性设备用镀铬镍金属箔和铂催化剂代替碳电极，效率达到 8.0%。

在固态 DSC 中，液体氧化还原电解质被固体空穴传输材料（HTM）所取代。它通常也是一个整体结构，如图 7-3（c）所示，制造过程中的一个关键步骤是将孔导体渗透到介孔 $TiO_2$层中。基于溶液的方法不能完全填充孔隙，此外还需要一层薄薄的覆盖 HTM 层，金属接触在其上蒸发。

在 DSC 结构中，完全避免 FTO 涂层玻璃是可能的。已经开发了几种类型的背接触 DSC 器件，与介孔 $TiO_2$薄膜背面接触的多孔金属膜或金属网是钛，它能形成钝化氧化层。也可以使用不锈钢网涂上一层薄薄的钝化层。对电极也可以使用钛金属，但应该再添加一种合适的催化剂。无导电玻璃的 DSC 结构如图 7-3（d）所示。这种 DSC 结构的优点是顶部玻璃的太阳能透光率更高，工作电极和对电极的表面电阻非常低，有利于构建更大面积的太阳能电池。

### 2. 电池材料设计

#### 1）光阳极设计思路

光阳极在 DSC 中的功能是作为敏化剂的载体和电子从敏化剂转移到外部电路的通路。因此，需要大比表面积的半导体才能保证电子的转移，还需要高速的离子传输速率来提高电子的捕获速率，通过加强这两个属性来提高光阳极的作用。$TiO_2$存在三种晶体结构：金红石、布鲁克石和锐钛矿，因为锐钛矿电荷传输速率较快，所以被广泛应用于 DSC。通常使用 $TiO_2$(3D)制成的纳米薄膜作为光阳极材料。高效的光阳极材料需要具备以下特点：高透明度以降低碰撞光子的耗散；高比表面积来增加染料的负载；光阳极与电解质反应以减缓复合效率；具有大的电子转移效率。可对 $TiO_2$进行元素掺杂、形貌修改或者和其他材料进行复合。

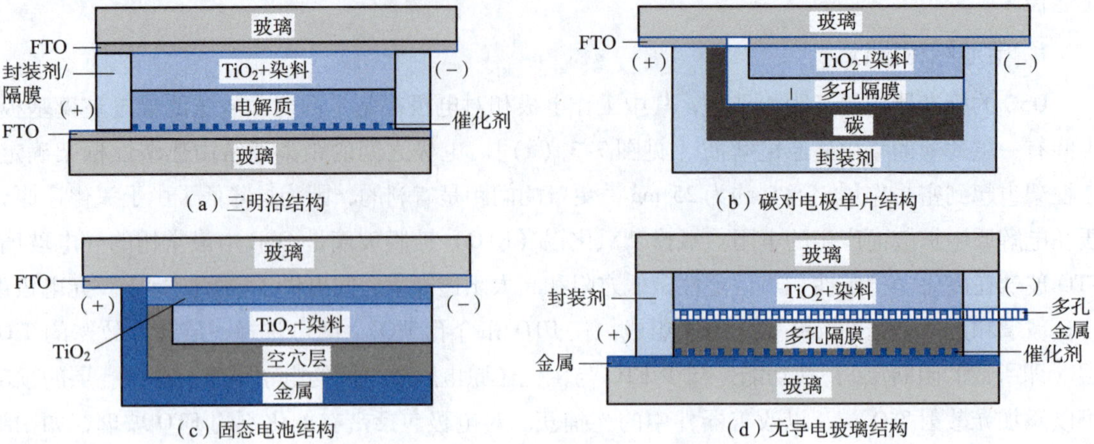


图 7-3　染料敏化太阳能电池结构设计

$TiO_2$材料进行元素掺杂包括金属元素、非金属元素以及金属与非金属共掺杂。进行元素掺杂时，可以通过物理方法进行简单混合或者进行阳极氧化和热氧化反应，使掺杂元素沉积在 $TiO_2$纳米结构上。$TiO_2$材料的电子迁移率低，可以掺杂一些金属元素来增强材料的导电性，进而提高 DSC 的性能。非金属对 $TiO_2$进行掺杂，不妨碍 Ti 原子与染料分子之间的电子结合，吸附能力增强，电子注入更加高效。氟（F）是一种优良的掺杂剂，对 $TiO_2$的 CB 破坏小，可有效地抑制电子复合。进行金属掺杂时，可以改变 $TiO_2$的带隙，使其可以吸收波长更大的光，但其掺杂后带隙变化不明显，热稳定性低且 PCE 也比较低。非金属进行掺杂时，提高了光的催化活性，增加了染料的负载，减少了离子复合，增强了电容性能。综合金属和非金属单独掺杂时的有利条件，使用金属和非金属共掺杂，提高热稳定性。据报道，已经存在的金属与非金属共掺杂有 Cu/N、Cu/S、Al/N、N/S、Ag/S、N/F/S 等。金属与非金属共掺杂，延长了可见光的吸收，带隙能量移动，增强了 DSC 性能。

用其他材料进行复合时，如氨基酸盐、纳米银以及生物石墨烯等，可以提高 $TiO_2$光阳极材料的比表面积和孔径大小，加速电子转移，增强导电性能。通过改善光阳极材料，使 DSC 的 PCE 得到提升。

将纳米结构的 $TiO_2$制成各种一维纳米结构，如纳米线、纳米管、纳米棒和空心球形，存在直接的电传输路径，电子传输加快、电荷收集效率增加。介孔 $TiO_2$分为单层、双层和多层，介孔材料孔径为 2～50 nm，高比表面积，没有内置电场，电导率小。据研究，由两个直径不同的单层 $TiO_2$纳米纤维合成一个双层的，用作 DSC 的光阳极，在 AM1.5 太阳模拟器条件下，转换效率提高到 10%。

2）敏化剂设计思路

染料敏化剂是 DSC 电池的关键部分，其性能优劣将直接影响电池的光电转换效率，因此，

DSC 电池对染料的要求非常严格，一种理想的敏化剂应该满足以下条件：

（1）能紧密吸附在纳米半导体表面。即能快速达到吸附平衡，且不易脱落。染料分子母体中，一般应含有易与纳米半导体表面结合的基团，如—COOH、$—SO_3H$、$—PO_3H_2$。研究表明（以羧酸联吡啶钌染料为例），染料上的羧基与 $TiO_2$ 膜上的羟基结合生成了酯，从而增强了 $TiO_2$ 导带 3d 轨道和染料 π 轨道电子的耦合，使电子转移更为容易。

（2）对可见光具有很好的吸收特性。即能吸收大部分或者全部的入射光，另外其吸收光谱又能与太阳能光谱很好匹配。

（3）其氧化态和激发态要有较高的稳定性和活性。

（4）激发态寿命足够长，且具有很高的电荷传输效率。

（5）具有足够负的激发态氧化还原电势，以保证染料激发态电子注入 $TiO_2$ 导带。

（6）在氧化还原过程（包括基态和激发态）中要有相对低的势垒，以便在初级和次级电子转移过程中的自由能损失最小。

对于 DSC 电池来说，制约 PCE 的关键问题之一是染料敏化剂问题。综观相关文献报道，存在的问题和解决的方向是：

（1）金属有机染料敏化剂是目前用得最多的敏化剂，其中钌基多吡啶配合物稳定性高，光电转换效率高，具有超常的电子注入效率，暗电子转移少，是目前 DSC 所使用的最好的敏化剂。但它们的价格昂贵，合成复杂，所以对其他类型的敏化剂的研究也非常重要。从光合作用的角度来看，卟啉类配合物具有很大的潜力，但还需要提高稳定性。酞菁类配合物的化学性质很稳定，对可见光具有很强的吸收，但酞菁类配合物的 PCE 偏低，要提高其敏化效率必须改善其溶解性和防止聚集。非金属有机染料与金属有机染料相比具有很多优势，近年来发展非常快，但目前还没有得到足够的重视。设计和合成光谱响应范围大、电子注入效率高、耐光照、化学和热稳定性高的敏化剂是未来的发展方向。其次，在自然界的光合作用中，叶绿素和类胡萝卜素都参与了光的吸收。所以对 DSC 最优化的敏化可能需要使用多种敏化剂共同作用，这也是敏化剂发展的另外一个方向。另外，二氧化钛易使染料光解，从而导致接触不好。因此，寻找低成本而且性能良好的染料成为当前研究的一个热点。

（2）研究和改善敏化剂分子结构、拓宽敏化剂的光谱吸收范围、提高敏化剂的能量转换效率以及光吸收系数。一是合成多基元的超分子，每个基元都能吸收光能，从而增加吸收光谱的宽度；二是同时在 $TiO_2$ 多孔电极上修饰多种具有不同光谱吸收范围的单层敏化剂，使电极在可见光区有更宽、更强的吸收带，从而提高电极的光电转换效率。

（3）大量的实验证明，染料的多层吸附是不可取的，因为只有非常靠近二氧化钛表面的敏化剂分子才能把激发态的电子顺利地注入二氧化钛导带中去，多层敏化剂的存在反而会阻碍电子的输送，导致光电转换效率下降。

（4）为使单层吸附的效率提高，可以采取以下方法：使用高比表面的多孔膜来代替平整膜；提高染料在电极表面的吸附能力，因为染料的激发态寿命很短（通常为 $10^{-9}$~$10^{-8}$ s），只有与电极紧密结合的染料才有可能将能量及时传递给电极，所以染料最好能化学吸附在电极上。另外，设计更多、更有效的多吡啶钌化合物，或者其他替代物也是主要的努力方向。

3）电解质设计思路

染料敏化太阳能电池作为新能源产业发展的代表之一，它的发展进程受到全球的关注，但目前却还不能大面积商业化使用，主要原因有两点：电池效率和稳定性。而影响其稳定性的关键因素之一就是电池的电解质。目前对染料敏化太阳能电池的研究仍然集中在液态和准固态DSC上，而液态、准固态电解质又很容易挥发和泄漏，这在很大程度上影响了电池寿命。与液态及准固态电解质体系相比，固态电解质具有可促进染料快速再生、稳定性好、无腐蚀性、不吸光等优点，是新型太阳能电池领域值得被关注和研究的方向之一。固态电解质的研究主要集中于无机p型半导体材料、有机空穴传输材料和导电高聚物，但固态电解质存在电导率低、界面复合严重、易结晶等不足之处。固态电解质体系的电导率及其与电极的界面接触性等方面是决定固态DSC性能的主要因素，因此，固态电解质的不完全渗透性和相对较快的界面复合是亟待解决的问题。界面渗透问题可以通过开发小分子量的新型空穴传输材料以及改性光阳极、引入添加剂抑制空穴传输材料的结晶等方法解决，界面复合较高可通过添加剂抑制界面复合反应，从而降低界面接触电阻来改善。电导率低可以通过掺杂的方式引入额外的电荷载流子来改善。为了进一步提高电池性能，除了研发新型高效的固态电解质外，还要从电池的整体着手，进一步优化光阳极结构、设计开发与电解质能级更匹配的新型吸光染料、对电极等使电池的每一部分达到最佳能级和结构的匹配，从而提高电池的稳定性和效率。

4）对电极设计思路

虽然目前Pt对电极因具有良好的导电催化活性和低电阻而被广泛用作染料敏化太阳能电池的对电极，技术最为成熟，但由于Pt为贵金属材料，储量稀少、价格昂贵，且存在性能不够稳定、在液态电解质中容易被腐蚀等缺点。因此，寻找可替代传统贵金属Pt的新型材料作为染料敏化太阳能电池对电极的研究是当前的研究重点之一。碳基材料对电极和聚合物混合材料对电极的研究已经取得了一定成果。在未来，合成稳定性高、催化活性更好、高透明的碳基材料对电极是主要的研究方向。而聚合物混合材料对电极因具有高导电性、高催化活性、高稳定性和低成本等特点，在未来也有良好的应用前景。其中，PEDOT具有柔性、透明和轻薄等优点，还在移动微电源领域中有很好的应用前景，是应用最为广泛的一种导电聚合物对电极。在现有的研究基础上，应进一步提高PEDOT对$I_3^-/I^-$电对的催化性能、电子传输速率，并增加PEDOT薄膜和导电基底的结合力度，从而进一步提升染料敏化太阳能电池的光电转换效率，降低其制备成本，加速其商业应用。近些年，多样化的复合材料表现出了较高的催化活性，同样被认为是可替代Pt对电极的材料之一。

### 3. 产业化途径

作为一种实验室光电转换效率已经突破13%、中试规模已经达到0.5 MW的新型薄膜太阳能电池，通过对DSC进一步产业化所具有的技术优势进行分析，并与包括晶体硅太阳能电池在内的各种太阳能电池进行对比，结合其他种类太阳能电池产业化特点，DSC产业化方面具有如下几点明显的技术优势：

（1）DSC实用化性能有很大的优势：

①DSC对入射光角度要求低，在折射和反射条件下，仍有良好的电池性能。

②DSC根据所用染料的不同，可以有不同颜色的变化，并且很容易通过调节电池结构来变化

电池的透光率，特别适合在光伏建筑一体化工程中应用。

③由于 DSC 将具有宽光谱吸收的染料和有高比表面的纳米多孔 $TiO_2$ 薄膜有机地结合起来，能在极广的可见光范围内工作，适合在非直射光、多云等弱光线条件下，以及光线条件不足的室内条件下运用。

④DSC 在固态和柔性化方面也具有很好的应用前景。可广泛应用于便携式和移动式充电系统，如手机、个人笔记本计算机或其他领域。

（2）工艺相对简单。主要体现在：

①原材料成本具有较大的优势。

②DSC 的主要工艺为丝网印刷技术，相对来说工艺步骤较少且易于整合，十分利于流水线的设计。

③制备设备的价格。在太阳能电池制备中，对制备精度的要求也是衡量电池成本的一个重要因素。对精度要求越高，设备的价值及制备的难度也相对越高。

（3）产业化设备相对简单。产业化的关键是设备，DSC 的产业化设备具有非标的特点，但是相比较而言，一方面，DSC 不涉及如薄膜沉积等既是材料制备过程，又是电池制备过程的设备，另一方面，涉及的大型设备，如隧道窑、层压机等，均可在现有商业化设备上根据需要进行改造，从而达到生产的要求。

经过几十年的发展，DSC 的产业化水平和技术取得了长足进步，但其发展仍面临一些瓶颈问题急需解决。首先，传统的 DSC 只能吸收波长小于 650 nm 左右的可见光部分，而对占太阳光谱中其他部分的光几乎没有利用，迫切需要开发出具有全光谱吸收特征的太阳能电池；其次，DSC 的光阳极大多使用 $TiO_2$ 纳米晶薄膜，由于其晶界位阻大、孔道空间狭窄等缺点严重阻碍了电子的传输和电解液的渗透，需要进一步完善阳极薄膜的结构，发展适合大面积生产的薄膜制备技术；再次，大面积 DSC 制造技术不成熟和电池稳定性不高，需要开发出高效、低成本、适用于大面积电池的制备技术，如固态电池和柔性电池等。因此，设计新型长激子寿命染料和电解质，提高电池效率和稳定性，发展全固态和柔性器件是 DSC 进一步走向实用化的主要任务。

纵观太阳能电池发展的历史，各种电池之间存在优势互补，针对不同的应用场合，适用不同种类的电池。DSC 在固态、可柔性化及光谱选择性等方面具有突出优点，从培育国家未来新兴战略产业的角度考虑，一方面，建议政府持续并有针对性地布局重点任务进行支持；另一方面，要引导和鼓励中小企业进行这方面的积极投入，开发廉价的生产工艺和工艺设备，促进 DSC 的产业规模化发展。

## 7.2　钙钛矿太阳能电池原理和设计

钙钛矿太阳能电池（PSC）近年来在能源科技领域引起了广泛关注。其背后的原因在于，钙钛矿太阳能电池在生产制备工艺上极为简洁，同时制造成本也非常低廉。更为引人注目的是，在短短十几年间，钙钛矿太阳能电池实现了光电转换效率的显著飞跃。2009 年，$MAPbI_3$ 钙钛矿材料首次作为染料剂应用于染料敏化太阳能电池中，但此时电池的效率仅有 3.81%。此后，科研人员通过不断优化钙钛矿层的制备工艺，推动了效率的大幅提升。迈克尔·格拉团队采用两步顺序沉积工艺，制备出效率高达14.1%的钙钛矿太阳能电池，标志着钙钛矿材料在太阳能电池领域的重大突破。组分调控在提升钙钛矿太阳能电池性能中起到了关键作用。2015年，桑日石教授团队利用阳离子交换法，制备出（111）择优取向的$FAPBI_3$薄膜，将电池的认证效率首次提升至20%以上。添加剂工程通过精细调控钙钛矿层的结晶和缺陷，进一步促进了器件性能的提升。2016年，迈克尔·格拉团队在反溶剂中引入聚甲基丙烯酸甲酯（PMMA）为模板，有效控制了钙钛矿晶体的形核与生长，制备出具有高质量和长载流子寿命的钙钛矿薄膜，将器件认证效率首次提高至21%。除了钙钛矿层本身的质量提升，界面层的修饰同样对钙钛矿太阳能电池的发展起到了积极作用。2018年，游经碧团队通过在钙钛矿薄膜表面进行有机卤化物苯乙基碘化胺盐处理，有效补偿了碘空位并钝化了表面缺陷，减少了非辐射复合损失，实现了23.3%的高认证效率。经过组分、添加剂、缺陷调控及界面层设计，到器件结构的优化，目前单结钙钛矿太阳能电池的认证效率已超过26%。

## 7.2.1 钙钛矿太阳能电池技术特点

钙钛矿首次被发现是在钛酸钙（$CaTiO_3$）组成的绿泥石砂卡岩中，并以俄罗斯地质学家列夫普雷洛夫斯基的名字命名。传统的钙钛矿材料多为无机金属氧化物，具有$ABO_3$型结构，A、B代表不同的金属离子，O代表氧原子，如钡钛酸盐（$BaTiO_3$）、铋铁酸盐（$BiFeO_3$）和锶铁酸盐（$Sr_2FeO_5$）等，在铁电、超导及表面催化等领域中都有应用。在此基础上，具有$ABX_3$结构的卤化物钙钛矿材料，以其卓越的光电特性在光伏领域引起了广泛关注。

### 1. 钙钛矿材料晶体结构特性

图7-4是空间群为Pm-3m的立方相$ABX_3$钙钛矿的晶体结构示意图，A位点被较大的单价阳离子占据，这些阳离子可以是有机阳离子，如甲胺（$CH_3NH_3^+$, $MA^+$）、甲酰胺（$CH(NH_2)_2^+$, $FA^+$），或者是无机阳离子，如铯（$Cs^+$）、铷（$Rb^+$）。B位点为二价金属阳离子，常见的有铅（$Pb^{2+}$）、锡（$Sn^{2+}$）。X位点为卤素阴离子（$I^-$、$Br^-$、$Cl^-$）。$[BX_6]^{4-}$配位八面体由位于立方体中心的单个金属阳离子B与占据面心位置的六个卤素阴离子X组成。这些八面体通过在X位上的角共享机制相互连接，构建出一个连续且无限延伸的三维框架结构。在这三维框架中，A位阳离子占据着相邻$[BX_6]^{4-}$八面体之间的空隙，同时被周围相邻的十二个卤素阴离子所包围。A位阳离子的存在对维持晶格结构的稳定性至关重要，它们通过与周围的卤素阴离子形成稳定的离子键，增强了整个晶体结构的稳定性和整体性。通过精细调控A、B、X位点上的离子种类，可以有效地调节材料的带隙、电子迁移率等关键参数，从而优化其在太阳能电池、光电探测器等光电器件中的应用性能。同时，这种结构的灵活性也为材料的进一步功能化和定制化提供了广阔的空间。当A位完全被$Cs^+$或$Rb^+$等无机阳离子占据时，相应的$ABX_3$钙钛矿材料构成全无机钙钛矿（如$CsPbI_xBr_{3-x}$）；而当A位由$MA^+$或$FA^+$等有机阳离子占据时，则为有机-无机杂化钙钛矿（如$FAPbI_3$、$FA_{0.7}MA_{0.3}PbI_3$）。相比之下，无机钙钛矿展现出更优的热稳定性，有机-无机杂化钙钛矿具有更好的成膜性能和载流子传输特性。当苯乙胺阳离子、丁胺阳离子等较大尺寸的有机阳离子取代A位时，三维钙钛矿结构的稳定性将无法得到维持，从而形成二维层状钙钛矿结构。与三维钙钛矿相比，二维钙钛矿展现出卓越的稳定性，这主要得益于大尺寸有机阳离子对环境

分子（如水分子、氧分子）和内部迁移离子的屏蔽效应。然而，由于较大的激子结合能、间接带隙以及较大的带隙结构，二维钙钛矿在载流子传输性能上相对较弱。

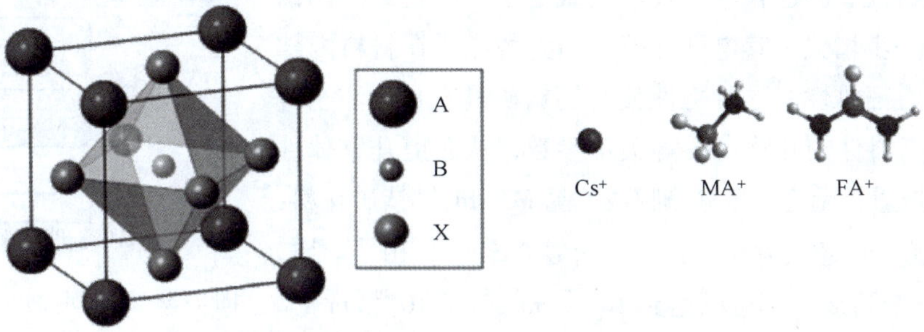


图 7-4　$ABX_3$钙钛矿的晶体结构示意图

### 2. 钙钛矿材料的光电性能

钙钛矿太阳能电池性能的飞速发展与其优秀的电学性能密不可分，这种材料具有带隙可调、高吸光系数（$10^5\ cm^{-1}$）、平衡的电子和空穴迁移率、长载流子寿命和扩散长度（$>1\ \mu m$）、缺陷容忍度高等优异的光电特性，这主要得益于 Pb 离子的孤对电子引起的独特电子结构。图 7-5 展示了 $MAPbI_3$钙钛矿电子结构图。作为直接带隙半导体，钙钛矿的 Pb 6s 和 I 5p 轨道形成的强共价反键耦合轨道决定了价带最大值（VBM），Pb 的 6p 轨道和 I 的 5p 轨道的混合物组成导带最小值（CBM），$MAPbI_3$的离子特性使得 Pb 的 6p 和 I 的 5p 的共价反键耦合较弱，因此 CBM 主要由 Pb 的 6p 轨道贡献。不同于传统直接带隙半导体的 s-p 光学跃迁，钙钛矿发生直接带隙的 p-p 光学跃迁。由于原子的 p 轨道的色散程度低于 s 轨道，$MAPbI_3$材料具有较高的联合态密度，这正是其高吸光系数的原因。

钙钛矿材料独特的电子结构使其表现出带隙可调节的特性。能带结构表明 B 位和 X 位成分变化对钙钛矿带隙具有直接影响。通过设计的 B 位或 X 位离子替换，可以精确地调控钙钛矿的带隙。例如，通过用 $Sn^{2+}$部分或全部替代 B 位的 $Pb^{2+}$，可以得到窄带隙钙钛矿（1.2～1.6 eV），并且器件具有更高的理论效率。X 位的卤素离子对钙钛矿材料的能带结构和光电特性具有直接的影响。随着卤素阴离子的离子半径减小，B—X 键长缩短，带隙增大。以 $CsPbX_3$为例，随着 X 位卤素离子从 $I^-$变化为 $Br^-$，带隙从 1.73 eV（$CsPbI_3$）增加到 2.31 eV（$CsPbBr_3$）。A 位的有机阳离子，虽然其分子轨道位于导带和价带内的深能级态，主要作用是维持晶格的平衡，但它们的大小和构型却能间接影响 B—X 的键长和键角，改变周围的 $[BX_6]^{4-}$八面体的排列，进而调节钙钛矿晶体结构的对称性和带隙。对于 $APbI_3$体系，带隙随 A 位阳离子半径的增加而降低，$ASnI_3$体系则表现出相反的带隙变化趋势。带隙的可调性为钙钛矿材料在光伏领域开拓了更广阔的应用前景，尤其在多结叠层太阳能器件的开发中。这种特性使得钙钛矿能够适应不同能量级别的光子吸收，从而提高太阳能电池的整体能量转换效率。通过精确调控带隙，钙钛矿太阳能电池可以与其他类型的太阳能电池材料结合，形成高效的多结叠层结构，实现对太阳光谱更宽范围的吸收，推动光伏技术向更高效率的方向发展。

钙钛矿材料的独特电子结构不仅赋予了它们带隙可调的特性，还带来了优异的载流子传输性能。钙钛矿材料的 CBM 和 VBM 具有高色散度，这导致了电子和空穴的有效质量相近且较低，从而赋予了钙钛矿材料出色的双极性传输特性、高迁移率以及长的载流子扩散距离。钙钛矿的三维性进一步增强了其电学性能，因为载流子在材料内部的传输同样具有三维性，这种特性使得钙钛矿具有长载流子寿命，有助于提高器件的开路电压等关键参数，从而提升整体性能。根据研究报道，无论是多晶薄膜或单晶 $MAPbI_3$ 钙钛矿材料，都展现出了载流子的超长寿命，其中一阶复合率介于 $10^{-7}\ s^{-1}$至$10^{-5}\ s^{-1}$之间，二阶复合率可以达到 $10^{-11}\ cm^3s^{-1}$至 $10^{-9}\ cm^3s^{-1}$之间。

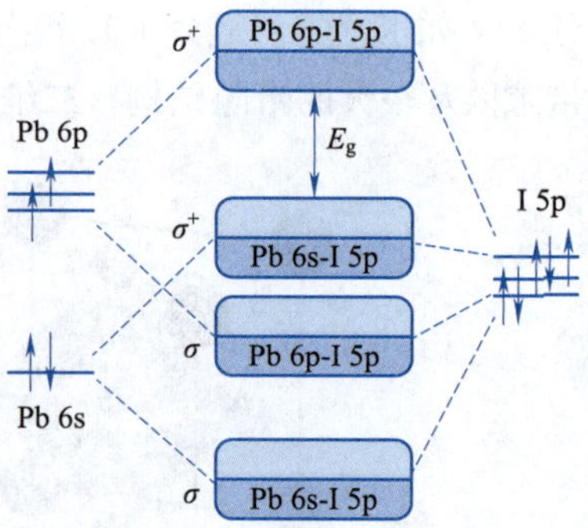


图 7-5　$MAPbI_3$ 钙钛矿电子结构图

## 7.2.2　钙钛矿太阳能电池工作原理、结构分类与材料的选择

如图 7-6 所示，钙钛矿太阳能电池采用了典型的三明治叠层结构，核心是位于中间的钙钛矿吸光层。这层吸光材料两侧分别被电子传输层和空穴传输层所包围，而最外层则是电极。电极通常由金属和透明导电材料构成，从而最大化入射光的利用效率。通过调换电子传输层与空穴传输层的位置，这两种电极在电池中既可以充当正极，也可以充当负极。

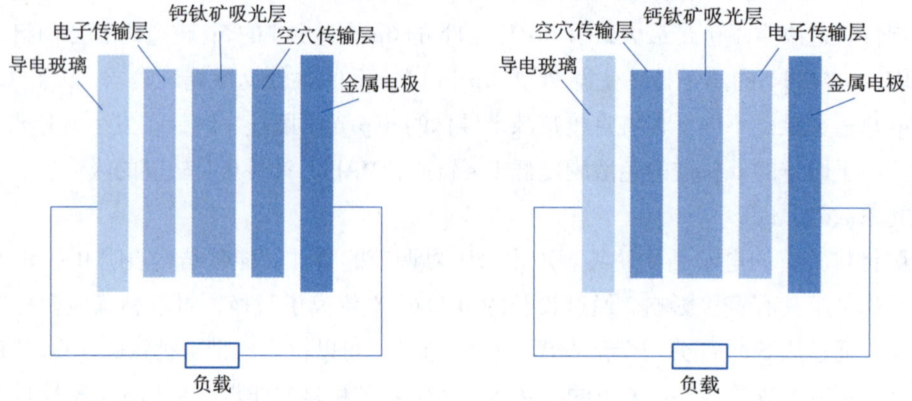


图 7-6　钙钛矿太阳能电池的结构示意图

### 1. 钙钛矿太阳能电池工作原理

当光照射到具有低激子结合能的钙钛矿光吸收层时，钙钛矿吸收能量大于其带隙的入射光子，产生光生激子。激子迅速解离成自由电子和空穴，这些自由载流子在发生复合之前，能够有效地通过钙钛矿薄膜扩散至电荷传输层。在理想情况下，钙钛矿层与电荷传输层间形成有利的能级排列，电子与空穴传输层能够有效地提取电子与空穴。在电荷传输过程中，电子和空穴传输层分别起到阻挡空穴和电子的作用，形成能量势垒，抑制载流子复合。最终，这些载流子被背电极收集，并通过外电路形成光电流。但在实际中，载流子的提取与传输过程存在一定的效率损失。一方面来源于薄膜中的缺陷，它们可能导致光生载流子的非辐射复合；另一方面，界面能级失配及界面缺陷等也可能导致界面处的电荷复合损失。这些因素共同构成了钙钛矿太阳能电池

效率损失的主要原因。

### 2. 钙钛矿太阳能电池结构分类

钙钛矿太阳能电池的结构可以根据其内部结构和载流子的输运方向进行分类。目前，主要存在以下三种典型的结构：

1）介孔结构

介孔结构最初是借鉴了染料敏化太阳能电池的结构。在这种结构中，电子传输层有致密层和骨架层两个部分。骨架层（通常为介孔氧化物 $TiO_2$ 或 $Al_2O_3$）位于致密层和吸光层之间，作为框架辅助后续沉积钙钛矿薄膜的形貌，提高薄膜的平整度和覆盖度。同时，补偿了电子在钙钛矿层（特别是 $MAPbI_3$ 钙钛矿）较短的扩散距离，减少电子与空穴的复合，降低由于电子在界面处的大量聚集产生的滞后效应。然而，制备骨架层时通常需要在大约 500 ℃的高温下进行退火处理，这限制了钙钛矿太阳能电池基底材料的选择范围，例如大多数不耐高温的柔性基底。

根据载流子的输运方向，钙钛矿太阳能电池的结构分为正式（n-i-p）和反式（p-i-n）结构。其中 n-i-p 结构又分为介孔型与平面型结构。

2）正式 n-i-p 平面结构

正式 n-i-p 平面结构是另一种常见的钙钛矿太阳能电池结构。在这种结构中，光入射到透明电极后首先进入电子传输层。这种结构主要由透明导电基底、电子传输层、钙钛矿层、空穴传输层和金属对电极组成。电子传输层通常采用具有高电子迁移率的材料，如 $TiO_2$、ZnO 等；空穴传输层则采用具有高空穴迁移率的材料，如 Spiro-OMeTAD、PTAA 等。正式 n-i-p 平面结构具有制备工艺简单、成本低廉等优点，但其光电转换效率通常不如其他类型的钙钛矿太阳能电池。此外，Spiro-OMeTAD 空穴传输层的热稳定性较差，这在一定程度上限制了正式 n-i-p 平面结构在商业化应用中的广泛推广。

3）反式 p-i-n 平面结构

相比之下，反式 p-i-n 平面结构采用的传输层性质相对更加稳定，迟滞效应降低。反式 p-i-n 平面结构与正式 n-i-p 平面结构相反，光入射到透明电极后首先进入空穴传输层。这种结构主要由透明导电基底、空穴传输层、钙钛矿层、电子传输层和金属对电极组成。反式 p-i-n 平面结构具有更高的光电转换效率和更好的稳定性，但制备工艺相对复杂。空穴传输层通常采用 PEDOT:PSS 等材料，电子传输层则采用 PCBM 等材料。此外，为了进一步提高反式 p-i-n 平面结构的光电性能，研究人员还尝试采用各种界面修饰和掺杂技术来优化界面性能和电荷传输效率，并且当带隙可调的钙钛矿应用于叠层器件时，反式 p-i-n 平面结构比介孔或平面 n-i-p 结构具有更少的寄生吸收损失。

### 3. 钙钛矿太阳能电池材料的选择

1）钙钛矿吸光层

典型的钙钛矿吸光层材料为甲胺铅碘（$CH_3NH_3PbI_3$，可以简写为 $MAPbI_3$）或甲脒碘基钙钛矿［$CH(NH_2)_2PbI_3$，可以简写为 $FAPbI_3$］，但近年来也发展出了各种各具特点的新型钙钛矿材料：复合钙钛矿、无铅钙钛矿、无机钙钛矿和二维钙钛矿等。这些新型材料在禁带宽度、稳定性、环境友好性方面都展示出了自己的优势。图 7-7 是部分钙钛矿材料的带隙宽度示意图。

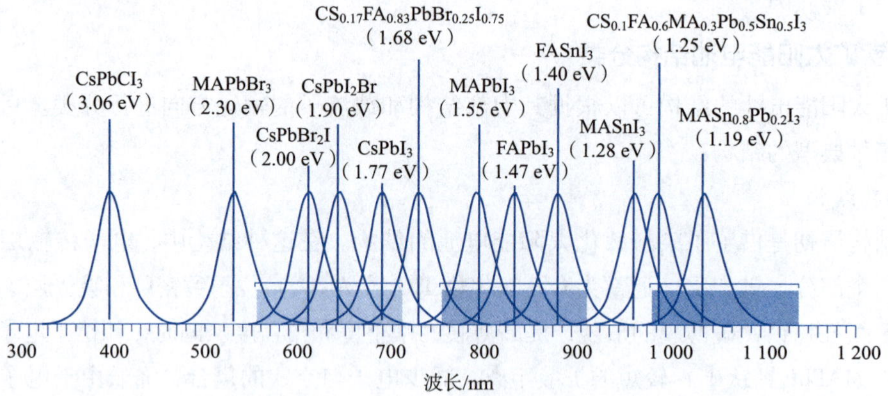


图 7-7　部分钙钛矿材料的带隙宽度示意图

2）界面层

界面层承担着收集钙钛矿层的光生电荷，并将其向电极传输的重任。根据不同界面对载流子的选择性传输，可将界面分为电子传输层界面（electron transport layer，ETL）和空穴传输层界面（hole transport layer，HTL）。

电子传输层是钙钛矿太阳能电池中最重要的部分之一，它对光生电子的提取和传输起着至关重要的作用。此外，电子传输层还作为空穴阻挡层抑制载流子复合。界面相关的载流子迁移率、能带取向、形貌、缺陷态等性质决定了钙钛矿器件的行为和光电性能。当前应用最广泛的无机电子传输材料有 $TiO_2$、$SnO_2$以及 ZnO。空穴传输层的基本功能是高效提取钙钛矿层中的空穴，并且阻挡电子从钙钛矿层直接传输到阳极，从而减少电子和空穴的复合。此外，空穴传输层必须具有良好的 p 型电导率，并与钙钛矿兼容。一般来说，空穴传输层可分为无机和有机空穴传输层。有机空穴传输层包括聚合物型空穴传输层和小分子型空穴传输层。典型的包括 Spiro-OMeTAD、PEDOT：PSS、PTAA 和 $P_3HT$，它们虽然可以实现很高的开路电压，达到很高的光电效率。然而，由于其高成本和光热的不稳定限制了其商业化发展的潜力。无机空穴传输层可分为三种：镍和铜基、p 型半导体基和过渡金属氧化物基无机空穴传输层。

3）电极

电极通常采用具有优良导电性和化学稳定性的金属材料制备而成。通过真空蒸镀等技术精确地附着在电池的相应位置。它们的主要功能是从传输层收集电子或空穴，并将这些载流子有效地导出到外部电路中。此外，电极还具有反射穿透吸光层的入射光回到吸光层的能力，从而提高器件对光能的利用率。在实验室小规模器件的制备过程中，通常会选择电导率高、化学稳定性好的贵金属，如金或银来制作电极。这些材料虽然成本较高，但能够确保器件的长期稳定性和高性能。而在商业生产中，考虑到成本因素，可能会选择成本更低的银或铝等材料来制作电极，以实现成本效益和性能的平衡。

4）导电玻璃

导电玻璃主要有三个作用：首先是作为物理载体，提供机械支撑，确保器件的稳定性和耐用性。其次，导电玻璃位于电池的前端，充当光入射窗口。最后，类似于电极，导电玻璃还负责从传输层收集生成的电子或空穴，并将这些载流子有效地传输到外部电路中。应用最广泛的导电玻璃是 FTO 和 ITO，部分柔性器件中选择用透明有机薄膜替代玻璃作为电池载体。

### 7.2.3 钙钛矿太阳能电池制备技术

在钙钛矿太阳能电池的研究工作中，研究人员发现大部分有机-无机杂化钙钛矿材料制备的光电器件性能和钙钛矿薄膜表面形貌、内部结晶度和结晶的均一化程度有关。得益于钙钛矿有机和无机盐材料低熔点和可溶解等特点，许多的制备方法被用于制备钙钛矿薄膜，例如双源热蒸发法、一步前驱体溶液旋涂法、两步溶液法。

#### 1. 双源热蒸发法

双源热蒸发法（dual source co-evaporation）是一种利用热蒸发技术将所需材料加热至超过其升华温度，从而使材料蒸气在衬底上凝结形成薄膜的工艺。这一技术最初由英国剑桥大学的斯奈斯研究小组采用，用于制备有机-无机杂化钙钛矿薄膜。他们在真空腔中同时加热蒸发 $PbCl_2$ 和 $CH_3NH_3I$ 材料，通过调控蒸发速率在衬底上获得了十分平整的钙钛矿薄膜。利用这种薄膜制造的太阳能电池，光电转换效率达到了 15.4%。

双源热蒸发法的优势在于其对设备操作要求相对较低，易于获得高质量的钙钛矿薄膜。然而，这种方法通常需要使用真空腔或化学气相沉积（CVD）等大型设备，这无疑增加了钙钛矿太阳能电池的生产成本。为了降低成本并简化制备过程，一些研究人员对这一方法进行了改进。他们首先在衬底上旋涂 $PbI_2$ 溶液，然后加热升华有机分子材料，并在 $PbI_2$ 衬底上进行沉积反应形成钙钛矿材料。尽管这种方法在一定程度上简化了制备流程，但由于依赖于材料蒸气分子的反应，它在钙钛矿材料的元素比例控制和制备效率方面仍有待提高。

#### 2. 一步前驱体溶液旋涂法

一步前驱体溶液旋涂法（one-step precursor solution spin-coating process）是一种将有机-无机杂化钙钛矿材料所需的化合物按比例混合，形成前驱体溶液，然后通过旋涂技术将其均匀涂布在衬底上，经过特定条件的加热处理，最终形成钙钛矿薄膜的工艺。这种方法因其简便性和可控性，在近几年的光电器件制备中得到了广泛应用。格雷策尔小组在 2012 年利用此法成功制备出了光电转换效率达 5.5% 的太阳能电池。其优势在于能够精确调整前驱体溶液中各元素的比例，从而实现多种元素混合的钙钛矿薄膜的制备，这有助于提升光电器件的性能。通过改变有机离子、金属元素和卤族元素，可以制备出具有不同禁带宽度的钙钛矿薄膜材料。因此，众多研究工作都基于此方法进行。

然而，一步前驱体溶液旋涂法在制备高质量钙钛矿薄膜方面也面临挑战。薄膜的质量对溶液浓度、元素组成、溶剂选择、制备条件和退火条件等因素极为敏感。为了提高薄膜质量，研究人员进行了大量工艺改进和优化工作。例如，莫伊特等人采用高温衬底旋涂，加速溶剂挥发，制备出具有毫米级结晶颗粒的钙钛矿薄膜。但过高的温度可能会损害薄膜及其他功能性材料，影响器件性能。桑日石等人开发了一种在旋涂过程中使用正交溶剂清洗薄膜表面的技术，促进了钙钛矿薄膜的快速结晶，获得了平整的薄膜表面。这种方法已成为制备 $MAPbI_3$ 钙钛矿薄膜的主要技术之一。然而，它对实验人员的操作技术要求较高，且大量使用甲苯、氯苯等正交溶剂，对钙钛矿太阳能电池的实际生产应用构成了挑战。因此，对一步前驱体溶液旋涂法制备高质量钙钛矿薄膜的制备方法的优化仍然是人们研究工作中的一个重点。

### 3. 两步溶液法

两步溶液法（sequential deposition）是分别将 $PbI_2$ 和 MAI 等材料分别配制成溶液，然后通过旋涂和浸泡的方式在衬底上形成反应，最终得到钙钛矿薄膜。具体步骤为先将 $PbI_2$ 溶液旋涂在目标衬底上并烘干成膜，然后将 $PbI_2$ 薄膜浸泡在 MAI 溶液中进行反应，形成 $MAPbI_3$ 钙钛矿薄膜材料。这种方法显著降低了实验成本，提高了钙钛矿材料的可操作性，并简化了实验步骤。为了进一步提升电池器件的性能，一些研究小组对两步溶液法进行了优化。例如，黄劲松小组使用有机溶剂蒸汽对薄膜进行气氛处理，通过精确控制实验条件，制备出具有更大结晶颗粒和更高结晶度的钙钛矿薄膜，并实现了 15.6% 的光电转换效率。韩国的朴南圭教授团队进一步简化了实验操作，通过将 MAI 溶液直接滴在 $PbI_2$ 薄膜上进行反应，这种方法不仅使操作更加便捷，还提高了薄膜的重复性，并制备出了光电转换效率达到 17% 的太阳能电池。

然而，两步溶液法在制备过程中也存在局限性。第二步反应的程度难以精确控制，且形成的钙钛矿薄膜中各元素的比例也难以做到非常精确。实验表明，在 $PbI_2$ 薄膜反应过程中，表面可能首先形成致密的钙钛矿层，这会阻碍反应的进一步进行。此外，MAI 溶液的浓度也会影响薄膜的表面形貌和结晶质量。因此，对两步溶液法的工艺改进与优化，仍然是钙钛矿薄膜制备领域的一个研究重点。

## 7.2.4 高效钙钛矿太阳能电池设计

钙钛矿/晶体硅叠层太阳能电池因其理论光电转换效率极高（超过 40%）和成本较低，已经成为全球研究小组和产业界广泛关注的焦点，被视为商业晶体硅太阳能电池的有力替代方案之一。晶体硅太阳能电池成熟的制造工艺与钙钛矿太阳能电池的巨大效率潜力相结合，使得钙钛矿/晶体硅叠层太阳能电池成为目前最有前景的太阳能电池类型之一。其中，钙钛矿/晶体硅叠层太阳能电池根据其电池结构不同可分为三种，分别为两端结构（集成一体化结构，2-T）、三端结构（光谱分裂结构，3-T）和四端结构（机械堆叠结构，4-T）。三端结构和四端结构叠层太阳能电池结构能够有效地收集两个子电池的输出功率，并且已经展现出了优异的性能。然而，这些结构的工艺较为复杂，制备成本也相对较高。相比之下，两端结构的叠层太阳能电池的接触电极与产业化的单结太阳能电池相同，这使得它们可以直接替代现有组件中的太阳能电池，并继承相同的商品化标准。这种兼容性和简化的工艺流程使得两端结构叠层太阳能电池受到了业界的广泛青睐，并有望在不久的将来实现商业化应用。

两端结构：该结构是先制造一个完整的晶体硅太阳能电池，随后在晶体硅太阳能电池表面生长钙钛矿太阳能电池，并通过中间层（通常为隧道层或复合层）将两个子电池连接起来，该复合层通常为一层很薄的金属或透明电极，最后从顶电池处引出一个电极，同时从底电池引出一个电极。隧道结的透光性以及电导率影响着该结构电池的性能，因此，开发出优质的隧道结技术，满足高效叠层太阳能电池的制备要求，是两端钙钛矿/晶体硅叠层太阳能电池研究中的一个重要课题。两端结构需要顶电池和底电池之间具有良好的电流匹配，需要不同的光学设计，使底电池和顶电池具有良好的兼容性。这通常涉及对光的利用、电池层的材料选择以及界面工程等多方面的考量。

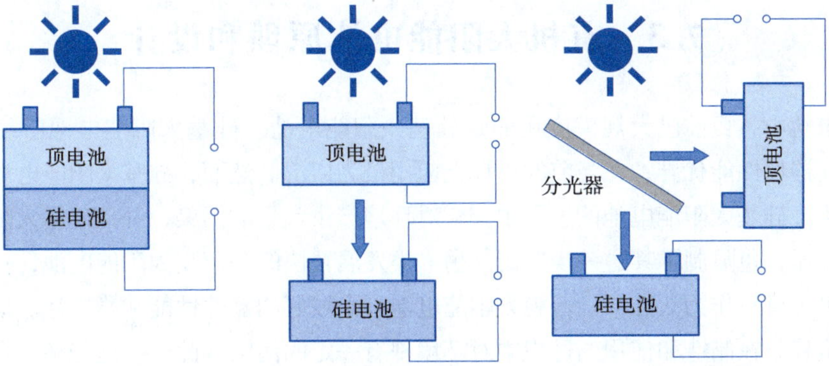


（a）两端结构　　（b）四端结构　　（c）三端结构

图 7-8　钙钛矿/晶体硅叠层太阳能电池结构示意图

四端结构：四端结构中，顶电池和底电池是分别独立制备的。其中，具有较大带隙的钙钛矿电池作为顶电池，而具有较小带隙的晶体硅电池则作为底电池。接着，将钙钛矿电池直接堆叠在晶体硅电池之上，形成叠层结构。这种设计的优势在于其灵活性：可以根据需要选择不同的禁带宽度，合理分配两个子电池的光吸收区间。此外，由于四端结构的特性，制备过程中无须特别考虑电流匹配问题，这使得电池的制备相对更为简便。对于透明电极的选择方面，四端叠层电池需要制备四个电极，其中三个电极为透明电极，高透光率低方块电阻的透明电极是高效四端叠层电池制备的核心技术。

三端结构：三端结构也称为光谱分裂钙钛矿/晶体硅叠层太阳能电池，采用一种分光器（如高成本的二向色镜）来智能管理光谱反射。这种分光器能够将不同波长的光子直接传输到最适合吸收它们的子电池上，从而实现极高的光电转换效率。三端结构融合了四端和两端结构的优势，不仅显著提升了叠层电池的整体效率，而且避免了电流匹配的问题，使得各个电池可以独立制备，不受额外的限制。这种结构的一个局限性是它只能在高聚光系统中运行，这可能会增加系统的复杂性和成本。尽管如此，三端结构的钙钛矿/晶体硅叠层太阳能电池因其卓越的效率和灵活性，仍然被视为光伏技术领域的一个重要发展方向。

钙钛矿/晶体硅叠层太阳能电池的制造过程虽然充满挑战，但该领域的技术进步令人瞩目。隆基绿能公司研发的晶体硅-钙钛矿叠层太阳能电池取得了显著成就，其产品已经通过了欧洲太阳能测试机构（ESTI）的权威认证，显示出高达 34.6% 的光电转换效率，这一结果标志着光伏技术的一个重大突破。

协鑫光电在昆山高新区启动了总投资额达 50 亿元人民币的钙钛矿吉瓦级项目，并举行了奠基仪式。该项目包括建设全球首条大规格 2GW 钙钛矿生产线，这一举措预示着钙钛矿太阳能电池技术的规模化生产和商业化应用迈出了坚实的步伐。特别值得一提的是，协鑫光电生产的 1.71 $m^2$ 大面积电池组件实现了 26.36% 的高效率，而 2 050 $cm^2$ 的电池组件更是达到了 27.34% 的效率，这些成果进一步证明了钙钛矿技术在提高光电转换效率方面的潜力。

# 7.3 有机太阳能电池原理和设计

太阳能电池中，目前已大规模应用的是硅基太阳能电池。硅基太阳能电池已经经历比较长时间的发展，器件性能优异，在当前的市场上应用最为广泛。然而，硅基太阳能电池存在着一定的不足，在生产硅基太阳能电池的过程中，会对环境产生大量的污染，并且硅基太阳能电池生产复杂、成本高昂，也限制了其进一步应用。另一类发展较快的是薄膜太阳能电池，一般采用砷化镓铜、铟镓硒等材料作为活性层。薄膜太阳能电池有比较好的器件性能和稳定性。但其活性层材料含有稀有金属，在制造和使用的过程中对环境都有一定的污染。此外，这些稀有金属本身储量较低，影响了其制造成本及未来大规模应用。而在新发展出来的太阳能电池中，有机太阳能电池因其原料丰富、成本低、可溶液加工等优点，在近年来得到了飞跃的发展。目前限制其发展的主要因素是相对较低的光电转换效率，因此科学家们一般通过新型材料的设计合成以及器件方面的加工优化来对其效率进行提升，目前效率已经超过了19%。

## 7.3.1 有机太阳能电池的发展历程

有机太阳能电池（OSC）的发展历程可以概括为以下几个关键阶段。

起始阶段（1958 年）：有机太阳能电池的研究起始于 20 世纪 50 年代。1958 年，研究人员制备了第一个有机光电转化器件，主要材料为镁酞菁（MgPc）染料，但光电转换效率非常低。

肖特基型电池（1958—1986 年）：在此后的二十多年间，有机太阳能电池领域的创新不多，大多数器件结构都类似于最初的设计，主要在两个功函数不同的电极之间使用各种有机半导体材料，这种结构的电池被称为肖特基型有机太阳能电池。

异质结的突破（1986 年）：邓青云博士在柯达公司实现了一个里程碑式的突破，采用四羧基苝的衍生物（PV）和铜酞菁（CuPc）组成的双层膜，创造了异质结太阳能电池，光电转化效率达到 1% 左右，为有机太阳能电池研究开拓了新方向。

本体异质结器件（1995 年）：俞刚等人提出了本体异质结（bulk heterojunction，BHJ）的概念，把共轭聚合物给体和可溶性 C60 衍生物 PCBM 的共混膜作为活性层制备了本体异质结有机太阳能电池，通过将给体和受体材料混合在一起，形成互穿网络结构，从而增加了激子分离的界面面积，进一步提高了电池效率。

活性层材料的快速发展阶段（2000 年左右）：随着富勒烯受体的出现和发展，有机太阳能电池的光电转换效率节节攀升。例如，2005 年，美国加州大学洛杉矶分校杨阳课题组使用热退火处理的 PCBM 受体与聚噻吩衍生物 P3HT 给体共混器件，将效率提高到 4. 3%

效率的显著提升阶段（2010 年至今）：研究人员通过设计合成新型的给体和受体材料，如基于 A-D-A（给体-受体-给体）型的小分子材料，实现了光谱吸收和溶解度的优化，从而显著提升器件效率。例如，2015 年，北京大学占肖卫课题组合成了基于 IDTT 核与茚酮类 IC 末端的 A-D-A 型窄带隙小分子受体 ITIC，器件效率突破了 10%。使 ITIC 这类非富勒烯受体受到了有机光伏研究者的广泛关注。2019 年，邹应萍课题组合成出吸收边红移至 950 nm 的窄带隙小分子受体 Y6，有机太阳能电池效率大幅增加并达到了 15. 6%。随后，Y6 及其衍生物受体与多种能级合适的宽带隙聚合物给体匹配，使有机太阳能电池的能量转换效率相继提升到超过16%和超过17%，多次刷新了有机太阳能电池的能量转换效率的世界纪录。2023年4月，美国可再生能源实验室（NREL）认证的效率也已超过19%。

### 7.3.2 有机太阳能电池的基本结构

有机太阳能电池发展初期，大都使用双层异质结器件结构。由于有机材料的激子结合能比较大，激子也无法进行长距离的扩散，因此最初的双层异质结很难实现激子的解离和电荷的生成。而采用给受体溶液旋涂制备的本体异质结器件可以很好地解决这个问题。与双层异质结相比，本体异质结明显缩短了激子到异质结界面的距离，显著增大了异质结界面面积，可以使得激子更好地解离成电子和空穴。如果阳极电极和活性层之间直接接触，会形成较差的接触表面，从而影响器件性能，因此一般会在两者之间加入一层材料用以缓冲，把这层称为阳极界面层，用以提取和传输活性层解离的空穴，阻挡电子。目前使用最多的阳极界面层是聚3，4-乙烯二氧噻吩/聚苯乙烯磺酸盐（PEDOT: PSS）。但是进一步的研究发现，PEDOT: PSS本身带有一定酸性，在器件的使用过程中，会缓慢破坏器件的结构，影响器件的效率和使用寿命，在阴极电极和活性层之间，同样会遇到类似的问题，所以也会在两者之间加入一层材料用以缓冲，避免电极和活性层的直接接触，该层则称为阴极界面层，用以提取和传输活性层解离的电子，阻挡空穴。目前使用比较多的阴极界面层有ZnO、水醇溶的共轭聚合物等。正装器件阳极一般采用的是铟锡氧化物（ITO）玻璃，而阴极一般采用的是低功函数的金属。而对于倒装器件则正好相反，倒装器件一般将ITO作为电池的阴极而将功函数比较高的金属作为电池的阳极，如图7-9所示。此外，如图7-10所示，叠层器件和三元共混器件采用的是多组分给受体材料，可以实现不同范围波长的吸收，充分利用太阳光，从而使得光电转换效率进一步提高。

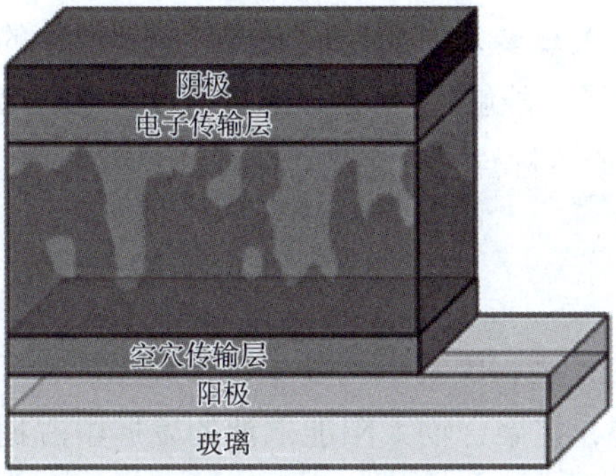

（a）正装结构

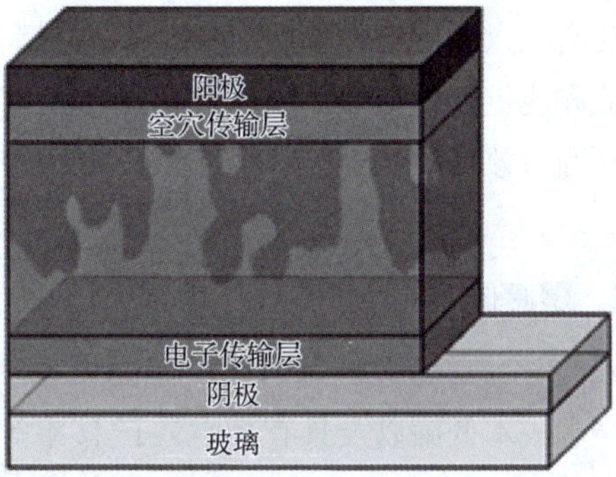

（b）倒装结构

图7-9 有机太阳能电池的器件结构模型

### 7.3.3 有机太阳能电池的工作原理

有机太阳能电池的工作原理是基于光合作用的原理，通过特定的有机材料将太阳光能转换为电能。以下是有机太阳能电池工作过程的详细步骤：

光吸收：当太阳光照射到有机太阳能电池的活性层时，活性层中的光敏材料（通常是有机小分子或聚合物）吸收太阳光，激发电子从基态跃迁到激发态，形成激子（电子-空穴对）。

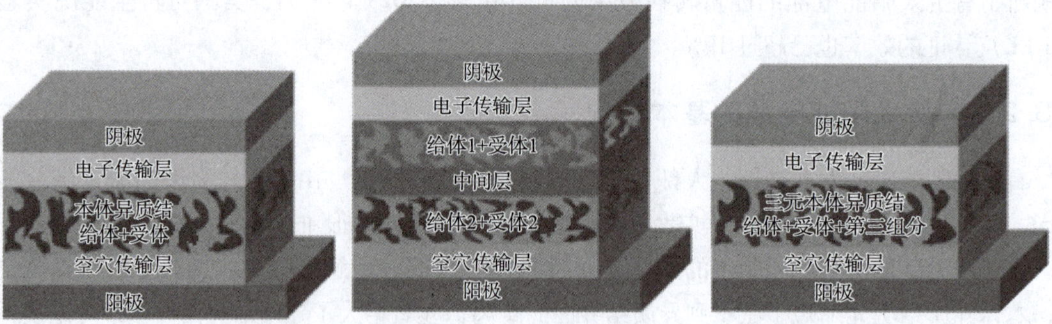


图 7-10　不同正装太阳能电池器件示意图

激子分离：在有机太阳能电池中，通常采用本体异质结（BHJ）结构，其中给体（donor）和受体（acceptor）材料混合在一起，形成微观的互穿网络。当激子在给体材料中形成后，电子会迅速转移到受体材料中，而空穴则留在给体材料中，从而实现电子和空穴的有效分离。

电荷传输：分离后的电子和空穴分别在受体和给体材料中传输，向电池的两端移动。电子倾向于向电池的负极（电子传输层）移动，而空穴则向电池的正极（空穴传输层）移动。

电荷收集：到达电极的电子和空穴分别被阳极和阴极收集，形成电流。电子通过电子传输层被收集到电池的负极，而空穴通过空穴传输层被收集到电池的正极。

闭合电路：当电池连接到外部电路时，电子和空穴的流动形成了闭合电路，从而产生可以被外围设备使用的电能。

### 7.3.4　常见有机太阳能电池的给体材料

在有机太阳能电池的研究中，给体材料的选择至关重要，因为它们直接影响到器件的光吸收性能和能量转换效率。给体材料通常是富电子的分子，能够通过 π-π 堆叠形成有序的薄膜结构，从而有效地吸收光能。接下来，将探讨一些常见给体材料的特性及其在有机太阳能电池中的应用。

#### 1. 聚噻吩类

聚（3-己基噻吩）（P3HT）作为聚噻吩衍生物的代表，因其结构简单、合成便捷、可大规模生产、成本低廉以及具有高空穴迁移率等显著优势，在聚合物太阳能电池的发展中占据了重要地位。在早期，富勒烯衍生物作为主要的受体材料时，科研人员主要通过改变器件的加工条件来提升电池性能，包括选择不同的溶剂、调整给受体的比例、控制成膜速度、进行热退火处理以及优化器件结构等。2005 年，杨阳课题组利用 P3HT 和 $PC_{61}BM$ 作为活性层，制备的器件达到了 4.4% 的光电转换效率。他们发现活性层的固化速率对器件性能有显著影响，并且可以通过后处理，如热退火和溶剂退火，来控制这一过程。同年，国外某课题组通过热退火处理优化了 P3HT: $PC_{61}BM$ 共混膜的形态，将效率提升至 5%。然而，基于 P3HT: PCBM 的器件存在能量效率较低的问题，主要原因包括短路电流和开路电压的不足。P3HT 作为一种宽带隙聚合物（约 1.9 eV），其 HOMO 能级相对较浅，限制了器件对太阳光的吸收能力，同时导致较低的开路电压（约 0.6 V）。因此，后续研究主要聚焦于两个方向：一是对给体材料 P3HT 进行改性；二是寻找与 P3HT 更匹配的受体材料。P3HT 体系的另一个优势在于其能够进行厚膜加工。2010 年，李永舫课题组采用 $IC_{60}$BA 作为受体材料与 P3HT 共混，由于 $IC_{60}$BA 与 $PC_{61}$BM 相比具有更浅的 LUMO 能级（约 0.2 eV），所制备的器件实现了 0.84 V 的高开路电压和 6.5% 的高光电转换效率（PCE）。2012 年，该课题组使用 $IC_{70}$BA 作为受体材料，进一步将效率提升至 7.4%。尽管如此，ICBA 类受体材料由于合成困难、成本高昂以及在其他体系中的普适性不佳，限制了其广泛应用。2016 年，国外某课题组合成了非富勒烯受体 O-IDTBR，并与 P3HT 共混，实现了最高 6.4% 的效率，但其开路电压仍然较低（0.72 V），表明器件性能仍有提升空间。科研人员在聚噻吩给体的改性上进行了多方面的探索，包括提高主链的规整性、改变烷基链的长度、比较直链与支化链、调整烷基链的密度和分布、引入不同的取代基、改变重复单元的共轭长度等。相较于富勒烯体系，聚噻吩衍生物作为聚合物太阳能电池的给体材料在非富勒烯体系中的研究相对较少。设计并合成出更多高效的聚噻吩衍生物给体材料，是一个既重要又充满挑战的课题。

P3HT 及其衍生物的化学结构如图 7-11 所示。

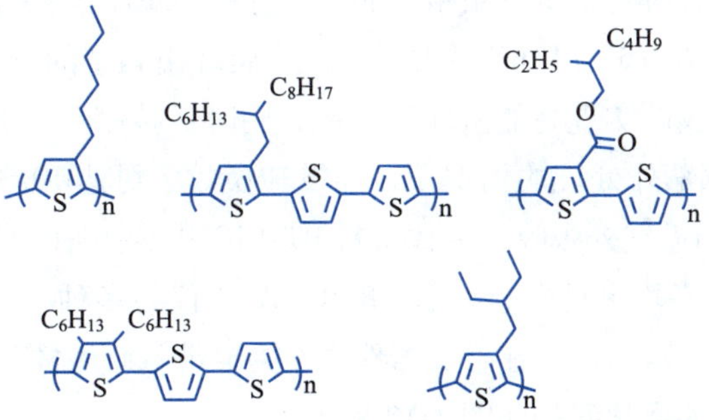

图 7-11 P3HT 及其衍生物的化学结构

### 2. 苯并双噻吩与并噻吩类

在 20 世纪 80 年代，苯并双噻吩（benzodithiophene，BDT）单元首次被成功合成。随后在 2008 年，侯剑辉与杨阳等科学家首次将其应用于有机光伏材料的制备。BDT 单元以其卓越的芳香性和结构稳定性而著称，其五元噻吩环的 α 位连接至共轭主链，有助于维持分子的刚性和平面性，从而实现优异的电荷迁移率和有序的链间堆积。此外，BDT 单元的 4 位和 8 位是可修饰的活性位点，通过在这些位点引入不同的官能团，可以调节材料的前沿轨道能级、电荷迁移率和结晶形貌等关键性质。由于这两个位点与主链垂直，它们对主链构象的影响较小，反而有助于通过构建二维结构促进分子主链的有序堆积，并提升材料的光谱吸收性能。

在构建高效的聚合物给体材料方面，D-A 共聚物策略被广泛应用，它允许通过改变给体或受体单元来轻松调节聚合物的光电性质。2009 年，俞陆平课题组采用 BDT 作为给体单元，酯基取代的并噻吩（thieno [3,4-b] thiophene，TT）作为受体单元，合成了聚合物 PTB1。PTB1 的光学带隙约为 1.62 eV，与 $PC_{71}$BM 共混制备的器件实现了 5.6% 的能量转换效率。通过进一步优化聚合物结构，如改变烷基链和引入氟原子，俞陆平课题组得到了 PTB*n*（$n=2\sim7$）系列衍生物，其中 PTB7 的性能最佳，将基于 $PC_{71}$BM 的器件能量转换效率提升至 7.4%。

2011 年，侯剑辉等人通过将噻吩烷基链作为侧链连接到 BDT 单元，并在并噻吩单元上仅保留羰基而非氟原子，合成了 2D 共轭聚合物 PBDTTT-C-T。这种策略有效地降低了聚合物的 HOMO（最高占据分子轨道）能级，并提高了空穴迁移率，使得与 $PC_{71}BM$ 共混的器件实现了 7.59% 的能量转换效率。2014 年，陈寿安课题组通过将 2-乙基己基噻吩基团连接到 BDT 单元，并保留并噻吩单元上的酯基和氟原子，合成了聚合物 PTB7-Th。PTB7-Th 的光谱吸收得到拓宽，吸收系数增加，最终器件的能量转换效率高达 9.35%。同年，侯剑辉课题组将直链烷硫基取代的噻吩连接到 BDT 单元，合成了聚合物 PBDT-TS1，与 $PC_{71}BM$ 共混制备的器件展现出更高的短路电流和填充因子，能量转换效率最高可达 9.48%。

目前，基于 PTB 类聚合物和 $PC_{71}BM$ 作为活性层的器件已经实现了超过 10% 的能量转换效率。在非富勒烯受体材料的发展过程中，PTB7-Th 常被用作给体材料进行器件优化和表征。PTB7-Th 的 HOMO 能级约为 −5.2 eV，与多种非富勒烯受体材料具有良好的匹配性。例如，ITIC 与 PTB7-Th 共混时，尽管两者的吸收光谱有较大重叠，但依然能够实现 6.8% 的能量转换效率。特别地，PTB7-Th 与近红外吸收的非富勒烯受体混合时，可以制备出高效率和高透射率的半透明聚合物太阳能电池。例如，占肖卫课题组报道的受体材料 FOIC，其带隙为 1.32 eV，吸收光谱位于 600 ~ 950 nm 之间。PTB7-Th 与 FOIC 共混的活性层展现出强烈的近红外吸收和较弱的可见光吸收，充分利用近红外吸收以实现高能量转换效率，同时保持高可见光透明度。基于 PTB7-Th:FOIC 的半透明器件在无须额外处理的情况下，能量转换效率可达 10.3%，平均可见光透射率为 37.4%。此外，PTB7-Th 与近红外吸收的受体材料 BT-CIC 共混制备的半透明器件，实现了 7.1% 的能量转换效率和 43% 的平均可见光透射率。PTB7-Th 不仅与多种小分子受体材料混溶性良好，实现高效全聚合物太阳能电池，而且在叠层器件中作为窄带隙给体材料，取得了显著的成效。

苯并双噻吩与并噻吩的化学结构如图 7-12 所示。

### 3. 苯并噻二唑与噻吩类

在有机太阳能电池领域，苯并噻二唑（Benzothiadiazole，BT）和噻吩类聚合物作为给体材料，一直是研究的热点，其化学结构如图 7-13 所示。尽管早期这类材料的能量转换效率相对较低，仅为 0.13% ~ 2.23%，但随着科学的进步，这一领域取得了显著的突破。2011 年，Zhi-Kuan Chen 课题组报道了 $PTh_4BT$ 材料，该材料在有机薄膜晶体管（organic thin-film transistor，OTFT）中表现出高达 0.20 $cm^2/(V \cdot s)$ 的空穴迁移率，与 $PC_{71}BM$ 共混后制备的器件实现了 6.26% 的 PCE（能量转换效率）。2013 年，研究人员通过在 BT 单元的 5，6 位引入电负性较强的氟原子，巧妙地增强了聚合物链间的非共价键相互作用，促进了固态结构的有序性，从而提升了器件性能。$PTh_4FBT$ 在有机场效应晶体管（organic field-effect transistor，OFET）中的空穴迁移率达到 0.29 $cm^2/(V \cdot s)$，与 $PC_{71}BM$ 共混的器件在正装和倒装结构中分别实现了 6.41% 和 6.82% 的 PCE。

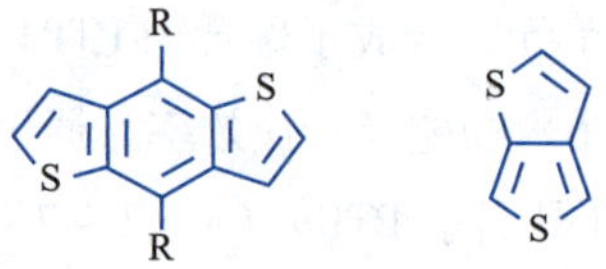


图 7-12　苯并双噻吩与并噻吩的化学结构

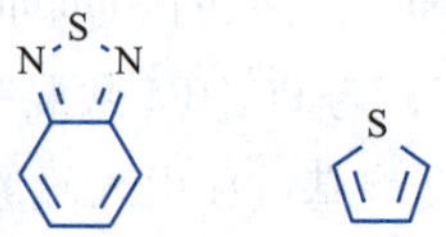


图 7-13　苯并噻二唑与噻吩的化学结构

2014 年，陈军武课题组通过改变烷基链的位置，合成了 FBT-$Th_4$(1,4) 聚合物。该聚合物在常温溶液中展现出强烈的聚集现象，且其吸收光谱与固体薄膜相当。通过加热至 60 ~ 70 ℃ 实现完全解聚集，保证了材料的加工性，而冷却后聚集现象得以恢复。得益于 FBT-$Th_4$(1，4) 的强链间聚集能力，OFET 测得的空穴迁移率高达 1.92 $cm^2/(V \cdot s)$。与 $PC_{71}BM$ 共混制备的倒装器件在活性层厚度从 100 nm 增至 440 nm 时均保持超过 6.5% 的 PCE，其中 230 nm 厚度时达到最高 7.64% 的 PCE。同年，颜河课题组深入研究了 PffBT4T-2OD 和 PBTff4T-2OD 材料，探讨了温度相关聚集性质对活性层形貌的调控作用。PffBT4T-2OD 因其较强的聚集性，其聚集程度受温度、浓度变化、薄膜干燥时间和动力学的影响显著。颜河课题组还研究了支化链的支化位置和大小对材料聚集行为的影响，发现支化链位于 2 位的 PffBT4T-2OD 聚合物既有较强的聚集性，又能保证材料的加工性。与 $PC_{71}BM$ 共混后，PffBT4T-2OD 和 PBTff4T-2OD 均实现了超过 10% 的认证效率。

2015 年，颜河课题组报道了包括 PffBT-T4-2HD、PffBT-T3(1,3)、PffBT-T2 以及 PffBT-T3(1,2)类在内的七种聚合物，研究了烷基链的长度和对称性、BT 单元含量对聚合物性能的影响。基于 PffBTT3(1,2)-2: $PC_{71}BM$ 的器件实现了最高 10.7% 的 PCE。2016 年，该课题组对 PffBT4T-2OD 进行了烷基链优化，得到了 PffBT4T-C9C13 聚合物，并采用非卤素溶剂三甲苯和新型添加剂 1-苯基萘优化器件，与 $PC_{71}BM$ 共混后，器件 PCE 高达 11.7%。同时，他们还对 PffBT-T3(1,2)-2 的烷基链进行了优化，合成了 P3TEA 聚合物，其结晶性和 HOMO 能级均有所降低。P3TEA 与基于 PDI 类的非富勒烯受体匹配性良好，基于 P3TEA: SF-PDI2 的器件实现了 9.5% 的 PCE，且非辐射复合的电压损失仅为 0.26 V，远低于使用富勒烯作为受体的器件（0.38 ~ 0.44 V）。基于 P3TEA: FTTB-PDI4 的器件更是达到了 10.58% 的 PCE，电压损失仅为 0.53 V。

萘二并噻二唑（naphtho［1,2-c: 5,6-c′］dithiazole，NT）单元由两个 BT 单元稠合而成，具有更强的吸电子能力，其化学结构如图 7-14 所示。2011 年，黄飞课题组的王明首次将 NT 单元作为吸电子单元引入聚合物给体中，合成了 PBDT-DTNT，与 $PC_{71}BM$ 共混后制备的器件实现了 6.0% 的 PCE。此后，基于 NT 单元的聚合物得到了快速发展。2012 年，研究人员报道了 PNTz4T 聚合物，与 $PC_{61}BM$ 匹配的器件实现了 6.3% 的 PCE。经过进一步优化，这一给体材料的 PCE 已突破 10%。2014 年，颜河课题组合成了 PNT4T-2OD，与 $PC_{71}BM$ 共混后制备的器件达到了 10.1% 的 PCE。2016 年，黄飞课题组的金耀城设计并合成了 NT812 和 NT1014 两种聚合物，基于 NT812：$PC_{71}BM$ 的器件在 250 ~ 340 nm 的活性层厚度范围内均实现了超过 10% 的 PCE。特别值得一提的是，当活性层厚度达到 1 000 nm 时，PCE 仍可达到 8.35%。2017 年，金耀城继续对聚合物结构进行优化，合成了 PNTT 聚合物。基于 PNTT: $PC_{71}BM$ 的器件在活性层厚度为 280 nm 时实现了最高 11.3% 的 PCE。而且，当活性层厚度在 150 ~ 660 nm 范围内变化时，器件效率均可保持在 10% 以上。即使活性层厚度增至 1 050 nm，PCE 仍可维持在 9%，这对于器件的大面积生产具有重要意义。

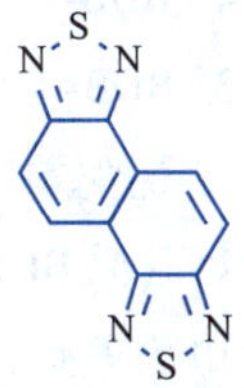

图 7-14 萘二并噻二唑的化学结构

#### 4. 苯并双噻吩与苯并［1,2-c: 4,5-c′］二噻吩-4,8-二酮类

2012 年，研究人员报道了一种新型聚合物 BDT-T6，该聚合物以苯并双噻吩

(benzodithiophene, BDT) 作为电子给体 (D) 单元，苯并［1, 2-c: 4, 5-c′］二噻吩-4, 8-二酮 (benzodithiophene-4, 8-dione, BDD) 作为电子受体 (A) 单元，其化学结构如图 7-15 所示。BDT-T6 的光学带隙为 1.92 eV，HOMO 能级为 –5.41 eV。尽管该聚合物与 $PC_{71}BM$ 共混后制备的器件 PCE 仅为 0.73%，但其研究为后续的聚合物设计提供了有价值的参考。同年，侯剑辉团队报道了 PBDB-T 聚合物，该聚合物在稀溶液中展现出显著的聚集特性。使用 $PC_{61}BM$ 作为受体制备的器件，PBDB-T 实现了 6.67% 的 PCE。随着非富勒烯受体 ITIC 的成功开发，基于 PBDB-T: ITIC 的器件效率显著提升，达到了 11.21%。进一步优化，如与 IT-M 共混，将 PCE 提高到了 12.05%。自此，PBDB-T 成为非富勒烯太阳能电池中广泛使用的聚合物给体材料，与多种 ITIC 类小分子受体匹配后均获得了超过 10% 的 PCE。此外，PBDB-T 在全聚合物太阳能电池中的应用也取得了显著成果，如与聚合物 PZ1 共混制备的器件，实现了 9.19% 的 PCE。在叠层太阳能电池中，PBDB-T 作为宽带隙给体材料也展现了巨大潜力。为了更好地与非富勒烯受体材料匹配，研究人员对 PBDB-T 的结构进行了深入的优化。2015 年，侯剑辉团队在 BDT 单元的噻吩侧链上引入氟原子，合成了 PM6 聚合物，与 $PC_{71}BM$ 共混后制备的器件 PCE 达到了 9.2%。近年来，邹应萍课题组开发了新型非富勒烯受体材料 Y6，基于 PM6: Y6 的器件在正装和倒装结构中均实现了高达 15.7% 的 PCE，认证效率为 14.9%。2017 年，侯剑辉团队在 PM6 的基础上进一步引入烷硫链，合成了 PBDB-T-SF 聚合物，与 IT-4F 共混后，器件 PCE 达到了 13.1%。随后，研究人员在噻吩的 π 桥上引入氟原子，合成了 PFBDB-T 聚合物，与新合成的非富勒烯受体 C8-ITIC 匹配后，获得了 13.2% 的 PCE。侯剑辉课题组，将 PM6 中的氟原子替换为氯原子，合成了 PBDB-T-2Cl 聚合物，与 IT-4F 共混后，PCE 进一步提高到了 14.4%。在另一项研究中，侯剑辉课题组将氯原子引入噻吩 π 桥上，合成了两种聚合物 PCl(3)BDB-T 和 PCl(4)BDB-T，比较了氯原子不同取向对器件性能的影响。研究发现，PCl(3)BDB-T 由于共轭主链的扭转角较大，导致电荷传输性能减弱，活性层形貌变差，与 IT-4F 共混后的器件 PCE 极低，仅为 0.18%。相比之下，PCl(4)BDB-T 由于其较好的平面性，电荷传输更为均衡，活性层相分离更为理想，实现了 12.33% 的高 PCE。这些研究不仅展示了 PBDB-T 及其衍生物在有机太阳能电池领域的应用潜力，也为未来的材料设计和器件优化提供了重要的指导。

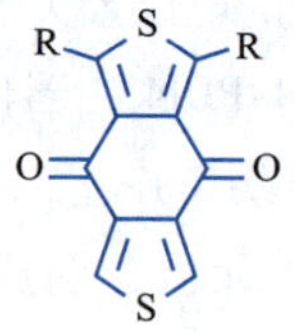


图 7-15　苯并［1, 2-c: 4, 5-c′］二噻吩-4, 8-二酮的化学结构

## 7.3.5　常见有机太阳能电池的受体材料

在有机太阳能电池的双层结构中，与给体材料相对应的是受体材料。受体材料通常是缺电子的分子，它们能够与给体材料形成有效的电子给受体对，促进电子的分离和传输。这种电子给受体的相互作用是实现高效能量转换的关键。下面，将介绍一些常用受体材料的特性及其在有机太阳能电池中的应用。

### 1. 富勒烯受体材料

1985 年，科学界迎来了一项划时代的发现——富勒烯 ($C_{60}$)，这是碳元素的第三种同素异形体。$C_{60}$ 分子以其独特的物理化学特性，在生命科学、生物医学、分子电子学等多个科学领域展现出了广泛的应用前景。这一发现不仅丰富了碳的同素异形体家族，也为相关科学领域的发展注入了新的活力。紧接着，在 1992 年，$C_{60}$的应用领域再次得到扩展，它被首次应用于有机太阳能电池的制备中。研究人员发现，聚合物给体 MEH-PPV 与 $C_{60}$受体之间存在光诱导的电子转移现象，这一发现为有机太阳能电池的科学发展奠定了坚实的理论基础。然而，$C_{60}$在有机溶剂中的溶解度较差，这限制了其在溶液加工过程中的应用，不利于通过溶液加工方法制备出高质量的活性层薄膜。这一挑战促使科学家们不断探索新的材料和工艺，以克服 $C_{60}$在有机太阳能电池中应用的局限性，推动有机太阳能电池技术的进步。1995 年，研究人员取得了一项突破性进展，他们通过在 $C_{60}$分子上引入烷基链，成功合成了 $PC_{61}BM$。这一创新举措显著提升了材料的溶解性，使得 $PC_{61}BM$ 以其 $C_{60}$为核心结构和卓越的电子迁移率，迅速成为有机太阳能电池领域中最常用的受体材料之一。然而，$PC_{61}BM$ 的光吸收能力有限，这在一定程度上限制了有机太阳能电池中电流的增加，进而影响了器件的整体效率。为了克服这一局限，研究人员在保持烷基链侧链不变的基础上，对碳球结构进行了创新改进，合成了 $PC_{71}BM$。$PC_{71}BM$ 在 300 ~ 700 nm 的光谱范围内展现出了较好的光吸收能力，这使得使用 $PC_{71}BM$ 作为受体的太阳能电池器件能够实现比 $PC_{61}BM$ 更高的短路电流，从而获得更高的能量转换效率。尽管 $PC_{71}BM$ 的性能较 $PC_{61}BM$ 有所提升，但 PCBM 类受体材料的能级相对固定，难以调节，其最低未占据分子轨道（LUMO）能级大约为 −3.9 eV。这一特性限制了以 PCBM 为受体的有机太阳能电池开路电压的提高，成为制约 PCBM 体系进一步发展的关键因素。2010 年，李永舫教授的团队通过在 $C_{60}$侧链上进行优化，合成了一种新的结构，命名为 ICBA。这种优化后的新材料打破了 PCBM 材料能级无法调节的限制，显著提高了 LUMO 能级。当 ICBA 与 P3HT 共同作为活性层时，器件效率可以轻松超过 5%，并且经过进一步优化，器件效率有望达到 7%。然而，富勒烯受体材料的合成过程较为复杂，导致其成本较高。此外，富勒烯受体在可见光范围内的吸收能力仍然不足，且材料本身的稳定性也有待提高。这些缺点在一定程度上限制了富勒烯受体材料的进一步发展和应用。因此，研究人员仍在持续探索新型受体材料，以期实现更高的光电转换效率和更好的稳定性，推动有机太阳能电池技术的进步。相关材料化学结构如图 7-16 所示。

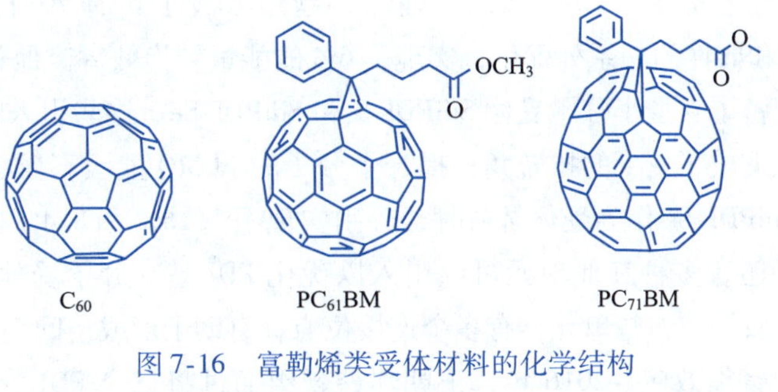


图 7-16 富勒烯类受体材料的化学结构

## 2. 非富勒烯受体材料

在过去的三十年里，有机太阳能电池领域的聚合物给体材料经历了蓬勃的发展，而受体材料的进步则相对缓慢。长期以来，研究者们的研究重点主要集中在使用富勒烯及其衍生物作为主要受体的器件上。富勒烯类受体材料面临着与流行的 D-A 型聚合物给体材料在吸收互补和能级匹配上的困难。更为关键的是，富勒烯受体材料难以通过分子工程进行光学和电化学性能的调控。这些限制导致以富勒烯为基础的有机太阳能电池技术难以实现进一步的突破，相关器件的PCE长期徘徊在大约10%的水平。

然而，根据美国国家可再生能源实验室（NREL）认证的各类太阳能电池效率进展图，可以看到，近几年有机太阳能电池的发展速度显著加快，这与非富勒烯受体材料的快速发展有着密切的联系。2015年，占肖卫等人报道了一种具有里程碑意义的A-D-A型小分子受体ITIC。这一类非富勒烯小分子受体在可见光至红外区展现出更强的吸收能力。它们一般由三个关键的可修饰组分构成：

中心的给电子单元、侧链基团、端基。研究者可以通过对这三个部分进行化学修饰，有效地调控非富勒烯受体小分子的吸收光谱、能级、电荷传输能力等，从而显著影响器件的光伏性能。

这种化学修饰的灵活性为有机太阳能电池的效率提升和性能优化提供了新的可能性，使得非富勒烯受体材料成为推动该领域发展的重要力量。随着非富勒烯受体材料的不断优化和新型结构的探索，有机太阳能电池的发展前景显得更为广阔，有望实现更高的能量转换效率和更广泛的应用。

在非富勒烯受体材料领域，小分子受体材料的研究与开发是提升器件性能的关键。苝酰亚胺（PDI）作为其中一种重要的结构单元，自从被发现以来，就因其显著的电子迁移率和电子亲和势而备受关注。PDI单元的大π-π共轭结构使其成为构筑小分子受体材料的理想选择。

PDI由于其多环并环结构，虽然具有高电子迁移率和高电子亲和势，但同时也带来了较大的分子刚性和较差的溶解性。为了解决这一问题，后续研究中，科研人员在PDI单元上引入了烷基链或助溶基团，以提高其溶解性。此外，PDI分子之间存在较强的聚集倾向，这可能导致成膜过程中形成较大的相分离，不利于电荷传输，限制了器件效率的提高。为了降低PDI分子的聚集效应，科学家们通过调节PDI分子之间的扭转角，并在湾位和非湾位进行结构上的优化，有效降低了PDI分子间的聚集。2012年，国外某课题组报道了将两个PDI单元相连的PDI二聚体，这种结构由于形成了非平面结构，使得两个PDI单元之间产生一定的扭转角，显著降低了聚集效应，实现了2.8%的能量转换效率。2014年，王朝晖课题组合成了具有70°扭转角的湾位连接的SdiPDI，并通过材料和器件的一系列优化，实现了6%的能量转换效率。他们还在SdiPDI间插入噻吩和硒吩单元，制备了新型小分子受体SdiPDI-S和SdiPDI-Se。这些引入的单元不仅增加了分子内的电子密度，还形成了更大的扭转角，提升了分子的LUMO能级。当以PDBT-T1作为给体材料，SdiPDI-S和SdiPDI-Se作为受体材料时，分别实现了7.16%和8.4%的能量转换效率。除了噻吩和硒吩单元，还有多种其他单元可以引入以优化PDI基小分子受体的结构，如并噻吩、苯、芴、螺芴和三苯胺等。一些单元具有多个连接位点，有助于形成空间立体的三维结构，进一步降低PDI分子间的聚集效应。2016年，王朝晖课题组通过将三个PDI分子与苯环进行稠合，合成了TPH和TPH-Se两种具有刚性结构的小分子受体，分别实现了8.28%和9.28%的能量转换效率。颜河课题组利用不同核心制备了连接4个PDI单元的小分子受体材料，其中TPE-PDI4和TPPz-PDI4因其高电子迁移率而备受关注，以TPPz-PDI4作为受体材料制备的器件，实现了最高7.1%的能量转换效率。这些研究成果不仅展示了PDI基小分子受体材料在有机太阳能电池中的潜力，也为未来的材料设计和器件优化提供了宝贵的经验和方向。随着对PDI基小分子受体材料的深入研究和持续优化，有望进一步提升有机太阳能电池的性能，实现更高的能量转换效率。相关材料化学结构如图 7-17 所示。

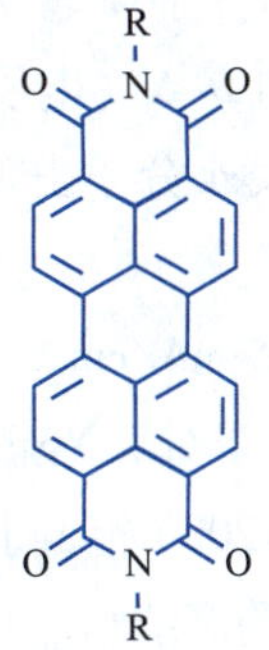

图 7-17 常见的基于 PDI 小分子受体材料的化学结构

在有机太阳能电池的研究中，具有 A-D-A 结构的小分子受体材料因其结构多样性和良好的迁移率性能，在最近几年内发展迅猛。2015 年之前，这类材料尚未受到广泛关注，且性能表现并不突出。然而，2015 年成为了一个转折点，国外某课题组合成并报道了一种带有 3-乙基绕丹宁端基的新型小分子受体材料（FBR），与 P3HT 作为给体搭配使用时，实现了最高 4.1% 的能量转换效率。同年，占肖卫课题组通过改变 FBR 的中心结构并进行优化，合成了 IDT-2BR，并以 P3HT 作为给体，将效率提升至 5.1%。进入 2016 年，国外某课题组继续在这一领域取得进展，他们将 FBR 中的苯基侧链替换为烷基侧链，合成了 EH-IDTBR 和 O-IDTBR。这两种新型受体材料与 P3HT 给体搭配使用，分别实现了 6.0% 和 6.3% 的能量转换效率。此外，他们还探索了三元体系，通过结合 O-IDTBR 和 IDFBR 作为受体，P3HT 作为给体，进一步提高了器件的能量转换效率至 7.7%。同年，占肖卫课题组报道了一款明星材料 ITIC，该材料以七并稠环的 IDTT 为核心单元，与 PTB7-Th 作为给体时，最高效率可达 6.8%。这一成果标志着非富勒烯受体材料研究的高潮。侯剑辉课题组通过精心选择不同的给体材料，并在吸收和能级方面进行优化，显著提高了器件的开路电压和短路电流。特别是采用 PBDB-T 作为给体时，实现了 11.21% 的最终转换效率。在 ITIC 的基础上，科学家们开展了大量的研究工作。一方面，他们对侧链进行了调整；另一方面，对核心和端基进行了优化。侯剑辉课题组在端基结构上进行了创新，合成了端基含甲基的新型小分子受体 IT-M，并以 PBDB-T 作为给体，实现了 12.05% 的能量转换效率。李永舫课题组则将 3-位取代的己基苯基引入 ITIC，制备出了小分子 m-ITIC，并以他们合成的聚合物给体 J61 制备器件，最高效率达到了 11.77%。侯剑辉课题组进一步优化端基，将氟原子和氯原子引入到氰基茚酮上，合成了新的小分子 IT-4F 和 IT-2Cl。这些新型受体材料分别与 PBDB-T-SF 和 PBDT-T-2F 作为给体搭配使用，实现了 13.1% 和 14.18% 的高能量转换效率。基于 ITIC 单元的小分子受体材料不断推陈出新，效率也在逐年提升，展现了非富勒烯受体材料在有机太阳能电池领域中的巨大潜力和发展前景。随着结构的不断优化和新材料的不断涌现，未来有望实现更高效率的有机太阳能电池，为清洁能源的发展贡献新的力量。

2019 年，邹应萍等人在有机太阳能电池领域取得了突破性进展，报道了一种新型的 A-DA′D-A 型稠环小分子受体材料 Y6，这一发现被视作开启了有机太阳能电池发展的新纪元。与传统的 A-D-A 型稠环小分子受体相比，Y6 在稠环中心核中嵌入了缺电子的苯并噻二唑（benzothiadiazole，BT）单元，这一结构上的创新显著提升了材料的性能。Y6 的稠环中心核上还引入了四条烷基侧链，包括与吡咯环上的氮原子相连的两条枝化烷基链，以及稠环核边缘噻吩 β 位外接的两条烷基直链。这些精心设计的侧链不仅影响了分子的空间结构，还有效调控了分子的聚集行为。枝化烷基链导致香蕉型分子内侧空间拥挤，使得 Y6 分子的共轭骨架呈现一定程度的扭曲，从而抑制了分子在垂直方向上的过度聚集。同时，稠环核边缘噻吩 β 位所连接的烷基链限制了分子端基的旋转，赋予了 Y6 更加稳定的分子构象。单晶分析进一步揭示了 Y6 独特的分子堆积模式，其中香蕉型分子环抱成椭圆形的分子多聚体，并最终形成了三维网络结构。这种分子堆积模式，结合增强的 D-A（电子给体-电子受体）效应，促进了分子内的电荷转移，使得 Y6 的吸收光谱相比 ITIC 类小分子出现了红移，薄膜的吸收边拓展至 931 nm，这为提高器件的光电流密度提供了有利条件。当 Y6 与聚合物给体 PM6 搭配使用时，制备的器件展现出了卓越的性能，光电流密度超过了 25 mA/cm$^2$，开路电压达到了 0.82 V，填充因子为 76%，最终实现了高达 15.7% 的能量转换效率。此外，Y6 还表现出了优异的普适性，能够与多种聚合物给体材料搭配，实现良好的器件性能。2020 年，丁黎明等人采用聚合物给体材料 D18 与 Y6 共混，制备的器件更是实现了 18.22% 的高能量转换效率，这一结果进一步证明了 Y6 的潜力和应用前景。在 Y6 的基础上，研究人员通过侧链、端基、稠环中间核骨架等不同的分子修饰手段，进一步调控了材料的光学和电化学特性，以及器件的光伏性能。这些努力不仅推动了有机太阳能电池材料的发展，也为未来的研究提供了新的方向和思路。相关材料化学结构如图 7-18 所示。

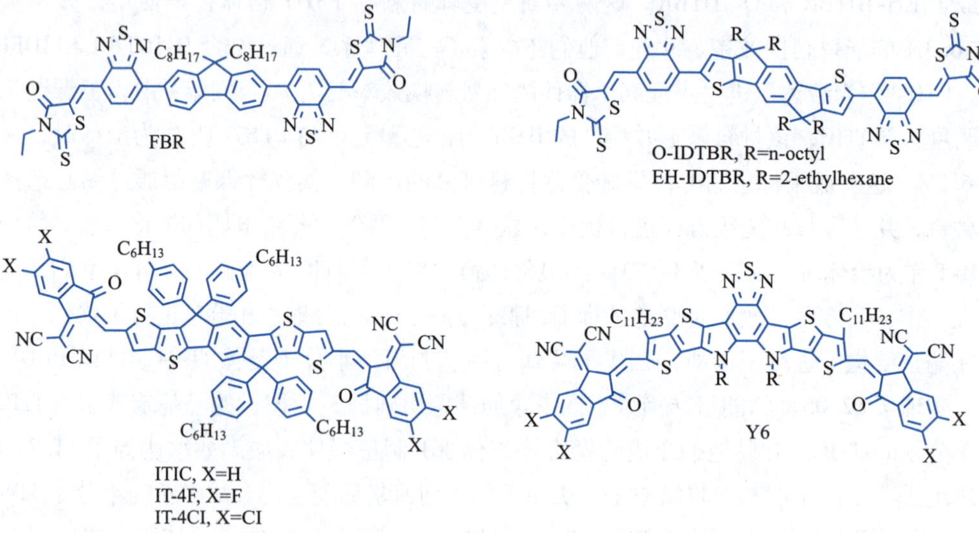


图 7-18　常见的基于 A-D-A 结构的小分子受体材料的化学结构

聚合物受体材料作为有机太阳能电池领域的一大类材料，近年来已经取得了显著的研究进展和效率提升。尽管早期的聚合物受体材料并未受到广泛关注，且效率提升较为缓慢，但科学界的持续努力逐渐揭示了这类材料的潜力。2007 年，占肖卫课题组报道了以 PDI 作为主要受体单元的聚合物受体材料 P(PDI-DTT)。尽管与 P3HT 衍生物作为给体材料制备的有机太阳能电池能量转换效率仅超过 1%，但这一成果仍然为聚合物受体材料的合成和应用提供了新的方向。2009 年，颜河课题组报道了以 NDI（naphthalene diimide）为单元的聚合物受体材料 N2200，该材料具有较深的 LUMO 能级，在空气中展现出良好的稳定性。N2200 最初在场效应晶体管中应用时，便展现了出色的电子迁移率，SCLC（space charge limited current）器件中的电子迁移率达到了 $10^{-3}$ cm$^2$/(V·s)，在 OFET 中为 0.85 cm$^2$/(V·s)。研究人员采用 N2200 作为受体、PBT7-Th 作为给体，制备的全聚合物太阳能电池实现了 5.73% 的能量转换效率。到了 2017 年，李永舫课题组采用他们开发的宽带隙给体材料 J51 与 N2200 受体搭配，通过不断优化，实现了最高 8.27% 的能量转换效率，并且经过进一步改进，效率已经超过了 11%。2015 年，刘俊课题组合成了基于 B-N 单元的聚合物受体材料，经过深入研究，这类受体材料的效率已经突破了 10%。2017 年，李永舫课题组采用 ITIC 类小分子衍生物作为结构单元与噻吩单元共聚，合成了新材料 PZ1。PZ1 与 PBDB-T 给体搭配使用时，实现了 9. 19% 的 PCE，为聚合物受体的合成提供了新的设计思路。2019 年，颜河课题组采用类似思路，合成了聚合物 PFBDT-IDTIC，并以 PM6 作为给体，实现了最高 10. 3% 的 PCE。2020 年，黄飞课题组将 Y6 小分子结构单元与噻吩进行共聚，合成了材料 PJ1。PJ1 与 PBDB-T 给体搭配使用时，实现了最高 14. 4% 的能量转换效率。这些研究成果不仅展示了聚合物受体材料在有机太阳能电池中的潜力，也为未来的材料设计和器件优化提供了宝贵的经验和方向。随着对聚合物受体材料的深入研究和持续优化，预期将有更多的高性能有机太阳能电池材料被开发出来，为实现高效能量转换提供可能。相关材料化学结构如图 7-19 所示。

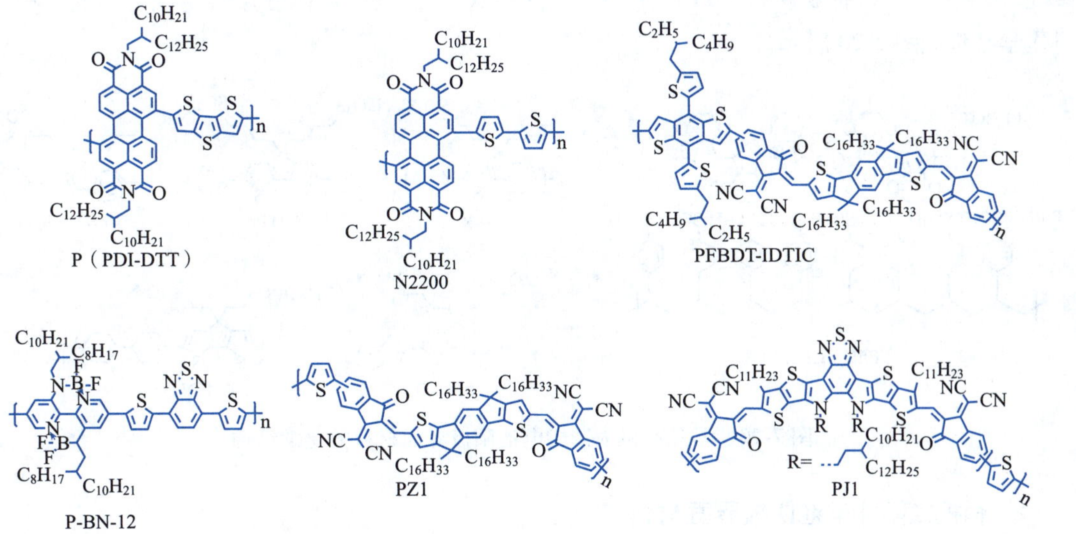


图 7-19　常见聚合物受体材料的化学结构

## 7. 3. 6　常见有机太阳能电池界面材料

除了给体和受体材料，界面材料在有机太阳能电池中也扮演着重要角色。界面材料通常位于给体和受体材料之间，或者在器件的电极和活性层之间，它们的作用是改善电荷的提取和传输，减少电荷复合，从而提高器件的整体性能。接下来，将探讨一些常见的界面材料，以及它们如何优化有机太阳能电池的性能。

### 1. 有机太阳能电池阳极界面材料

在有机太阳能电池的发展历程中，阳极界面材料的选择对于提升器件性能和稳定性起着至关重要的作用。目前，常用的阳极界面材料主要包括聚（3，4-乙二氧基噻吩）：聚苯乙烯磺酸盐（PEDOT: PSS）、金属氧化物以及水/醇溶性有机材料。PEDOT: PSS 作为一种掺杂型聚合物，自从 1998 年被首次应用于聚合物太阳能电池器件以来，一直是阳极界面材料中的佼佼者。PEDOT: PSS 的多重优势，包括改善活性层与 ITO 电极之间的欧姆接触、提升空穴收集效率、降低漏电流，以及其在可见光区的高透明性、高电导率和溶液可加工性，使其成为迄今为止应用最广泛的阳极界面材料。然而，PEDOT: PSS 的酸性特性可能会对 ITO 表面造成腐蚀，影响器件的长期稳定性。为了解决这一问题，研究者开发了多种替代方案。p 型过渡金属氧化物，如热沉积的氧化钼（$MoO_3$）、氧化镍（NiO）、氧化钒（$V_2O_5$）和氧化钨（$WO_3$），因其良好的稳定性而被引入聚合物太阳能电池中。尽管这些金属氧化物在提升器件性能方面表现出色，但热沉积工艺在大规模生产聚合物太阳能电池器件时存在局限性。为了克服这一难题，巩雄等人报道了一种室温下溶液加工的 $MoO_x$ 制备方法，为金属氧化物的加工提供了新途径。此外，科研工作者还开发了具有自掺杂特性的导电窄带隙阴离子共轭聚电解质（CPEs）。相关研究人员开发的 CPE-K 及其衍生物，以及侯剑辉等人开发的 PCP-Na 系列共轭聚电解质，是这类材料的典型代表。这些共轭聚电解质不仅具备高透明度、高导电性和较浅的 HOMO 能级，有利于空穴的传输，而且其 pH 值大多呈中性，有效解决了 PEDOT：PSS 腐蚀 ITO 表面及破坏活性层稳定性的问题。相关材料化学结构如图 7-20 所示。

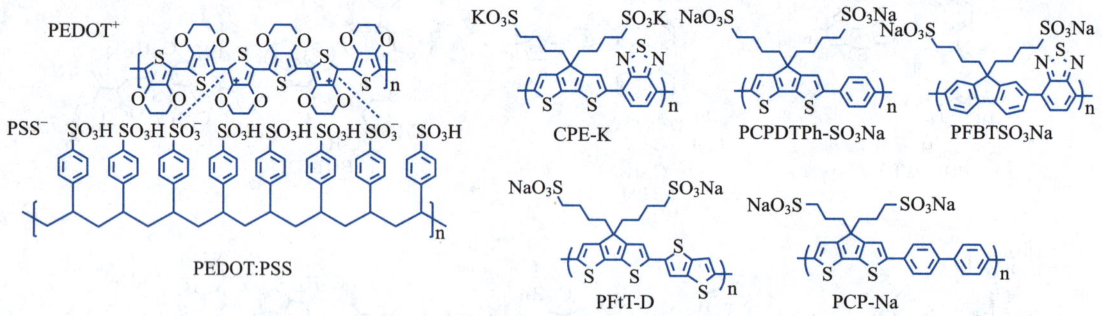


图 7-20　常见有机太阳能电池阳极界面材料的化学结构

### 2. 有机太阳能电池阴极界面材料

有机太阳能电池的阴极界面材料对于提升器件的整体性能至关重要，主要分为无机半导体材料和有机材料两大类。

以 ZnO（氧化锌）为代表的无机半导体材料因其成本低廉、来源广泛、高电子迁移率以及对活性层吸收影响小等优势，成为应用最广泛的无机阴极界面材料。ZnO 能够降低电极的功函数，并与多种受体材料具有良好的匹配性。此外，通过向 ZnO 中引入金属或有机材料掺杂，可以显著提高其电导率。掺杂后的 ZnO 不仅提升了界面层的厚度容忍性，还能有效降低器件电阻，增强界面层的功能，这对于提升有机太阳能电池的性能至关重要。2015 年，研究人员通过将 Al（铝）掺杂到 ZnO 中，合成了 AZO（铝掺杂氧化锌）这种新型材料。研究表明，当阴极界面层厚度控制在 10 ~ 100 nm 范围内时，器件能够保持超过 9% 的能量转换效率。马於光课题组采用苝酰亚胺小分子（PBI-H）对 ZnO 进行掺杂，制备出的掺杂 ZnO 在光电导率上有显著提升，在光照下电导率可达 $4.50\times10^{-3}$ S/m。掺杂 ZnO 的电子迁移率也得到了提升，应用于有机太阳能电池中，能够显著提高填充因子和短路电流，实现 10.5% 的高效率。

水/醇溶共轭聚合物因其出色的界面修饰性能，在有机太阳能电池领域受到了科研工作者的广泛关注。这类聚合物的主链结构与传统聚合物相似，但通过在侧链上引入具有水/醇溶性的基团，赋予了其独特的溶解性和加工性。与无机半导体阴极传输层材料相比，水/醇溶共轭聚合物具有溶液加工的优势，这对于实现有机太阳能电池多层结构的制备至关重要。由于有机太阳能电池的活性层通常采用氯仿和氯苯等溶剂进行加工，因此，为了实现多层结构的正交溶剂加工，避免对活性层造成影响，界面层材料的选用至关重要。水/醇溶共轭聚合物的化学结构多样性，使得通过化学结构的优化可以调节界面的修饰能力，满足不同有机太阳能电池的界面需求。此外，这类材料侧链上的水/醇溶性基团能够在界面处形成偶极矩，有助于降低电极的功函数。水/醇溶共轭材料最初在发光二极管（PLEDs）中得到应用。2004 年，曹镛课题组在芴单元主链的基础上，引入胺基或季铵盐侧链，合成了 PFN 和 PFN-Br 等水/醇溶材料，并在 PLEDs 中取得了良好的效果。这些成果激发了科学家们对这类材料的深入研究。国外某课题组合成的 WPF-oxy-F 作为阴极界面层，与 P3HT 作为给体，PCBM 作为受体，将效率从 2.95% 提升至 3.77%。黄飞课题组在 2011 年制备了具有可交联基团的 PFN 材料 PFN-OX，通过交联提高了界面的化学稳定性和降低了溶解性，同时保持了优良的界面修饰性能。2013 年，黄飞课题组在 PFN 体系中引入重金属 Hg，合成了 PFEN-Hg，显著提高了电子迁移率，拓宽了 PFN 材料的应用范围。为了进一步提升界面修饰能力，陈义旺课题组在 2015 年报道了具有 n 型共轭主链的聚合物材料 PDDPNBr，用作电子传输层时，能改善 ITO 的功函数，提升电子迁移率，最高效率达到 4.03%。2016 年，黄飞课题组报道了 PNDIT-F3N 及 PNDIT-F3N-Br 等具有 n 型主链的聚合物材料，这些材料具有高电子迁移率，作为阴极界面材料时，即使在较厚的界面层条件下，也能保持较高的能量转换效率。到了 2020 年，周惠琼课题组将聚天冬氨酸（PASP）加入 ZnO 阴极界面层，进一步提升了有机太阳能电池的能量转换效率，从 15.7% 提升至 16.6%。

## 拓展阅读 太阳能电池如何“以柔为美”

柔性太阳能电池的一个重要应用领域是光伏建筑一体化，高柔性和轻质化使得它可以集成在窗户、屋顶、外墙或内墙上。此外，柔性太阳能电池还可以广泛应用于背包、帐篷、汽车、帆船甚至飞机上，为各种便携式电子及通信设备、交通工具提供轻便的清洁能源。与传统的晶体硅太阳能电池相比，柔性太阳能电池，特别是柔性染料敏化太阳能电池、聚合物太阳能电池及新兴的钙钛矿太阳能电池，可以运用成熟的高速报纸印刷卷对卷技术，将半导体材料通过印刷的方式覆盖在卷筒表面的导电塑料或不锈钢箔片上。

结合纳米技术的染料敏化太阳能电池、有机钙钛矿太阳能电池具有明显的材料和器件组装优势，是当前国际上较主流的柔性太阳能电池。要得到高性能的柔性染料敏化太阳能电池并推动其产业化，要从以下几个方面寻求突破。一方面是需要进一步提高柔性染料敏化太阳能电池的光电转换效率和稳定性；另一方面是进一步降低电池的成本并实现卷对卷的大规模印刷制备。

近几年来，钙钛矿太阳能电池的研究处于非常活跃的状态。根据近年来快速更新的光电转换效率纪录，实现 25% 的光电转换效率离我们并不遥远。钙钛矿太阳能电池能否实现大规模的制作并进入产业化，还有许多问题亟待解决。首先，选择合适的清洁有机金属卤化物来取代剧毒的含铅有机金属卤化物。其次，要进一步提高钙钛矿太阳能电池的光电转换效率，设计新型结构的器件也是非常关键的一步。最后，只有解决了钙钛矿太阳能电池器件大面积均匀性和一致性等重要问题，才可以获得大面积的高光电转换效率的钙钛矿太阳能电池，使其接近产业化。

柔性太阳能电池作为太阳能产业的前沿代表，通过全球各研究机构和企业的不断努力，正以更多、更好、更廉价的方式进入更广阔的太阳能电池市场。柔性太阳能电池是现有商业太阳能电池最有潜力的竞争者。积极开展柔性太阳能电池研究对于抢占太阳能电池行业发展的先机，促进太阳能电池技术的升级换代具有重要意义。从更高的层次上讲，开展柔性太阳能电池研究并推动其产业化，将使人类更廉价、更方便地获得取之不尽、用之不竭的清洁能源，对于整个人类社会和经济的可持续发展、提高绿色国内生产总值、治污防霾都具有重要意义。

聚合物太阳能电池是近年来发展起来的一种新型太阳能电池，其核心是利用聚合物/有机光电材料将光能转换成电能。这类电池具有质量小、制备工艺简单及可通过低成本的印刷方式制备大面积柔性器件等突出优点；更为重要的是，人们通过分子设计合成新型半导体聚合物或有机分子、采用新的器件结构或对活性层进行特殊处理等方法可以很容易地提高器件的性能。基于这些独特的优点，聚合物太阳能电池已经成为世界各国科学界研究的热点和产业界开发、推广的重点。光电转换效率是决定聚合物太阳能电池能否走向实用的关键参数，因此如何实现高的光电转换效率成为该领域研究的核心问题。在过去的十几年里，聚合物太阳能电池的光电转换效率已经逐步从1%提高到10%以上。活性层材料的分子设计、形貌优化及界面材料的开发、器件结构的创新是推动聚合物太阳能电池领域快速发展的重要途径。

获得高性能聚合物太阳能电池的难点在于：设计和合成性能更加优越的活性层给体和受体光伏材料、调控和优化活性层给体/受体共混形貌、选择合适的电极界面修饰层材料、优化器件结构及优化光电转换的各个基本物理过程。因此，探索和开发更高效的聚合物太阳能电池光伏材料和界面修饰层材料及器件制备工艺，是聚合物太阳能电池技术面向应用的必经之路。

## 思考题

1. 解释染料敏化太阳能电池的工作原理，并说明高效设计的思路。
2. 解释钙钛矿太阳能电池的工作原理、器件结构，并说明高效电池的设计思路。
3. 解释有机太阳能电池的工作原理，并举出几种常见用于有机太阳能电池材料的单元。

# 参 考 文 献


[1] 曲晶晶，张林睿，宋雪梅．铜铟镓硒基薄膜太阳能电池的研究进展［J］．稀有金属，2020，44（3）：313-322.

[2] 刘欣星，赵宇琪，宫俊波，等．柔性铜铟镓硒薄膜太阳能电池技术的发展及现状［J］．真空与低温，2020，26（5）：377-383.

[3] SPEAR W E，LE COMBER PG. Substitutional doping of amorphous silicon［J］. Solid State Communications，1975，17（9）：1193-1196.

[4] CARLSON D E，WRONSKI C R. Amorphous silicon solar cell［J］. Applied Physics Letters，1976，28（11）：671-673.

[5] CARLSON D E. Recent developments in amorphous silicon solar cells［J］. Solar Energy Materials，1980，3（4）：503-518.

[6] YASUSHI S，MITSUTOSHI N. Solar cell of 6.3% efficiency employing high deposition rate（8 nm/s）microcrystalline silicon photovoltaic layer［J］. Solar Energy Materials and Solar Cells，2009，93：980-983.

[7] 程世清．重碱金属对 CIGS 薄膜材料及电池性能影响的研究［D］．天津：南开大学，2021.

[8] 陈小青，杨少鸿，曲晶晶，等．铜铟镓硒（CIGS）薄膜太阳电池的碱金属掺杂工程［J］．北京工业大学学报，2020，46（10）：1180-1191.

[9] 何志超．碱金属 Li 掺杂对低温制备 CIGS 太阳电池的影响［D］．天津：南开大学，2020.

[10] 杨卫明，吴美平，杨元琪．铜铟镓硒电池光电材料设计Ⅰ：吸收层晶体结构和能带［J］．建材世界，2020，41（2）：1-5.

[11] 杨卫明，吴美平，杨元琪．铜铟镓硒电池光电材料设计Ⅱ：缺陷机制和窗口层［J］．建材世界，2020，41（3）：6-9.

[12] 李昊天．铜铟镓硒太阳能电池中带隙梯度和缺陷特性影响研究［D］．北京：北京交通大学，2022.

# 参考文献


[1] [illegible]

[2] [illegible]

[3] SPEAR W E, LE COMBER P G. Substitutional doping of amorphous silicon [J]. Solid State Communications, 1975, 17 (9): 1193-1196.

[4] CARLSON D E, WRONSKI C R. Amorphous silicon solar cell [J]. Applied Physics Letters, 1976, 28 (11): 671-673.

[5] [illegible]

[6] [illegible] amorphous silicon [illegible]

[7] [illegible]

[8] [illegible]

[9] [illegible]

[10] [illegible]

[11] [illegible]

[12] [illegible]